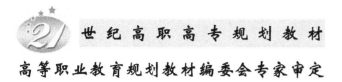

世纪高职高专规划教材

高等职业教育规划教材编委会专家审定

通信工程建设监理
（第2版）

黄 坚 主 编

U0291237

北京邮电大学出版社
www.buptpress.com

内 容 提 要

本书全面介绍了通信工程建设监理相关的理论知识和基本工作方法,力求精练,具有可操作性。全书以"三控、三管、一协调"为主线进行编排,包括通信工程建设监理基本理论,通信建设工程投资控制、质量控制、进度控制、施工安全管理、合同管理,通信工程建设监理信息管理,以及通信建设工程协调等内容。

本书适合高职高专院校通信工程管理专业学生使用,也可以供通信工程监理人员以及监理单位管理人员阅读参考。

图书在版编目(CIP)数据

通信工程建设监理/黄坚主编. --2 版. --北京:北京邮电大学出版社,2013.1(2024.1 重印)
ISBN 978-7-5635-3352-7

I. ①通… II. ①黄… III. ①通信工程—质量监督—高等职业教育—教材 IV. ①TN91

中国版本图书馆 CIP 数据核字(2012)第 299284 号

书　　名:通信工程建设监理(第 2 版)
主　　编:黄　坚
责任编辑:彭　楠
出版发行:北京邮电大学出版社
社　　址:北京市海淀区西土城路 10 号(邮编:100876)
发 行 部:电话:010-62282185　传真:010-62283578
E-mail:publish@bupt.edu.cn
经　　销:各地新华书店
印　　刷:北京虎彩文化传播有限公司
开　　本:787 mm×1 092 mm　1/16
印　　张:15.5
字　　数:384 千字
版　　次:2006 年 12 月第 1 版　2013 年 1 月第 2 版　2024 年 1 月第 4 次印刷

ISBN 978-7-5635-3352-7　　　　　　　　　　　　　　　　定　价:32.00 元

· 如有印装质量问题,请与北京邮电大学出版社发行部联系 ·

前　言

　　自工程监理制度从国外引入以来,国内通信工程项目建设普遍已经实行了监理制,工程项目建设质量有了较大提高。但由于监理制度在我国通信工程项目建设中仍属于初步应用阶段,监理从业人员的水平参差不齐,存在人员流动较多、更新较快的特点,迫切需要有一批新颖实用的教材供相关人员学习参考,以便快速掌握监理的基本理论和技能。

　　《通信工程建设监理》一书自2006年公开出版以来,得到广大读者的喜爱,先后多次增加印刷量,较好地满足了高等院校相关专业的教学要求以及广大监理从业人员的学习需要。与此同时,通信工程建设从引入监理至今,工作内容和技术要求也发生了变化,把施工安全提到了较为重要的地位,监理工作中原有的"三控、两管、一协调"主要内容已经演变为"三控、三管、一协调"或"四控、两管、一协调"。为此,我们组织部分教师对《通信工程建设监理》教材原有内容进行了修订,根据高职院校学生学习的特点,注重实际技能的培养,删除了部分过于理论化的内容,按照"三控、三管、一协调"的主线重新编排教材内容,即《通信工程建设监理(第2版)》。其中,广东邮电职业技术学院通信工程系董志强老师新编写了"通信建设工程施工安全管理"这一章节,广东邮电职业技术学院通信工程系黄坚老师对本书第一、二、四、六、七章内容进行修订,并负责对全书内容的统稿,希望能更好地帮助读者理解监理工作的本质,掌握监理工作的方法和技能。

　　在本书修订过程中,得到广东公诚监理有限公司资深监理工程师林浩同志的大力支持,提供了大量的现场监理工作素材,在此表示感谢。

　　当然,监理工作专业性强,技术、方法和手段也在不断更新,由于编者水平有限,书中难免存在错漏之处,希望广大读者批评指正。

编　者

目　录

第1章 通信工程建设监理基本理论

工程建设监理的中心任务是控制工程项目目标,即控制经过科学规划所确定的工程项目的投资、进度和质量目标。监理的具体工作概括地说就是"三控、三管、一协调"。"三控"是指工程项目投资的控制、工程项目进度的控制和工程项目质量的控制;"三管"是指工程合同的管理和信息管理以及安全监督管理;"一协调"即协调工程各方关系。作为监理从业人员,对专业技术和监理知识需要十分熟悉,才好开展工作。本章主要介绍通信工程建设监理相关的基本理论,为后面章节的监理技术学习做好铺垫。

1.1 监理制度产生的背景和意义

1.1.1 工程建设监理制度产生的背景

从新中国成立到20世纪80年代改革开放之前,我国实行的是计划经济。国有固定资产投资基本上是由国家统一安排,下发财政拨款,由各级政府和企业实施。这一方式在当时经济不发达、物资短缺的情况下,对国家集中有限的物力、财力和人力进行经济建设起到了重要的作用,由此建立了我国较为完整的工业体系和经济体系。

在计划经济时代,工程的管理基本上采用两种形式:对中小型工程,一般由建设单位成立筹建机构,自行管理;对重点工程,则由政府出面,从各相关单位抽调人员组成建设指挥部,统一进行管理。不管哪种方式,其管理机构都是临时的,仅仅针对一个特定的建设项目而设。机构中相当一部分人员不具有工程管理的知识和经验,因而,只能是在实践中进行摸索。一旦工程项目完成后,这部分人员可能各奔东西,当有新的项目需要时再进行人员组建。这样,原有的工程建设经验得不到很好的总结和继承,用以指导新的建设项目,造成很大的浪费,导致我国工程建设管理水平长期停滞不前,资金超资、工程延误的现象较为普遍。

改革开放引发了各个领域的一系列变革。其中,投资有偿使用、投资包干责任制、投资主体多元化、工程招投标等制度的落实,对传统的工程管理制度产生了强烈的冲击。通过对国外的工程管理制度与方法进一步了解,进而反思我国几十年的工程管理实践,政府意识到工程项目管理是一项专门的学问,需要有专门机构和专业的人员进行管理,建设单位的工程项目管理应当走专业化、社会化的道路。1988年,建设部首先发布了《关于开展建立监理制的通知》,明确提出要建立建设监理制度,建立专业化、社会化的建设监理机构,协助建设单位做好项目管理工作。1997年《中华人民共和国建筑法》以法律的形式作出规定,国家推行建设工程建设监理制度,从而使建设工程建设监理制在全国范围正式推广得到法律的支持。

改革开放以来,我国的通信业迅速崛起。从原中国电信一家垄断经营到现在多家企业全业务竞争,各通信运营公司都在扩建自己的网络,从而带动了通信建设市场的高速发展。众多的设备制造商和工程施工单位加入到通信建设工程行列,但施工方法、标准不一,技术上无专人协调,造成工程故障多、质量隐患多、设备安装布线混乱、调测困难,总体工程质量呈下降趋势。因此,在通信建设市场引入工程建设监理制度势在必行,众多的建设监理公司如雨后春笋般出现,活跃在通信工程建设的第一线。

1.1.2 实行通信工程建设监理制度的意义

多年来的实践证明,工程建设监理机制在通信工程建设中发挥着越来越重要的作用,受到业界广泛关注和普遍认可。其主要原因是通信建设监理工作由具有相应资质的专业监理公司承担,具有技术管理、经济管理、合同管理、组织管理和工程协调等多项业务职能。可以协助建设单位进行工程项目可行性研究,优选设计方案、设计单位和承包单位,组织审查设计文件,控制工程质量、造价和工期,监督、管理通信建设工程合同的履行,协调建设单位与通信工程建设有关方面的工作关系等。解决了建设单位在通信工程建设中缺乏既懂技术又懂管理的人才等困难,避免了工程建设中的各种浪费现象,保证了工程质量、进度和效益,制约了腐败现象的产生。

通信工程建设市场引入监理制度后,工程项目中建设单位、设计单位、施工承包单位和监理公司各方的协作关系由计划经济的指令性确立转变为通过社会投标活动来确立。要建设一个工程项目,建设单位首先通过招投标来确定要选择的监理单位。监理单位在授权范围内,协助建设单位通过招投标来确定设计、供货、施工承包等单位。因此,工程建设监理在通信建设全过程中作为独立的第三方,承担着重要的角色。

1.2　通信工程建设监理的概念

本节主要介绍通信工程建设监理的定义、通信工程建设监理的性质以及通信工程建设监理的特点。

1.2.1 通信工程建设监理的定义

通信工程建设监理是指具有通信工程建设监理相应资质的监理单位受通信工程项目建设单位的委托,依据国家有关工程建设的法律、法规,经建设主管部门批准的通信工程项目建设文件、通信工程建设监理委托合同及建设工程项目的其他合同对通信工程项目建设实施的专业化监督管理。对监理工作我们可以理解为对某种预定的行为从旁观察或进行检查,以督促其不得逾越预定的、合理的界限(行为准则),即发挥监督约束的作用。实际上监理人员对一些相互协作和相互交错的行为进行调理,避免抵触;对抵触的行为进行理顺,使其顺畅;对相互矛盾的权益进行调理,避免冲突;对冲突了的权益进行协调,起到协调人们的行为和权益关系的作用。因此,监理的实质就是要在工程中发挥约束和协调的作用。

通信工程建设监理必须得到通信建设单位的委托和授权,其实施的行为主体是通信工程建设监理企业。工程建设项目的综合效益主要体现在工程质量、造价和工期三个方面,使之满足承包合同的要求,从而保证工程的投资效益。为了达到这一目的,建设单位应委托监理企业对工程质量、造价、进度三个目标进行全面控制和管理,并授予监理单位相应权力,才能真正发挥监理作用。根据与通信建设单位订立的监理合同,工程建设监理企业得到建设单位的授权,在明确了监理的范围、内容、权利、义务和责任后,才能在授权范围内,合法地行使管理权,开展通信工程建设监理工作。

鉴于建设单位已将工程项目的管理全部委托监理单位实施,监理单位即为代表建设单位的现场管理者,为了明确建设工程合同双方的责任,保证监理单位独立公正地做好监理工作,顺利完成工程建设任务,避免出现不必要的合同纠纷,建设单位与承包单位之间的各项联系工作,如果涉及建设工程合同,均应通过监理单位进行。通信工程承建单位根据相关的法律、法规和它与通信工程建设单位签订的工程建设合同的规定,应自觉接受通信工程建设监理企业对其工程建设行为的监督管理。

1.2.2　通信工程建设监理的性质

1. 服务性

通信工程建设监理根本的目的是协助工程建设单位在计划的目标内将工程项目建成投产。监理企业主要通过对通信工程建设项目的投资、工程进度和工程质量的控制,协调平衡工程建设各方的利益关系,使工程项目得以顺利完成。

通信工程建设监理的服务对象是通信建设单位。监理服务按照委托监理合同的规定进行,受法律的约束和保护。在监理过程中,工程建设监理企业既不直接进行设计,也不直接进行施工;既不向建设单位承包造价,也不参与承包商的利益分成,只向业主收取一定的酬金。监理人员利用自己的工程建设方面的专业知识、技能和经验,通过必要的试验和检测手段,把好工程质量关,控制工期进度,为建设单位提供高智能的监督管理服务。工程建设监理企业不能完全取代建设单位的管理活动,它只能在建设单位授权范围内代表建设单位进行管理,工程建设中的重大问题决策仍由建设单位负责。

2. 科学性

工程建设监理是一种高智能的技术服务,工程建设监理活动应当遵循科学的准则。通信建设工程项目具有技术新、工艺标准要求高、市场信息变化快的特点,技术与组织管理复杂,没有科学的管理难以保证工程质量。

工程建设监理的科学性是由它的技术服务性质决定的,要求通过对科学知识的应用来实现其价值。因此,要求监理单位和监理工程师在开展监理服务时能够提供科学含量高的服务,以创造更大的价值。

作为专业的监理机构,工程建设监理企业需要有组织能力强、工程建设经验丰富的领导者;有丰富管理经验和应变能力的监理工程师队伍;有健全的管理制度;掌握先进的管理理论、方法和手段;积累了足够的技术、经济资料和数据。因此,能科学地对通信工程项目建设进行监理,实事求是、有创造性地开展工作。

3. 独立性

从事工程建设监理活动的监理单位是直接参与工程项目建设的"三方当事人"之一,它与项目业主(建设单位)、承建商(施工、设计单位)之间的关系是平等的、横向的。在工程项目建设中,监理单位是独立的一方,既要认真、勤奋、竭诚地为委托方(建设单位)服务,协助业主(建设单位)实现预定的目标,也要按照公正、独立、自主的原则开展监理工作。

按照独立性的要求,工程建设监理企业应当严格以有关法律、法规、规章、工程建设文件、工程建设技术标准、建设工程委托监理合同以及有关的建设工程合同等为依据实施监理。在开展工程建设监理的过程中,必须建立自己的组织,按照自己的工作计划、程序、流程、方法、手段,根据自己的判断,独立地开展工作。

4. 公正性

公正性是社会公认的职业道德准则,是监理行业能够长期生存和发展的基本职业道德准则。在开展通信建设监理过程中,工程建设监理企业应当排除各种干扰,客观、公正地对待监理的委托单位和承建单位。特别是当这两方发生利益冲突或者矛盾时,工程建设监理企业应当以事实为根据,以法律和有关合同为准绳,在维护建设单位利益的同时,不损害承建单位的合法权益。

为了保证公正性,监理单位必须在人事和经济上是独立的,避免"同体监理"。在委托监理的工程中,与承建单位不得有隶属关系和其他利害关系。

1.2.3 通信工程建设监理的特点

我国的通信工程建设监理无论是在管理理论和方法上,还是在业务内容和工作程序上,与国外的建设项目管理都是相同的。但在现阶段,由于发展条件不尽相同,主要是需求方对监理的认知度较低,市场体系发育不够成熟,市场运行规则不够健全,呈现出某些特点。

1. 工程建设监理服务对象的单一性

我国的建设工程建设监理制规定,工程建设监理企业只接受建设单位的委托,不能接受承建单位的委托为其提供管理服务,因此,建设工程建设监理的服务对象只能是建设单位。

2. 工程建设监理的强制性

1997年《中华人民共和国建筑法》以法律制度的形式作出规定,国家推行建设工程建设监理制度。为此,在各级政府部门中设立了主管建设工程建设监理工作的专门机构,制定了有关的法律、法规、规章,规定了必须实行建设工程建设监理的工程范围。这种依靠行政和法律手段推行的方式,在短时期内促进了我国工程建设监理事业的发展,造就了一批专业化、社会化的工程建设监理企业和监理工程师队伍,缩短了与国外的差距。

3. 工程建设监理的监督性

我国的工程建设监理企业地位特殊,它与建设单位构成委托与被委托的关系,根据建设单位的授权,有权对其不正当建设行为进行监督。同时,我国工程建设监理还强调对承建单位施工过程和施工工序的监督、检查和验收,在实践中又提出了旁站监理的规定。因此,我国工程建设监理在质量控制方面所做的工作达到了一个比较细致的程度,有利于保证工程的质量,规范承建单位的建设行为,起到较好的监督作用。

4. 市场准入的双重制度

在建设项目管理方面,国外一般只对专业人员的执业资格提出要求而没有对企业的资质管理作出规定。我国对建设工程建设监理的市场准入采取了企业资质和人员资格的双重控制。要求专业监理人员持证上岗,不同资质等级的工程建设监理企业至少要有一定数量的取得监理工程师资格证书并经注册的人员。这对于保证我国建设工程建设监理队伍的素质,规范我国建设工程建设监理市场起到积极作用。

1.3　通信工程建设监理的服务范围

本节主要介绍必须实行监理的建设工程项目的具体范围和规模标准,并对通信工程建设监理工作的基本服务进行叙述。

1.3.1　通信工程建设监理的范围

根据国务院颁布的《建设工程质量管理条例》,中华人民共和国建设部于 2001 年 1 月 17 日发布《建设工程建设监理范围和规模标准规定》(简称《规定》),确定了必须实行监理的建设工程项目具体范围和规模标准,通信工程项目的监理同样按《规定》执行。《规定》中建设工程建设监理范围分为监理的工程范围和监理的建设阶段范围两部分。

1. 监理的工程范围

(1) 国家重点建设工程:依据《国家重点建设项目管理办法》所确定的对国民经济和社会发展有重大影响的骨干项目。

(2) 大中型公用事业工程:项目投资在 3 000 万元以上的供水、供电、供气、供热等市政工程项目;科技、教育、文化等项目;体育、旅游、商业等项目;卫生、社会福利等项目;其他公用事业项目。

(3) 成片开发建设的住宅小区工程:建筑面积在 5 万平方米以上的住宅建设工程必须实行监理;5 万平方米以下的工程,可以进行监理。

(4) 利用外国政府或者国际组织贷款、援助资金的工程:包括使用世界银行、亚洲开发银行等国际组织贷款资金的项目;使用国外政府及其机构贷款资金的项目;使用国际组织或者国外政府援助资金的项目。

(5) 国家规定必须实行监理的其他工程:项目投资 3 000 万元以上关系社会公共利益、公众安全的交通运输、水利建设、城市基础设施、生态环境保护、信息产业、能源等基础设施项目以及学校、影剧院、体育场馆项目。

2. 监理的建设阶段范围

建设工程建设监理可以适用于工程建设投资决策阶段和实施阶段,但目前主要是在建设工程施工阶段。

在建设工程施工阶段,建设单位、勘察单位、设计单位、施工单位和工程建设监理企业等各类行为主体均出现在建设工程当中,形成了一个完整的建设工程组织关系。在这个阶段,建设市场的发包体系、承包体系、管理服务体系的各主体在建设工程中会合,由建设单位、勘察单位、设计单位、施工单位和工程建设监理企业各自承担工程建设的责任和义务,最终将工程项目建成投入使用。在施工阶段委托监理,其目的是更有效地发挥监理的规划、控制、协调作用,为在预定目标内完成工程提供最好的管理服务。

1.3.2 通信工程建设监理工作的基本服务范围

根据 GB50319—2000《建设工程建设监理规范》,结合通信工程的特点,通信工程建设监理包括施工阶段的管理工作、施工合同的管理、施工阶段监理资料的整理以及受建设单位的委托进行设备采购监理和设备监造。这一规范适用于新建、改建、扩建建设工程施工,设备采购和制造的监理工作。我们把其基本服务范围分以下几个方面归类进行叙述。

1. 工程管理方面

(1) 协助建设单位与设备供应单位、安装承包单位签订各类合同,避免合同缺陷的发生。

(2) 对建设单位签订的合同进行履约分析和风险分析,预测合同履行过程中可能出现的问题或纠纷。

(3) 提醒或协助建设单位履行合同,进行设备材料的验收和相关工程验收。

(4) 针对履约过程中出现的问题,公正地解释合同条款含义。

(5) 审查分包单位的资质,出具审查意见。

(6) 根据建设单位的授权,发布开工令、停工令和复工令。

(7) 审查和处理工程变更。

(8) 主持工程质量事故的调查。

(9) 调解建设单位与承包单位的合同争议、处理索赔。

(10) 进行工程计量、支付的审查。

(11) 提交工程各阶段的专项报告和工程建设监理总结报告。

(12) 审查承包单位的竣工资料,组织对待验收项目的质量检查,参与工程项目的竣工验收。

(13) 做好监理记录,编制和保存工程建设监理的档案。

2. 工程质量控制方面

(1) 审查承包单位提交的工程项目施工组织设计方案。

(2) 检查工程所用的材料、半成品、构件和设备的质量。

(3) 审查承包单位质量管理体系。

(4) 对隐蔽工程进行旁站并及时进行验收。

(5) 对施工工艺过程进行控制。

(6) 对工程质量进行验收,及时处理质量缺陷和质量事故。

3. 工程进度控制方面

(1) 审查并确认承包单位的各种进度计划。

(2) 定期检查工程的进度,提出整改的进度控制措施并监督实施,同时知会建设单位。

(3) 审查工程延期,进行建设单位与承包单位之间的协调。

4. 工程造价控制方面

(1) 按施工合同的约定审核工程量清单,对实际完成的工作量进行计量。

(2) 对工程计量进行计价。

(3) 审查工程变更的方案,确定工程变更的价款。

(4) 审核承包单位报送的竣工结算报表,审查工程付款申请。

1.3.3　通信工程建设监理工作的扩展范围

根据建设单位的需要,工程建设监理企业还可以接受委托进行施工前期的监理工作,主要如下。

1. 项目决策方面

（1）工程可行性研究。

（2）进行市场调查和市场研究。

（3）进行投资估算。

2. 工程招投标方面

（1）进行招标的策划。

（2）编制招标文件。

（3）组织招标工作。

（4）编制标的。

（5）组织评标。

3. 勘察设计方面

（1）协调设计工作与勘察要求的关系。

（2）审查勘察方案。

（3）控制勘察进度。

（4）验收勘察成果。

（5）对勘察工程量进行计量,并审查勘察费用支付。

（6）审查方案设计和投资估算。

（7）审查初步设计和设计概算。

（8）审查施工图设计和施工图预算。

（9）控制设计进度。

（10）审查设计费用支付。

（11）处理设计合同纠纷。

4. 设备和材料的采购及制造方面

（1）有关设备和材料的市场调查等。

（2）设备和材料的采购招标与合同签订。

（3）建设单位供应的设备和材料的厂内监造、验收运输等。

5. 代理施工前期对外协调工作

（1）办理施工用电、用水的增容和使用。

（2）办理有关的施工许可证件。

（3）办理有关交通、消防、人防等相关政府主管部门的审批工作。

1.4　通信工程建设监理机制

本节主要介绍通信工程建设的基本程序、监理机构的资质、监理机构的组织形式以及监理机构中各成员的工作,并对通信工程项目建设中各方的关系进行分析。

1.4.1　通信建设程序

建设程序是指建设项目从设想、选择、评估、决策、设计、施工到竣工验收、投入生产整个建设过程中,各项工作必须遵循的先后顺序的法则。

按照建设工程的内在规律,投资建设一项工程应当经过投资决策、建设实施和交付使用三个发展时期。每个时期又可以分为若干个阶段,各阶段以及每个阶段内的各项工作之间存在着不能随意颠倒的严格的先后顺序关系。科学的建设程序应当在坚持"先勘察、后设计、再施工"的原则基础上,突出优化决策、竞争择优、委托监理的原则。

在我国,一般的大中型和限额以上的建设项目从建设前期工作到建设、投产要经过项目建议书、可行性研究、初步设计、年度计划安排、施工准备、施工图设计、施工招投标、开工报告、施工、初步验收、试运转、竣工验收、交付使用等环节。具体到通信行业基本建设项目和技术改造建设项目,尽管其投资管理、建设规模等有所不同,但建设过程中的主要程序基本相同,一般分为立项、实施和验收投产三个阶段,如图1-1所示。下面以原邮电部基建司基综〔1990〕107号文印发的《邮电基本建设程序规定》中的建设程序为例,对通信建设项目的建设程序及内容进行说明。

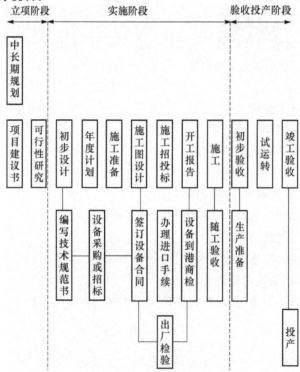

图1-1　基本建设程序图

1. 立项阶段

1）项目建议书

按照原国家计委〔1984〕684 号文《国家计委关于简化基本建设项目审批手续的通知》，凡列入长期计划或建设前期工作计划的项目，应该有批准的项目建议书。各部门、各地区、各企业根据国民经济和社会发展的长远计划、行业规划、地区规划等要求，经过调查、预测、分析，提出项目建议书。

2）可行性研究

可行性研究是基本建设程序中重要的一个环节，可行性研究的主要目的是对项目在技术上是否可行和经济上是否合理进行科学的分析和论证。

2. 实施阶段

1）初步设计

初步设计是根据批准的可行性研究报告，以及有关的设计标准、规范，并通过现场勘察工作取得可靠的设计基础资料后进行编制的。初步设计的主要任务是确定工程项目的建设方案，进行相关设备的选型，最后编制出通信工程项目的总概算。

2）年度计划

年度计划包括基本建设拨款计划、设备和主材采购储备贷款计划、工期组织配合计划等，是编制保证工程项目总进度要求的重要文件。建设项目必须具有经过批准的初步设计和总概算，经资金、物资、设计、施工能力等综合平衡后，才能列入年度建设计划。

3）施工准备

施工准备是基本建设程序中的重要环节，是衔接基本建设和生产的桥梁。建设单位应根据建设项目或单项工程的技术特点，适时组织机构，做好以下几项工作。

（1）制定建设工程管理制度，落实管理人员。

（2）汇总拟采购设备、主要材料的技术资料。

（3）落实施工和生产物资的供货来源。

（4）落实施工环境的准备工作，如征地、拆迁、"三通一平"等。

4）施工图设计

施工图设计文件应根据批准的初步设计文件和主要设备订货合同进行编制，并绘制施工详图，标明房屋、建筑物、设备的结构尺寸、要安装设备的配置关系和布线、施工工艺等，编制出施工预算表，用于指导工程安装。施工图设计必须经过主管部门审核，未经批准的施工图设计文件不得使用。

5）施工招标或委托

建设单位自己或委托代理机构编制标书，公开向社会招标，预先明确在拟建通信工程的技术、质量和工期要求的基础上，建设单位与施工企业各自应承担的责任和义务，依法组成合作关系。

建设工程的招标依照《中华人民共和国招投标法》规定，可采用公开招标和邀标两种形式。

6）开工报告

经施工招标，签订承包合同，建设单位在落实了年度资金拨款、设备和主材的供货以及工程管理组织后，于项目开工前一个月会同施工单位向主管部门提出开工报告。

7) 施工

通信建设项目的施工应由持有通信工程施工资质证书的施工单位承担,严格按批准的施工图设计进行施工。

3. 验收投产阶段

1) 初步验收

施工企业完成施工承包合同工程量后,依据合同条款向建设单位提出项目完工验收。初步验收由建设单位(或委托监理公司)组织,相关设计、施工、维护、档案及质量管理部门参加。

验收工作包括检查工程质量、审查交工资料、分析投资效益,对发现的问题提出处理意见,并组织相关责任单位落实解决。

2) 试运转

初步验收后进入试运转阶段,试运转由建设单位负责组织,供货、设计、施工和维护部门参加,对设备、系统的性能、功能和各项技术指标以及设计和施工质量等进行全面考核。经过试运转,如发现有质量问题,由相关责任单位负责免费维修。试运转期一般为三个月。

3) 竣工验收

竣工验收是工程建设最后一个环节,主要考核建设成果、检验设计和工程质量是否符合要求,审查投资使用是否合理。竣工验收前,建设单位应向主管部门提交竣工验收报告,编制项目工程总决算,并系统整理出相关技术资料,清理所有财产和物资等,报上级主管部门审查。竣工项目经验收交接后,应迅速办理固定资产交付使用的转账手续,技术档案移交维护单位统一保管。

1.4.2 通信工程建设监理企业的资质

为了维护通信建设市场秩序,保证工程项目的质量、工期和投资效益的发挥,国家在中华人民共和国境内实行对工程建设监理企业的资质管理。国务院建设行政主管部门负责全国工程建设监理企业资质的归口管理工作,铁道、交通、水利、信息产业等部门配合建设部实施相关资质类别工程建设监理企业资质的管理工作。

中华人民共和国建设部于2001年8月29日发布的《工程建设监理企业资质管理规定》将工程建设监理企业的资质等级分为甲级、乙级和丙级,并按工程性质和技术特点分为若干工程类别。标准如下。

1. 甲级监理

(1) 企业负责人和技术负责人应当具有15年以上从事工程建设工作的经历,企业技术负责人应当取得监理工程师注册证书。

(2) 取得监理工程师注册证书的人员不得少于25人。

(3) 注册资本不少于100万元。

(4) 近3年内监理过5个以上二等房屋建筑工程项目或者3个以上二等专业工程项目。

2. 乙级监理

(1) 企业负责人和技术负责人应当具有10年以上从事工程建设工作的经历,企业技术负责人应当取得监理工程师注册证书。

（2）取得监理工程师注册证书的人员不得少于 15 人。

（3）注册资本不少于 50 万元。

（4）近 3 年内监理过 5 个以上三等房屋建筑工程项目或者 3 个以上三等专业工程项目。

3. 丙级监理

（1）企业负责人和技术负责人应当具 8 年以上从事工程建设工作的经历，企业技术负责人应当取得监理工程师注册证书。

（2）取得监理工程师注册证书的人员不得少于 5 人。

（3）注册资本不少于 10 万元。

（4）承担过 2 个以上房屋建筑工程项目或者 1 个以上专业工程项目。

甲级工程建设监理企业可以监理经核定的工程类别中的一、二、三等工程；乙级工程建设监理企业可以监理经核定的工程类别中的二、三等工程；丙级工程建设监理企业可以监理经核定的工程类别中的三等工程。

1.4.3　通信工程建设监理企业的选择

国务院 2001 年 1 月 30 日发布的《建设工程质量管理条例》规定，建设单位应当将工程发包给具有相应工程资质等级的单位，依法对工程建设项目的勘察、设计、施工、监理以及与工程建设有关的重要设备、材料等的采购进行招标。工程建设监理单位应当依法取得相应等级的资质证书，并在其资质等级许可的范围内承接工程建设监理业务。工程建设监理单位与被监理工程的施工单位以及建筑材料、建筑构配件和设备供应单位有隶属关系或者其他利害关系的，不得承担该项建设工程的监理业务。因此，建设单位在决策建设某一项通信工程后，首先应按工程类别、技术的难易程度，在相关专家、主管的协助下编写通信工程建设监理招标书，进行公开招标或有选择地邀请三个以上符合上述要求、具有该通信建设工程相应监理资质的监理单位参加，以便最终确定该通信建设工程的监理单位。

具有与通信建设工程相应的监理资质和能力的监理单位获取招标或邀标信息后，应按招标书的要求编写投标书，其内容格式一般包括：

- 投标书
- 报价书（含成本分析）
- 法人委托代理投标书
- 财务审计证书
- 投标保函（标书有要求时）
- 资信资料（资质证书、营业执照、信誉证书等）
- 监理业绩
- 对招标书技术问题的回答
- 工程项目监理机构（拟派人员资质、岗位及设施配备等）
- 监理大纲
- 监理合同标准文本（中标后签订）

建设单位经过评标或议标后，最终确定监理单位并以书面的形式发出"中标通知书"。监理单位接到通知后，应当按通知规定的时间地点与建设单位签订监理合同。监理合同的格式根据《合同法》和通信工程建设监理的具体要求编写,也可以采用《建设工程委托监理合同(标准文本)》。

1.4.4 工程项目监理机构的建立

监理合同签订后,按照投标书承诺和监理合同的要求,应当选派具备相应资格的总监理工程师和监理工程师进驻施工现场,成立工程项目监理部或工程项目监理组,依照法律、法规以及有关的技术标准、设计文件和建设工程承包合同,代表建设单位对施工质量实施监理,并对施工质量承担监理责任。监理单位应于委托监理合同签订后10天内将项目监理机构的组织形式、人员构成及对总监理工程师的任命书面通知建设单位。

1. 工程项目监理机构的人员组成

(1)总监理工程师:监理单位法人任命的项目监理机构的负责人,是监理单位履行委托监理合同的全权代表。总监理工程师必须持有通信行业专业工程师资格证书、通信行业监理工程师资格证书和岗位证书,具有3年以上同类工程建设监理工作经验。

(2)总监理工程师代表:可根据需要设定,由总监理工程师任命并授权,行使总监理工程师授予的权力,从事总监理工程师指定的工作。总监理工程师代表必须持有通信行业专业工程师资格、通信行业监理工程师资格证书和岗位证书,具有2年以上同类工程建设监理工作经验。

(3)专业监理工程师:项目监理机构的一种岗位设置,上岗人员必须持有通信行业监理工程师资格证书和岗位证书,具有相应的通信专业工程师证书和一年以上同类工程建设监理工作经验。

(4)监理员:从事建设工程建设监理工作,但未取得《监理工程师注册证书》的人员统称为监理员。监理员必须持有通信行业监理培训合格证书,且具有所监理专业的技术员以上资格证,主要从事具体的监理业务操作。

(5)资料员:属于项目监理机构的行政辅助人员,必须具有计算机操作能力,懂得使用计算机管理监理工作的基本知识。

(6)技术顾问:项目监理机构需要时外聘的专业技术人员,应具有通信行业高级工程师资格,具有丰富的工程技术经验,掌握全程全网的通信技术。

2. 项目监理机构的设施配置

项目监理机构在现场实施对工程的项目监理,需要配备相关的设施以利于监理工作的开展。建设单位应提供委托监理合同约定的满足监理工作需要的办公、交通、通信、生活设施。

(1)办公场所:在监理合同标准条件中明确规定由建设单位提供,也可以通过合同协商,增加监理酬金,由监理单位自行解决。

(2)交通工具:监理合同规定由建设单位提供或由监理单位有偿提供。

(3)通信工具:建设单位免费提供通信设施给监理单位使用,通信费用由监理单位自负。

(4)检查设备和工具:项目监理机构应配备满足监理工作需要的常规检测设备和工具,如用于隐蔽工程检测的摄像设备等。

(5)监理人员的住房:一般应由建设单位无偿提供,或增加酬金由监理单位自行解决。

1.4.5　项目监理机构的组织形式

根据工程项目的大小和工程性质的不同,项目监理机构可以采用不同的管理组织结构。常用的项目监理机构组织形式有以下几种。

1. 直线制监理组织

直线制监理组织如图 1-2 所示。这种组织形式的特点是实行垂直控制,组织机构简单,隶属关系明确,各部门主管人员只对所属上级部门负责。项目监理机构可以按照子项目、工程建设阶段或专业划分为不同的监理组进行垂直管理,不再另设职能部门。一般适用于能进一步划分为相对独立的子项目的大中型建设工程。

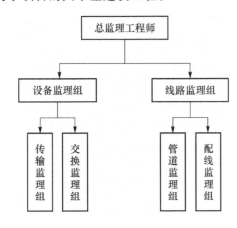

图 1-2　直线制监理组织

2. 职能制监理组织形式

职能制监理组织形式如图 1-3 所示。项目监理机构设立相关专业部门和职能部门,按照总监理工程师的授权,职能部门对专业部门下达指令,进行专项管理,提高管理效率。该形式的缺点是一个专业部门需面对几个职能部门,有时会无所适从。

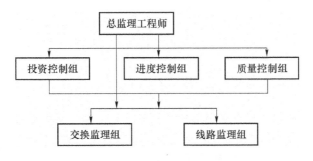

图 1-3　职能制监理组织形式

3. 直线职能制监理组织形式

直线职能制监理组织形式如图 1-4 所示,是吸收了直线制和职能制监理组织的优点而形成的一种组织形式。专业指挥部门拥有对下级进行指挥和发布指令的权力,并对该部门的工作全面负责;职能部门作为指挥人员的参谋,只能对指挥部门进行业务指导,不能对指挥部门直接进行指挥和发布命令。

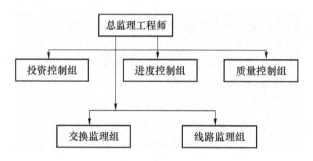

图 1-4   直线职能制监理组织形式

这种形式一方面保持了直线制监理组织实行直线领导、统一指挥、职责清楚的特点,另一方面又保持了职能制监理组织目标管理专业化的优点。其缺点是职能部门与指挥部门容易产生矛盾,信息传递线路长,不利于互通情报。

4. 矩阵制监理组织形式

矩阵制监理组织形式如图 1-5 所示,由纵横两套管理系统组成:一套是纵向的职能系统;另一套是横向的子项目系统。加强了各职能部门之间的横向联系,具有较大的机动性和适应性。把上下左右集权与分权实行最优的结合,有利于解决复杂问题。但是,纵横向协调工作量大,处理不当会造成扯皮现象,产生矛盾。

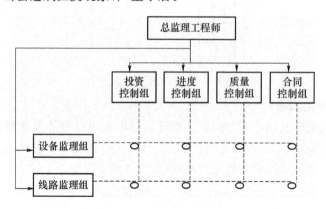

图 1-5   矩阵制监理组织形式

1.4.6 项目监理机构与建设单位的关系

建设单位与工程建设监理单位是委托与被委托的关系。建设单位与中标的工程建设监理单位应当订立书面委托监理合同,而项目监理机构是监理单位派驻工程项目负责履行委托监理合同的组织机构,因而它们是委托监理合同关系。

项目监理机构按照监理合同约定的内容向建设单位提供监理服务,依照法律、法规及有关的技术标准、设计文件和工程承包合同,对承包单位在施工质量、建设工期和建设资金使用等方面,代表建设单位实施监督,并及时向建设单位递送有关的报告和材料,协调处理建设单位与承包单位之间的工程变更、索赔、合同纠纷等事宜。

建设单位要向项目监理机构提供必要的工作条件,在监理工作开始前,将委托的工程建设监理单位、监理的内容及监理权限,书面通知被监理的施工单位。否则,监理机构无法完成监理工作。这些条件包括：

（1）向项目监理机构授权；

（2）向项目监理机构提供有关的技术资料，如设计文件、勘察报告、工程实施的各种合同；

（3）向项目监理机构提供必要的监理设施；

（4）组织设计交底或技术交底会、第一次工地会议；

（5）支持项目监理机构在职权范围内的监理工作，维护监理人员的威信。

1.4.7　项目监理机构与承包施工单位的关系

通过建设单位与施工单位的承包合同，项目监理机构与施工承包单位建立了监理与被监理的关系。

1. 承包单位的项目经理部有义务向项目监理机构报送有关建设方案

承包单位的项目经理部是代表承包单位履行施工合同的现场机构，它应该按照施工合同及监理规范的有关规定，向项目监理机构报送有关的工程文件资料供监理机构审查，并接受项目监理机构的审查意见。

承包单位在完成了隐蔽工程施工和材料进场时应报请项目监理机构现场进行验收。这是项目监理机构应有的权力，也是保证监理工作成效的一个重要手段。

2. 承包单位应接受项目监理机构的指令

《中华人民共和国建筑法》第 32 条规定："工程建设监理人员认为工程施工不符合工程设计要求、施工技术标准和合同约定的，有权要求建筑施工企业改正"，第 33 条规定："施工建筑工程建设监理前，建设单位应当将委托的工程建设监理单位、监理的内容及监理权限，书面通知被监理的建筑施工企业"，确定了在监理的内容和权限内，承包单位应当接受监理机构对承包单位不履行合同约定、违反施工技术标准或设计要求所发出的监理工程师指令，按要求重新施工。如认为监理工程师指令不合理，承包单位可在合同约定的时间内要求总监理工程师进行确认和修改。但如果总监理工程师仍决定维持原监理指令，则应当按监理指令执行。

3. 项目监理机构和承包单位的项目经理部都是独立的实体，在法律上是平等的

双方都应遵守工程建设有关的法律、法规和工程技术标准与工程合同，按照经过批准的施工设计文件组织施工或提供监理服务。承包单位的任务是提供工程建设产品，监理机构提供的是针对工程项目建设的监理服务，它们都要对工程建设产品的质量负责。

1.4.8　项目监理机构与设计单位的关系

如果建设单位要求进行设计监理，则项目监理机构与设计单位是监理和被监理的关系。但在施工阶段的监理工作中，项目监理机构与设计单位之间没有合同关系，也没有建设单位所授权的监理关系。它们之间存在着相互配合的工作关系。设计单位需要对设计文件进行技术交底，使项目监理机构领会设计的意图，监督工程项目的建设满足设计的要求。

根据《中华人民共和国建筑法》第 32 条的规定："工程建设监理人员发现工程设计不符合建筑工程质量标准或者合同约定的质量要求的，应当报告建设单位要求设计单位改正。"

当建设单位或承包单位提出需要进行设计变更时,要经过项目监理机构审查同意,由建设单位提交设计单位修改。设计单位对工程项目的设计承担设计责任。

1.4.9 项目监理机构与设备材料供应单位的关系

设备材料供应单位向工程项目供应材料设备可以分为以下三种情况。

(1)与承包单位签订供货合同,由承包单位使用或安装。这种情况承包单位对所购买的材料、构配件和设备向建设单位负责,由承包单位向项目监理机构填报材料、配件和设备报审表,项目监理机构根据合同、设计要求和有关的规范标准对申报的材料、构配件和设备进行审查和验收。

(2)与建设单位签订供应与安装合同,如传输与交换设备等,这时,供应单位已成为独立的专业承包单位,应对供应的设备或构配件负责;同时,建设单位在这种设备供货合同中或另外以书面的形式向供应商说明授予监理机构的权限,由专业承包单位直接向项目监理机构申报验收拟进场的构配件和设备,接受安装施工过程的监理。

(3)由建设单位负责采购,提供给承包单位进行安装。这种情况比较普遍,承包单位在使用前应对材料设备进行检验,检验费由建设单位负责。应该在承包合同或设备供货合同中明确由谁向项目监理机构申请报验。

1.4.10 通信工程建设监理的质量监督

项目监理机构要接受政府质量监督机构的质量监督和检查。根据《建设工程质量管理条例》,国家实行建设工程质量监督管理制度。质量监督机构的主要任务是对有关工程建设质量的法律、法规和强制性标准执行情况的监督与检查。在通信行业,各省通信管理局质量监督中心具体负责本省通信工程的质量监督工作,对违规行为作出处罚。质量监督部门在履行监督检查职责时,有权采取以下措施:

(1)要求被检查单位提供有关工程质量的文件和资料;

(2)进入被检查单位的施工现场进行检查;

(3)发现有影响工程质量的问题时,责令改正。

质量监督机构与项目监理机构的目标是一致的。质量监督机构的检查有助于工程项目的质量管理,为此,项目监理机构应向质量监督机构提供反映工程质量实际情况的资料,配合质量监督机构进入施工现场进行检查,督促相关单位执行质量监督机构依法作出的质量监督指令。对于法律、法规没有作出规定或属于非强制性标准范畴内的质量指标、要求或行为,则应按照施工合同的约定来执行。

1.5 项目监理机构行为规范及从业人员职业道德

项目监理机构是监理单位派驻工程现场的工作机构,全权代表工程建设监理单位行使在监理合同约定的权力,提供相应的工程建设监理服务,因此,对监理机构和从业人员要有严格的约束。

1.5.1　项目监理机构的行为规范

（1）项目监理机构必须在监理合同指定的权力范围内独立开展工作，处事公正，既要确保建设单位的利益，又要维护承包单位的合法权益。

（2）监理机构必须坚持原则，热情服务。按照工程建设监理规范和工程质量规范的要求实施监理，确保工程顺利完成。

（3）监理机构不得转让工程建设监理业务。

（4）监理机构不得聘用不合格人员承担监理工作。

（5）监理机构必须严正廉明，不得与建设单位或者施工单位串通，弄虚作假，降低工程质量。

（6）监理机构不得将不合格的工程材料、构配件和设备按照合格签字。

1.5.2　项目监理人员的职业道德

道德是为人处世的行为准则，是以善恶为评价标准来调整人们关系的行为规范。各种职业都有自己的职业道德，来对个人的行为进行必要的约束，这是由各自的职业特点决定的。工程建设监理工作的特点之一是要体现公正原则。为使监理工作充分有效，必须要求提高监理人员的自身素质，取得社会的信任，使社会尊重他们的道德公正性，信赖他们作出的评审。因此，监理从业人员要遵守如下通用职业道德守则。

（1）维护国家的荣誉和利益，按照"守法、诚信、公正、科学"的准则执业。

（2）执行有关工程建设的法律、法规、标准、规范、规程和制度，履行监理合同规定的义务和职责。

（3）努力学习专业技术和建设监理知识，不断提高业务能力和监理水平。

（4）不以个人名义承揽监理业务。

（5）不同时在两个或两个以上监理单位注册和从事监理活动，不在政府部门和施工、材料设备的生产供应等单位兼职。

（6）不为所监理项目指定承包商、建筑构配件、设备、材料生产厂商和施工方法。

（7）不收受被监理单位的任何礼金。

（8）不泄露所监理工程各方认为需要保密的事项。

（9）坚持独立自主地开展工作。

1.5.3　FIDIC 道德准则

在国外，监理工程师的执业道德准则，由其协会组织制定并监督实施。国际咨询工程师联合会（FIDIC）1991 年在慕尼黑召开的全体大会上，讨论批准了 FIDIC 通用道德准则，分别从对社会和职业的责任、能力、正直性、公正性、对他人的公正 5 个问题共计 14 个方面规定了监理工程师的道德行为准则，并在会员国中执行。该准则收录如下。

1. 对社会和职业的责任

（1）接受对社会的职业责任；

（2）寻求与确认的发展原则相适应的解决办法；

(3) 在任何时候,维护职业的尊严、名誉和荣誉。

2. 能力

(1) 保持其知识和技能与技术、法规、管理的发展相一致的水平,对于委托人要求的服务采用相应的技能,并尽心尽力;

(2) 仅在有能力从事服务时方才进行。

3. 正直性

在任何时候均为委托人的合法权益行使其职责,并且正直和忠诚地进行职业服务。

4. 公正性

(1) 在提供职业咨询、评审或决策时不偏不倚;

(2) 通知委托人在行使其委托权时可能引起的任何潜在的利益冲突;

(3) 不接受可能导致判断不公的报酬。

5. 对他人的公正

(1) 加强"按照能力进行选择"的观念;

(2) 不得故意或无意做出损害他人名誉或事务的事情;

(3) 不得直接或间接取代某一特定工作中已经任命的其他咨询工程师的位置;

(4) 通知该咨询工程师并且接到委托人终止其先前任命的建议前不得取代该咨询工程师的工作;

(5) 在被要求对其他咨询工程师的工作进行审查的情况下,要以适当的职业行为和礼节进行。

1.6　项目监理人员的职责

监理单位在履行施工阶段的委托合同时,必须在施工现场建立项目监理机构。项目监理机构的组织形式和规模,应根据委托合同规定的服务内容、服务期限、工程类别、技术复杂程度等因素决定。一般包括总监理工程师、专业监理工程师和监理员,必要时可配备总监理工程师代表,他们在工作中分担不同的职责。

1.6.1　总监理工程师的职责

项目监理机构实行总监理工程师负责制。总监理工程师主持项目监理机构的日常工作,应履行以下职责:

(1) 确定项目监理机构人员的分工和岗位职责;

(2) 主持编写项目监理规划、审批项目监理实施细则,并负责管理项目监理机构的日常工作;

(3) 审查分包单位的资质,并提出审查意见;

(4) 检查和监督监理人员的工作,根据工程项目的进展情况进行人员的调配,对不称职的人员应调换其工作;

(5) 主持监理工作会议,签发项目监理机构的文件和指令;

(6) 审定承包单位提交的开工报告、施工组织设计、技术方案、进度计划;

（7）审核签署承包单位的申请、支付证书和竣工结算；

（8）审查和处理工程变更；

（9）主持或参与工程质量事故的调查；

（10）调解建设单位与承包单位的合同争议、处理索赔、审批工程延期；

（11）组织编写并签发监理月报、监理工作阶段报告、专题报告和项目监理工作总结；

（12）审核签认分部工程和单位工程的质量检验评定资料，审查承包单位的竣工申请，组织监理人员对待验收的工程项目进行质量检查，参与工程项目的竣工验收；

（13）主持整理工程项目的监理资料。

1.6.2　总监理工程师代表的职责

根据工程项目的需要，可设立总监理工程师代表，负责总监理工程师指定或交办的监理工作，按照总监理工程师的授权，行使总监理工程师的部分职责和权力。但总监理工程师不得将下列工作委托总监理工程师代表：

（1）主持编写项目监理规划、审批项目监理细则；

（2）签发工程开工/复工报审表、工程暂停令、工程款支付证书、工程竣工报验单；

（3）审核签认竣工结算；

（4）调解建设单位与承包单位的合同争议，处理索赔，审批工程延期；

（5）根据工程项目的进展情况进行监理人员的调配，调换不称职的监理人员。

1.6.3　专业监理工程师的职责

专业监理工程师是负责实施某一专业或某一方面的监理工作，具有相应监理文件签发权的监理工程师，按照岗位职责和总监理工程师的指令，主持本专业监理组的工作，应该履行以下职责：

（1）负责编制本专业的监理实施细则；

（2）负责本专业监理工作的具体实施；

（3）组织、指导、检查和监督本专业监理员的工作，当人员需要调整时，向总监理工程师提出建议；

（4）审查承包单位提交的涉及本专业的计划、方案、申请、变更，并向总监理工程师提出报告；

（5）负责本专业分项工程验收和隐蔽工程验收；

（6）定期向总监理工程师提交本专业监理工作实施情况报告，对重大问题及时向总监理工程师汇报和请示；

（7）根据本专业监理工作实施情况做好监理日记；

（8）负责本专业监理资料的收集、汇总及整理，参与编写监理月报；

（9）核查进场材料、设备、构配件的原始凭证、检测报告等质量证明文件及其质量情况，根据实际情况认为有必要时对进场材料、设备、构配件进行平行检验，合格时予以签认；

（10）负责本专业的工程计量工作，审核工程计量的数据和原始凭证。

1.6.4 监理员的职责

项目监理机构中，监理员是从事具体监理工作的技术人员，应履行以下职责：

（1）在专业监理工程师的指导下开展现场监理工作；

（2）检查承包单位投入工程项目的人力、材料、主要设备及其使用运行状况，并做好检查记录；

（3）复核或从施工现场直接获取工程计量的有关数据并签署原始凭证；

（4）按设计图及有关标准，对承包单位的工艺过程或施工工序进行检查和记录，对加工制作及工序施工质量检查结果进行记录；

（5）担任旁站工作，发现问题及时指出并向专业监理工程师报告；

（6）做好监理日记和有关的监理记录。

1.7 通信建设工程项目监理工作流程

本节针对一个工程项目从开始到结束整个过程监理机构应该做的工作进行分析说明。

1.7.1 监理工作总流程

根据工程项目进展的时间顺序，一个监理项目可以分为施工前期、设计会审、施工准备、施工建设、工程验收、工程结算以及投入试运行及保修7个阶段，不同阶段监理的工作重点有所区别，以下以一个设备安装工程项目为例说明监理工作的总体流程。

1. 施工前期监理实施工作

时间：监理规划出版至设计出版、分发阶段。

任务：组成监理项目组，全面主动介入工程建设前期工作，体现监理是建设单位的助手、左右手，真正起到组织、协调作用。

1）组建工程监理项目组

监理公司工程的招标文件要求，安排具备监理经验丰富的总监理工程师及监理工程师从事工程的监理工作。总监理工程师对工程进行总体协调和管理，由总监理工程师本人或委托总监理工程师代表负责工程项目所有往来资料、信息的收集、整理、处理，填写《收、发文件记录表》；其他参与项目的监理工程师、监理员协助分管某一地区、局部、局面的现场监理工作以及工程资料、信息收集、整理、处理工作。

2）监理项目组的运作

（1）总监理工程师及总监理工程师代表熟悉任务书（可行性研究）或中标书内容、要求，了解工程的来龙去脉。

（2）接到任务后，总监理工程师或总监理工程师代表项目负责人必须第一时间拜访建设单位（特殊情况可电话联系），汇报监理方的准备工作，与主管单位、建设单位、分建设单位（工建、维护等部门）进行工程相关资料交底，了解其对工程项目实施的要求。

（3）了解项目相关参建单位委托或招投标情况，收集文件资料，尤其收集施工、设计、器材、厂家承诺内容。

3）组织参加工程项目准备会

（1）组织相关单位参加项目准备会，落实单位、人员、地点、时间。

（2）组织项目启动会，启动会上需主动提出落实（无项目启动会的也需落实）以下四点：

① 相关单位（设计单位、施工单位、集成商、主设备厂家、配套设备厂家、光缆材料厂家、货运公司）的工程负责人；

② 根据任务书、建设方案、可研报告等，明确设计单位设计组织情况，明确设计出版时间和会审时间；

③ 与建设单位协商，初定设计、订货、到货、设备项目机房安装条件、硬件施工、软件调测、割接入网，项目路由复测、管道建设、布缆、调测、验收等时间；

④ 与建设单位、设计单位协商确定设计出版数量（全套、施工图、预算）及分发表（分发单位、数量）。

（3）做好项目启动会会议纪要，并报建设单位及相关单位，填写工程组织情况表。

4）设计阶段主动介入，了解设计单位工作情况，主动协助设计单位进行查勘或复勘工作，积极跟进工程开展

（1）了解设计单位的组织情况，现场勘查情况，条件许可的进行设计阶段的监理，但必须确保设计按时完成。不能按时完成的，必须报告建设单位，寻求建设单位同意或提出相关方案。初次接触的设计单位，需收集该单位的资质证书，设计人员的概预算证书号，填写《工程设计情况表》。

（2）与建设单位保持联系，了解其需求（包括对机房建设，电力室电源、机房列柜或端子，配套设备的生产厂家、型号，在建工程的资源管理，维护用料等）。

（3）针对工程特点，督促设计单位充分了解网络的现状、各节点机房准备情况和工程开工时施工单位准备的情况，所采购设备软硬件版本并收集相关资料，阐述新旧网络的过渡实施方法。情况填入《工程设计情况表》。

（4）协助设计单位的设计工作，协调设计单位与建设单位或分建设单位关系（包括维护部门）。

（5）条件许可的应积极参加或协助建设单位的设备选型工作，并提供专业意见。

（6）积极了解查勘过程中的存在问题，根据自己的技术能力和对各机房熟悉情况，整理一定建议和意见，联系设计、施工等相关单位，协助建设单位/分公司组织协调会，讨论需要重新查勘和落实的问题，并组织设计施工等单位到现场进行二次查勘工作。同时安排对机房熟悉的监理人员配合设计勘查，确保设计方案的准确性和有效性。

（7）进行阶段性小结，向工程主管部门提交设计复勘阶段遗留问题解决情况，特别对于监理无法越权处理的、需待建设单位决策的问题及时汇报。

（8）敦促设计单位按既定数量、时间、单位分发设计文件，必须在会审前跟踪落实好，并将相关情况及时反馈给建设单位。

2. 设计会审阶段监理实施工作

时间：设计出版分发后至会审、主设备到货前。

任务：使工程设计能对工程起充分指导作用，把好"四控"工作的第一关，落实各项工作，保障工程如期开工。

（1）主动介入、落实设计单位的设计分发工作,按照分发表确保各单位会审前按时、按量收到设计,并将分发情况汇报建设单位。

（2）主动联系各参建单位、分建设单位工程负责人,收集其意见,并将意见书面分类登记,及时反馈给各相关单位,尤其是建设单位。

（3）组织设计文件内审。接到设计文件后,项目负责人组织监理项目部内人员进行设计文件内审,要提出自己专业意见,内容需包括(留意其他单位的意见)：

① 设备网络结构图是否符合任务书;

② 技术方案、技术措施是否可行;

③ 选用主设备、配套设备、光缆、材料是否符合合同要求,设备配置、设备面板图、走线路由和使用槽道是否合理;

④ 设计是否存在与实际情况,与建设单位工程、维护部门的要求不一致的地方,发现疑问的应尽可能与建设单位、设计单位达成一致意见;

⑤ 电路割接方案、路由走向方案、电路调度方案、管道建设方案、协议接口是否合理,是否具有可操作性;

⑥ 审核设计方案设计参数、设计标准、设备和结构选型、功能和使用价值等方面是否满足适用、经济、美观、安全、可靠等要求;

⑦ 对施工图的质量,尤其是各专业施工图之间的配合情况要进行认真审查,了解建设意图,尽量避免设计失误造成的损失;

⑧ 进行造价控制审核,设计预算是否符合概预算相关的定额规定,并将审核意见以书面方式提交建设单位。

（4）组织设计会审。

① 总监理工程师或总监理工程师代表必须主动征询建设单位意见后协助组织设计会审(明确时间、地点、相关单位人员及协助发会审通知)。

② 设计会审时除落实设计文件问题外,还应了解、落实工程施工前开工条件：

• 沿线各局是否有机房改造(何时能完成)等情况;

• 修正设计出版时间;

• 设备(主设备、配套设备)、材料定购货的时间,技术措施,厂验时间;

• 设备到货的大致时间,分屯地点(机房还是仓库),接收人员(分建设单位或监理人员)及保管人员,落实运输费用及二次运输费用;

• 根据任务书,与建设单位、施工单位商谈工程实施计划,确定工程开竣工时间;

• 重新确定各参建单位、厂家、分建设单位主要联系人及联系方式。

③ 协助建设单位编写设计会审纪要,并跟踪落实会审纪要出版及分发,确认各相关参建单位是否收到。

（5）联系建设单位,落实并收集相关合同(设备采购合同、设计合同、施工合同等)。

（6）初步编写监理规划、监理实施细则,报监理单位技术负责人审核。

3. 施工准备阶段监理实施工作

时间:设备到货,组织工程开工。

任务:分析、跟进工程实施中的重点、难点,办好工程的相关程序、手续,进一步落实工程安装。

1）组织安排主设备及配套设备到货

（1）了解主设备及配套设备、材料到货时间，到货方式（一次性到货或分批），将分屯表、到货时间分别传真及电告器材厂家和安装地分建设单位及建设单位工程主管、施工单位。

（2）要求器材厂家提供相关货物到货清单（含品种、类型、数量），并按合同、设计进行核查，将存在问题形成核查书面意见报送器材厂家和主建设单位、分建设单位，督促厂家采取完善和改进措施。

（3）通知、落实各地接收人和分屯地点（机房或仓库其他场地），要求运输到货时间合理，做好交接清点登记手续，落实好搬运费用和二次运输费用。

（4）落实设备、材料到货后的保管问题，做好移交保管登记手续。

2）组织落实以下事项

（1）设计会审时发现的问题是否已经解决、落实。

（2）核实承建商投入该项目技术装备情况，包括人员、车辆、仪表等。

（3）落实各施工地是否具备开工条件。

（4）清楚各机房施工和出入管理规定，督促施工队伍学习相关管理规定、办妥所有手续。

（5）与当地运维部门落实：施工过程中是否存在目前已明确的封网期，机房改造等是否完成等。

（6）落实工程各施工地的建设部门、维护部门的接口联系人或部门主管。

（7）根据设计要求，组织设计、施工或厂家填写工程所用资源的申请单（电源、电路、光纤），并报送。

（8）明确合同（或其他书面承诺）中各种设备供应商的到货时间，切实做好供货周期的控制。

（9）总监理工程师根据工期签署开工报告，报建设单位批准。

（10）根据成本、施工队伍等因素，选择确定监理各专业负责人员，并决定他们的任务和职能分工。

（11）编制、出版监理大纲、规划、实施细则，经监理单位技术负责人审核，最后报送建设单位，必要时报送分建设单位。

3）开工所需文件资料处理

项目负责人根据设计（修正设计、批复的概预算）、施工合同、器材采购合同、会议纪要等文件审查施工组织方案和技术方案、施工进度计划及质量、安全和文明施工等方面的技术措施，向承建商提出修改意见，并向建设单位提交书面报告。如果拟提出的建议会增加工程造价、延长工期，应事先取得建设单位的同意，并制订工程进度计划（进度计划需与施工单位、负责调测的厂家和分建设单位商讨）。

（1）编制、出版监理规划、监理大纲，并上报建设单位批准。

（2）总监签署及建设单位批准的开工报告。

（3）总监代表发《安全生产通知》（建设单位合理要求的文件，如安全、质量保证书等）给施工单位签收并督促其仔细学习，落实相关安全措施和安全责任人。

（4）收集相关管理合同：施工、设计、器材合同；检查相关设计是否齐全（修正预算、修正设计、概预算批复文件等）。

4）组织召开第一次工地例会

项目负责人主持召开工程协调会,参建单位如承包单位、设计单位、器材公司、厂家、集成商、项目监理机构,并邀请建设单位、分建设单位参加。会议落实开工条件、安全措施、相关手续程序、具体开工时间、进度要求、出入机房管理规定、相关单位(督导、随工等)配合事项,跟进工程所需使用资源的申请情况及存在问题。会议纪要由总监代表负责起草,经与会各方代表会签后,由总监理工程师签发,并报送建设单位(主、分)和参建单位。

5）组织开箱验货

（1）现场监理工程师负责进行开箱验货工作;核对到货箱号与厂家发货是否一致;设备、材料需与到货清单、设计预算、采购合同一致;设备包装、外观需完好无损等。

（2）检查工程使用的原材料、构配件和设备的质量(进网许可证、产品质量合格证或质量保证书),如有必要,使用前进行抽检或试验。

（3）对重要原材料构配件及设备,必要时需到生产厂家实地考察,以确定订货单位。

（4）所有设备在进场时应按技术说明书的要求进行质量检查,必要时应由法定检测部门进行检测。

（5）检查安全防护设施。对不符合国家质量标准的材料、构配件及设备,按建设单位的授权通知施工单位停止使用。

（6）审批《进场设备(材料)仪表报验表》。

（7）对发货错漏的要落实,器材公司、厂家补发货时间及安排,现场据实填写开箱报告,并上报建设单位。

（8）检查、落实设备、材料进场后的安全防护措施,确保遵守建设单位机房管理规定,并做好保管工作及相关移交手续,确保货物万无一失。

4. 施工阶段监理实施工作

时间:进场施工至竣工资料出版阶段。

任务:项目负责人全面负责工程组织、协调,及信息、数据的整理、收集、管理工作,对监理工程师的工作进行督导,重点做好对施工单位施工阶段的监理工作,强调人身及通信安全,根据监理规划和实施细则使工程顺利进行。

1）开工组织

（1）监理人员必须拜访各分建设单位,通报工程组织情况,征询建设单位要求及意见,发送(或传真)建设单位批复的《开工报告》、工程联系人表、第一次工地例会纪要等给各分建设单位、参建单位。

（2）组织施工单位按计划进场施工,办理施工许可证、机房出入证等证件。

2）建立监理信息系统

（1）落实现场监理每天向项目负责人电话或 E-mail 汇报,否则一周至少两次书面汇报。

（2）落实执行向建设单位(分建设单位)汇报制度(周报、月报、监理报表、传真电报等)及次数。

（3）根据建设单位具体要求,每周定时向建设单位文字汇报工程情况。

（4）总监督促监理项目内部人员遵守工地管理规范,注意通信人身安全、通信安全。

（5）项目负责人将工程建设进展情况及时通报反映给各参建单位。

（6）项目负责人将信息填报工程有关表格，进行整理、反馈。

3）图纸信息沟通处理

（1）施工前图纸现场审查。

（2）审查后相应处理，一致且无疑问的应与分建设单位安排的随工（无安排随工的应找相关负责人）沟通，征得同意按图施工。不一致的，总监代表应马上与设计、建设单位负责人联系沟通，必要时需组织相关负责人到现场讨论解决，按工程变更进行处理；明确设计单位为责任单位，涉及变更的必须有设计单位签字盖章。

4）总监理工程师或现场监理工程师组织工地例会

（1）定期（每周一次）或根据工程实际情况召开工地会议，会议纪要由现场监理工程师负责起草，经与会各方代表签认后，由总监理工程师签发各方。

（2）工地例会应包括以下内容：

① 检查上次例会会议定事项的落实情况，分析未完事项原因，继续落实责任单位；

② 检查分析工程进度计划完成情况，提出下一阶段进度目标及其落实措施，协调好与施工单位配合工作；

③ 检查分析工程质量状况，针对存在的质量问题提出改进措施；

④ 检查工程量核定及支付情况；

⑤ 解决需要协调的有关问题，如方案变更、预算调整、技术措施确定落实等；

⑥ 其他有关事宜，如检查落实安全措施、通报安全情况、线路方面的外围协调；

⑦ 通报并分析各参建单位配合情况，指出存在问题，如施工队伍技术力量及素质问题；

⑧ 将有关纪要报送建设单位及相关参建单位。

5）对隐蔽工程进行旁站监理

（1）进行隐蔽工程施工前，监理人员必须组织协调确定施工单位施工方案、人员配合等达到标准以及操作规范。

（2）严格执行隐蔽工程验收制度，即所有隐蔽工程在被隐蔽或覆盖前必须经监理工程师检查、验收，确认质量合格并在《隐蔽工程签证及施工工艺检查记录》上签字后，才允许隐蔽或覆盖。

（3）对隐蔽工程施工进行现场监督检查，一旦发现违反隐蔽工程验收制度，未经验收合格擅自隐蔽或覆盖的应立即制止，并通知项目负责人。对造成重大后果如质量事故、预算增加的，必须进行书面通报，严格执法，并将处理情况报告建设单位。

6）施工用款计划调度

在工程实施过程中，按照实际需要编制工程施工的用款计划，并在工程的具体实施中，每月提出对工程施工费的用款计划的修正计划，并供建设单位审核后实施施工费的用款拨付。

7）组织割接、资源调度

（1）项目负责人了解建设单位资源管理规定，根据工程情况及早组织设计、施工、厂家核对工程所需的各类资源，按要求填写申请，按资源级别分别递交给建设单位，并跟踪资源申请、调度的进展，必要时进行相关交涉，并报告建设单位协调。

（2）项目负责人组织设计、施工、厂家共同制订工程割接方案，方案制订后各方签字并递交建设单位批准实施，有需要的应与建设单位组织割接方案会审，明确时间、割接方案、备用保障方案、各单位负责人。

(3)割接时,必须再一次确认各项准备工作万无一失,必要时组织召开相关参建单位人员碰头会,确保按规定时间进行,确保电源、电路不中断,应准备备案,割接现场必须有建设单位工程主管和维护部门代表参加,项目负责人必须全过程在场。

8)其他项目负责人定期或不定期巡视各工地现场,及时发现和提出问题并进行处理

(1)对监理工程师的工作进行督导,分阶段组织监理人员进行工作总结,并根据工程实施的变化提前三天安排人员的调配情况并向项目主管汇报、申请。

(2)根据工程类型按照附表相应工作规范进行监理工作。

5. 验收阶段监理实施工作

时间:施工单位完成所有工程量,递交交工技术资料和验收申报表。

任务:项目负责人负责组织工程交工验收及初验的工作,保证遗留问题处理完毕和相关建设手续齐全。

1)组织工程验收准备工作

(1)项目负责人对施工单位交工技术文件进行审查工作,填写《施工单位竣工文件检查记录》,交分管领导进行审查核对工作。

(2)项目负责人组织编制监理竣工文件,交由分管领导审查。

(3)受建设单位的委托负责设计文件(包括修正设计及修正概预算)、交工验收资料和文件、监理文件、预转固定资产表、关联关系表、安装设备表等文件的收集及整理,并在工程验收前将收集齐全的档案资料移交建设单位工程管理部门。

2)项目负责人组织预验收(交工验收)

(1)向建设单位、分建设单位、施工单位、设备厂家、设计单位发送公司上级领导签发的《工程预验通知》。预验收内容应包括:

① 与建设单位(工程、维护人员等)现场复查交工技术文件;

② 与维护人员进行设备技术交底,有条件的要求厂家督导进行现场培训,尤其是网管部分;

③ 进行设备安装质量及安装工艺检查;

④ 与分建设单位维护部门进行资产清点,并有书面移交手续;

⑤ 征询分建设单位、维护部门等对验收组织的意见。

(2)要求施工单位在限期内对竣工资料修正出版。

(3)对预验收存在问题必须填写遗留问题处理清单,处理完毕由随工人员及监理人员签字证明,必要时由监理人员编写预验收纪要,并报建设单位。

3)验收预备会

(1)项目负责人将交工验收遗留问题处理完毕后向建设单位主动申请工程初验。

(2)项目负责人需在预备会前计划准备好:

① 与科研院、维护部门、设计院初步商量测试、挂表的安排;

② 与各单位协商人员分派、车辆组织情况、验收路线、分组情况;

③ 制定初验计划表和会议签到表。

(3)向建设单位汇报验收准备情况和组织情况,征询建设单位意见,协助召开验收预备会,安排好时间、地点、人员。

4）验收工作

（1）项目负责人应就各种可能出现的情况尽量做好准备，向工程主管汇报和分析情况。

（2）在工程验收过程中发现的问题及时处理，并做好遗留问题处理清单记录。

（3）跟踪验收中发现问题的处理，及时向建设单位汇报整改情况，力争总结会前解决。

5）验收总结会

（1）项目负责人在会前对验收中发现问题及处理情况进行总结，以书面形式体现。

（2）协助建设单位考核设计单位、施工单位等。

（3）收集并转发验收测试报告给相关单位。

（4）征询建设单位意见，组织召开验收总结会。

（5）做好验收报告，并跟踪遗留问题处理，相关单位处理完毕后由随工人员或监理人员签字证明后报送建设单位。

6. 结算阶段监理实施工作

时间：工程通过初验后。

任务：根据实际工程情况，审核承建商提交的结算文件后，在建设单位要求的时间内提交建设单位审计部门和工程管理部门。

（1）审核施工单位提交的《工程结算申请》，就工程量、材料用量等进行严格的审核。提出监理审核意见，形成《监理工程师工程预结算审查意见表》，上报建设单位审计部门和工程管理部门。

（2）跟踪审计部门的审查进度，及时响应审计部门和工程管理部门提出的关于结算中的问题，有问题时及时进行更正。

（3）根据结算完成情况，协助建设单位对施工单位进行考核评分。

7. 投入试运行及保修阶段监理实施工作

时间：工程通过初验，移交给运维部门后。

任务：跟踪工程运行状况，处理遗留问题，督促施工、厂家、设计单位做好回访与保修，最后完成终验工作及保修阶段工作。

1）做好遗留问题的处理工作，并按工程施工过程中的要求进行书面汇报

2）试运行、保修期工作

（1）听取用户对工程的使用情况和意见，了解工程质量状况和工程使用状况。

（2）查询或调查使用中造成问题的原因。

（3）对原因进行分析，对出现的质量缺陷，分析原因，确定责任者。

（4）商讨进行返修的事项：

① 审核保修的施工方案。

② 现场监督、检查工程质量和进度情况，做好检测工作。

③ 检查保修情况。

④ 组织有关部门进行验收。

（5）按照规定时间递交试运行报告。

3）协助建设单位完成工程终验工作

（1）协助建设单位编写终验报告书。

（2）协助建设单位召开终验会。

4）完成收款工作

监理人员按合同条款向建设单位提交用款申请单或发票,完成监理费用结算工作。

1.7.2 流程中相关工作说明

在项目实施工程中可能会出现不同的情况,以下对流程中涉及的相关工作进行解释说明。

1. 编制监理大纲

监理大纲是监理单位为获取监理任务在监理投标阶段编制的项目监理方案性文件,是投标书的组成部分。其目的是要使建设单位信服若采用本监理单位的监理方案,能实现建设单位的投资目标和建设意图,起到承揽监理任务的作用。

2. 编写监理规划

监理规划是监理委托合同签订后,由总监理工程师主持、专业监理工程师共同参与制订的指导开展监理工作的纲领性文件。工程项目监理机构收到通信工程项目的设计文件后,针对项目的目标、技术、管理、环境以及参与工程建设各方的情况,依据建设工程相关的法律、法规、项目的审批文件、技术标准、技术资料、设计文件、监理大纲、监理合同以及工程相关的其他合同进行监理规划的编写,明确具体的工作内容、工作方法、监理措施、工作程序和工作制度。监理规划编写完毕后需经过监理单位技术负责人审批,并在召开第一次工地会议前报送建设单位。在监理工作实施过程中,如实际情况发生较大的改变(如设计方案发生改变、承包方式产生变化等),总监理工程师应及时招集专业监理工程师对监理规划进行修改,并按原程序报送建设单位。

3. 编写监理实施细则

监理实施细则是在监理规划指导下,在落实了各专业监理的职责后,由专业监理工程师针对本专业具体情况制订的更具有实施性和可操作性的业务文件。对中型及以上或专业性较强的工程项目,监理机构必须编制监理实施细则;对项目规模较小、技术简单、管理经验较成熟的工程,监理规划可以起到监理实施细则的作用,不需另外编写。

监理实施细则可根据工程开展情况分阶段编写,在分项工程或单位工程在施工前由专业监理工程师编制并经总监理工程师批准。编制的依据是已批准的监理规划、与工程相关的标准、设计文件和技术资料以及施工单位的施工组织设计方案。

4. 组织工地例会

工地例会是由项目监理机构主持,在工程实施过程中针对工程质量、造价、进度、合同管理等事宜定期召开的,由有关单位参加的会议,是监理机构协调工程各方关系的重要手段。工程项目各主要参建单位均可以向项目监理机构书面提出召开工地会议的动议。动议内容应包括:主要议题,与会单位,人员及召开时间。经总监理工程师与有关单位协商,取得一致意见后,总监理工程师签发召开专题工地会议的书面通知,与会各方应根据通知认真做好会前准备。其中,工程项目的第一次工地例会应由建设单位牵头召开。

5. 旁站与巡视

旁站与巡视是监理的两种常规工作手段。旁站是指在关键部位或关键工序施工过程中,监理人员在施工现场所进行的监督活动。旁站在一般情况下是间断进行的,视情况需要可以连续进行,其目的是确保关键工序或关键操作符合工程质量规范要求。因此,除了目视外,必要时还要辅以常用的检查工具,以监理员实施为主。

巡视是监理人员对正在施工的部位或工序在现场进行的定期或不定期的巡查,是对一般的施工工序或施工操作进行监督检查的手段。巡视以了解情况和发现问题为主,采用目视和记录的方法进行。项目监理机构为了了解施工现场的具体情况(包括施工的部位、工序、操作机械、工程质量等),需要每天巡视施工现场,这是所有监理人员都应进行的一项日常工作。

6. 见证和平行检验

见证是监理人员现场监理工作的一种方式。承包单位在实施某一工序时,应在监理人员的现场监督之下进行。见证的使用范围主要是质量的检验工作、工序验收、工程计量及有关按 FIDIC 合同实施人工工日、施工机械台班计量等。如监理人员在承包单位对工程材料的取样送检过程中的见证取样、监理人员对承包单位在通信设备加电过程中所作的对加电实验过程的记录等。监理机构在制定通信工程项目的监理规划时应确定见证工作的内容和项目,并通知承包单位;承包单位在实施应见证的工序时,要主动通知项目监理机构有关见证的内容、时间和地点。见证工作的频度应根据工程的实际情况进行确定。

平行检验是项目监理机构独立于承包单位之外对一些重要的检验或试验项目所进行的检验或试验。这一工作是监理机构在承包单位自检的基础上,独自利用自有的试验设备或委托具有试验资质的试验机构来完成的。由于工程建设项目的类别和需要检验的项目非常多,各个检验项目在不同的工程类别中其重要的程度也各不相同,因此在监理规范中没有定义一个统一的平行检测标准。另外,平行检测工作涉及监理单位的监理成本,目前的取费标准当中并没有明确平行检测的内容,所以关于平行检测的频度应在委托监理合同中进行约定。在工程实施中,监理工程师应经常对承包单位的技术操作工序进行巡视或旁站控制。

7. 工程暂停令与工程复工令

项目总监理工程师签发工程暂停令和工程复工令是监理工作中确保工程质量的一个非常有效的控制手段。因此,在签订委托监理合同时要明确这一权力,以维护监理指令的效力和权威;而在监理实施过程中,总监理工程师要用好这一权力,以保证监理工作的成效。

在出现以下情况之一时,总监理工程师要根据影响的范围和程度,确定停工的范围,签发工程暂停令:

(1)建设单位的原因需要暂停施工,如资金短缺等;

(2)承包单位在施工过程中出现不安全因素或违规行为;

(3)为进行工程质量抽检而需要停工;

(4)发生一些紧急事件需要停工。

工程暂停后,总监理工程师应分清导致暂停的责任方,主动就工程暂停引起的工期延误和费用补偿等与建设单位、承包单位进行协商处理,尽量达成协议,尤其是工程暂停会影响一方的利益时,暂停令的签发更要慎重。如果工程暂停是由于非承包单位的原因引起的,监理机构要如实作好记录,总监理工程师签发复工令时,要看引起工程暂停的原因是否已经消失;工程暂停是由于承包单位的原因引起的,则承包单位要采取恰当的措施加以整改,然后书面提出复工申请,总监理工程师要重点审查承包单位的管理、质量、安全等方面的整改情况和措施,确认承包单位在采取所报送的措施后不会再发生类似的问题,才能签发复工令。但是,根据施工合同的要求,总监理工程师应该在 48 小时内对承包单位提出的书面申请给予答复,或提出处理意见,否则承包单位可以自行复工。

8. 工程的变更

工程变更是指在工程项目实施过程中,按照合同约定的程序对部分或全部工程材料、工艺、功能、构造、尺寸、技术指标、工程数量及施工方法等方面作出的改变。我国承包施工合同范本规定:承包单位可以按照监理工程师发出的变更通知更改工程的有关位置和尺寸;增减合同中约定的工程量;改变有关工程的施工时间和顺序以及工程变更需要的附加工作。建设单位也可以通过监理工程师要求变更工程范围和性质。施工中建设单位需对原工程设计变更的,应提前 14 天以书面形式向承包人发出变更通知。如变更超过原设计标准或批准的建设规模时,建设单位应报规划管理部门和其他有关部门重新审查批准,并由原设计单位提供变更的相应图纸和说明。当工程变更涉及安全、环保内容时,还要按规定报有关部门审定。

9. 费用索赔

建设单位未能按合同约定履行自己的各项义务或发生错误以及应由建设单位承担责任的其他情况,造成工期延误或承包单位不能及时得到合同价款及承包单位的其他经济损失;承包单位未能按合同约定履行自己的各项义务或发生错误,给建设单位造成经济损失的,受损失的一方可向对方提出索赔。

监理工程师在审核承包单位提出的费用索赔时应注意:索赔费用只能是承包单位实际发生的费用,而且必须符合工程项目所在地区的有关法规和标准。绝大部分的费用索赔是不包括利润的,只涉及工程直接费和管理费,只有遇到工程变更时,才可以索赔相关利润。

10. 工程延期和工程延误

在通信工程建设过程中,发生了进度缓慢或受阻或停滞的事件并造成工程竣工日期向后延迟的现象,称为工程拖延。发生工期拖延的原因是多方面的,对于非承包单位原因造成的工期拖延,经过项目监理机构和建设单位认可同意延长实施工期时,称为工程延期,否则称为工程延误。

在通信工程建设施工合同中要明确规定工程完工的期限或天数。发生延期时,承包单位必须提出延期报告说明延期原因,报总监理工程师审批。总监理工程师在 14 天内应作出决定,否则承包单位可以由于延期迟迟未获批准而被迫加快工程进度为由,提出费用索赔。为了使监理工程师有比较充裕的时间评审延期,对于某些较为复杂或持续时间较长的延期申请,监理工程师可以根据初步评审,给予一个临时的延期时间,然后再进行详细研究,书面批准有效延期时间(称为最终批准)。但临时批准的延期时间不能长于最终批准的延期时间。

11. 竣工验收

通信工程建设项目施工全部完成,承包单位应进行自检自验,并准备好竣工资料,向项目监理机构申请正式验收。总监理工程师应组织专业监理工程师,依据有关法律、法规、工程建设强制性标准、设计文件和施工合同,对承包单位报送的竣工资料进行审查,协助建设单位组织工程的竣工验收,并提供相关的监理资料。对验收中提出的问题,项目监理机构应详细记录,并要求相关责任单位进行整改。整改完毕由总监理工程师签署工程竣工报验单,在此基础上提出工程质量评估报告。工程质量符合要求,由总监理工程师会同参加验收的各方签署竣工验收报告。

1.8　建设监理相关的法规制度和标准

当前,监理制度在国际上已成为工程建设组织管理体系中的重要环节。在我国,工程监理制度的实施是对传统工程管理体系的改革。1993 年,上海市开始了工程设备监理制度的试点工作。在国务院机构改革前,电力部、水利部、邮电部、机械部、内贸部等部门根据工程管理的需要,在各自的职能范围内也组织和推进工程建设监理工作。

在工程建设中,监理工作是一种约束机制,监理机构站在独立的第三方的立场上为业主服务。为了保证这种独立性,监理人员应当了解我国建设工程法律体系,熟悉和掌握其中与监理工作关系密切的法律、法规,以便依法进行监理和规范自己的工程建设监理行为。

1.8.1　相关法律

法律是由全国人民代表大会及其常务委员会通过的基本大法,由国家主席签署主席令予以公布。

1.《中华人民共和国合同法》

《中华人民共和国合同法》1999 年 3 月 15 日由第九届全国人民代表大会第二次会议通过。全文分为 23 章共计 427 条,就合同的订立、合同的效力、合同的权利和义务以及合同的履行、变更、转让作出详细规定,并对常用的合同规格进行了说明。

2.《中华人民共和国招标投标法》

《中华人民共和国招标投标法》由中华人民共和国第九届全国人民代表大会常务委员会第十一次会议于 1999 年 8 月 30 日通过,自 2000 年 1 月 1 日起施行。全文分 6 章共计 68 条,以招投标活动为主线,就招标、投标人的资格,开标、评标和中标的具体做法进行规定,并对违法应负的法律责任和处罚进行规定。用于规范招投标活动,保护国家利益、社会利益和招投标活动当事人的合法权益。

1.8.2　相关的行政法规

行政法规由国务院根据宪法和相关的法律来制定,由国务院总理签署国务院令公布执行。

《建设工程质量管理条例》以建设工程质量责任主体为基线,规定了建设单位、勘察单位、设计单位、施工单位和工程建设监理单位的质量责任和义务,明确了工程质量保修制度、工程质量监督制度等内容,并对各种违法行为的处罚作出原则规定。该条例分为 9 章共计82 条。

1.8.3　部门规章

部门规章是国务院主管部门根据法律和国务院的行政法规而制定的规范工程建设活动的规章,由主管部长签署公布执行。

1.《工程建设监理企业资质管理规定》

2.《建设工程建设监理范围和规模标准规定》

3.《评标委员会和评标方法暂行规定》

1.8.4　标准规范

1.《建设工程建设监理规范(GB50319—2000)》

2.《建设工程建设监理规范(GB50319—2000)条文说明》

3.《建设工程工程量清单计价规范》

4.通信工程建设项目中使用到的相应的技术标准

1.8.5　规范性文件

1.《关于印发〈建设工程施工合同(示范文本)〉的通知》

2.《关于印发〈建设工程委托监理合同(示范文本)〉的通知》

复习题

1. 什么是建设工程建设监理?

2. 建设工程建设监理有哪些性质? 它们的含义是什么?

3. 现阶段我国建设工程建设监理有哪些特点?

4. 项目监理机构中的人员如何配置?

5. 项目监理机构的组织形式有哪几种?

6. 什么是工程建设监理大纲?

7. 建设工程建设监理规划编写的依据是什么?

8. 建设工程建设监理一般包括哪些主要内容?

9. 建设工程建设监理常用的工作方法有哪些?

第2章　通信建设工程投资控制

在工程项目的建设中,如何按照客观经济规律办事,加强经营管理,实行经济核算,提高投资效益,是实现我国社会主义现代化建设的一个重要问题。然而,要提高建设项目的投资效益,就必须做好对通信建设项目建造全过程的投资控制。投资控制的关键在于正确确定通信工程项目各个建设阶段的工程造价。

2.1　通信建设工程投资控制概述

2.1.1　通信建设工程造价

工程造价是指建设一个通信工程项目预期开支或实际开支的全部固定资产投资费用。投资者为了获取预期的经济效益,就要通过项目评估进行决策,然后进行通信工程项目设计招标、工程招标、实施,直到工程竣工验收等一系列建设管理活动,使投资转化为固定资产和无形资产。所有这些开支就构成了通信建设项目的工程造价。

所以,可以认为工程造价就是工程投资费用,是建设项目总投资的主要组成部分。对一个需要较长时间才能完成的通信建设项目,工程投资包括静态投资和动态投资。静态投资是以某一基准年、月的建设要素的价格为依据所计算出的建设项目投资的瞬时值,包括建筑安装工程费、设备和工器具购置费、通信工程建设其他费和工程基本预备费。动态投资部分是指在建设期内,因建设期利息、建设工程需交纳的固定资产投资方向调节税和国家新批准的税费、汇率、利率变动以及建设期价格变动引起的建设投资增加额,包括涨价预备费、建设期利息和固定资产投资方向调节税。动态投资适应了市场价格运动机制的要求,使投资的计划、估算、控制更加符合实际。

工程造价的计价是分阶段进行的。可行性研究报告阶段要编制投资估算,初步设计阶段要编制工程概算,施工图阶段则要编制工程预算,逐步精确,以更真实地反映工程的实际造价。估算、概算和预算等各阶段控制费用指标由审查批准后的造价文件确定。

(1)投资估算应根据可行性研究报告的内容和信息产业部颁布的投资估算依据等,以估算时期的价格进行编制,并应按照有关规定合理地预测从估算编制至竣工期工程的价格、利率、汇率等动态因素,确保投资估算的编制质量。

(2)初步设计概算应根据已经批准的可行性研究报告,在优化设计的基础上,以概算编制期相应的计价依据等进行编制,并应按照有关规定,合理地预测概算编制至竣工期工程价格、利率、汇率等动态因素,并严格控制在已批准的可行性研究报告及投资估算的允许范围内。初步设计概算一经主管部门批准,即作为建设项目总造价的控制限额,不得任意突破。

对于三阶段设计的工程建设项目,在初步设计阶段之后要增加技术设计阶段,要在初步设计概算的基础上编制相应的修正概算,并经上级主管部门批准。

(3) 施工图预算应根据施工图纸及施工组织设计等资料,按照建设阶段的施工定额、计价依据等进行编制。施工图预算的总造价应控制在批准的初步设计总概算之内。

2.1.2 通信建设工程造价的构成

建设工程造价的构成有两种不同的表述方式:一是我国对建设工程造价的构成的描述;二是 FIDIC 的建设工程造价构成。下面分别进行介绍。

1. 我国现行建设工程造价的构成

我国现行的工程造价由设备及工器具购置费用、建筑安装工程费用、工程建设其他费用、预备费、建设期贷款利息构成。具体内容如图 2-1 所示。

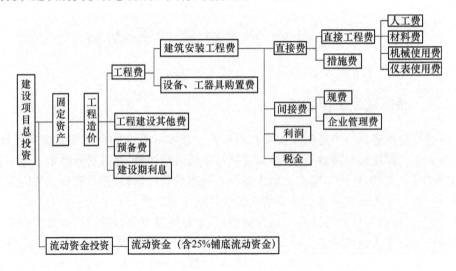

图 2-1 我国现行工程造价的构成

1) 设备、工器具购置费

设备、工器具购置费是指根据设计提出的设备、工器具(包括必须的备品备件)清单,按设备原价、运杂费、采购及保管费、运输保险费和采购代理服务费计算的费用。

设备、工器具购置费是由需要安装设备购置费和不需要安装设备、工器具以及维护用工器具仪表购置费组成。

计费标准和计算规则为

设备、工器具购置费＝设备原价＋运杂费＋运输保险费＋采购及保管费＋采购代理服务费

其中:

(1) 设备、工器具原价指国产设备制造厂的交货价;进口设备的到岸价。

(2) 采购代理服务费＝设备、工器具原价×采购代理服务费率。

（3）运杂费＝设备、工器具原价×设备、工器具运杂费费率。

（4）运输保险费＝设备、工器具原价×保险费费率0.4%。

（5）采购及保管费＝设备、工器具原价×采购及保管费费率。

2）建筑安装工程费

建筑安装工程费由直接费、间接费、利润和税金四部分组成。其中，直接费又由直接工程费、措施费构成。

（1）直接费

① 直接工程费

直接工程费是指施工过程中耗用的构成工程实体和有助于工程实体形成的各项费用，包括人工费、材料费、机械使用费和仪器仪表费。

• 人工费

人工费是指直接从事建筑安装工程施工的生产人员开支的各项费用，包括基本工资、工资性补贴、辅助工资、职工福利费、劳动保护费等。

• 材料费

材料费是指施工过程中耗用的构成过程实体的原材料、辅助材料、构配件、零件、半成品的费用和周转使用材料的摊销费用，包括材料原价、采购代理服务费、运杂费、采购及保管费、运输保险费等。

• 机械使用费

机械使用费是指使用施工机械作业所发生的机械使用费以及机械安、拆和进、出场费用，包括折旧费、大修理费、经常修理费、安拆费及场外运输费、燃料动力费、操作人员人工费、运输机械养路费、车船使用税及保险费等。

• 仪器仪表费

仪器仪表费是指施工作业所发生的属于固定资产的仪表使用费。

② 措施费

措施费是指为完成工程项目施工，发生于该工程前和施工过程中非工程实体项目的费用。同直接工程费相比，其有较大的弹性，需要根据现场施工条件加以确定。一般包括以下16项内容。

• 环境保护费：指施工现场为达到环保部门要求所需要的各项费用。

• 文明施工费：指施工现场文明施工所需要的各项费用。

• 工地器材搬运费：指由工地仓库（或指定地点）至施工现场转运器材而发生的费用。

• 工程干扰费：通信线路工程、通信管道工程由于受市政管理、交通管制、人流密集、输配电设施等因素影响工效的补偿费用。

• 工程点交、场地清理费：指按规定编制竣工图及资料、工程点交、施工场地清理等发生的费用。

• 临时设施费：指施工企业为进行工程施工所必须设置的生活和生产用的临时建筑物、构筑物和其他临时设施费用等。临时设施费用包括临时设施的租用或搭设、维修、拆除费或摊销费。

• 工程车辆使用费：指工程施工中接送施工人员、生活用车等（含过路、过桥）费用。

• 夜间施工增加费：指因夜间施工所发生的夜间补助费、夜间施工降效、夜间施工照明设备摊销及照明用电等费用。

- 冬雨季施工增加费:指在冬雨季施工时所采取的防冻、保温、防雨等安全措施及工效降低所增加的费用。
- 生产工具用具使用费:指施工所需的不属于固定资产的工具用具等的购置、摊销、维修费。
- 施工用水电蒸汽费:指施工生产过程中使用水、电、蒸汽所发生的费用。
- 特殊地区施工增加费:指在原始森林地区、海拔 2 000 m 以上高原地区、化工区、核污染区、沙漠地区、山区无人值守站等特殊地区施工所需增加的费用。
- 已完工程及设备保护费:指竣工验收前,对已完工程及设备进行保护所需的费用。
- 运土费:指直埋光(电)缆、管道工程施工,需从远离施工地点取土及必须向外倒运出土方所发生的费用。
- 施工队伍调遣费:指因建设工程的需要,应支付施工队伍的调遣费用。内容包括调遣人员的差旅费、调遣期间的工资、施工工具与用具等的运费。
- 大型施工机械调遣费:指大型施工机械调遣所发生的运输费用。

(2) 间接费

间接费是一种支撑费用,由规费、企业管理费两部分组成。

① 规费

规费是指政府和有关部门规定必须缴纳的费用(简称规费),包括以下内容。

- 工程排污费:指施工现场按规定缴纳的工程排污费。
- 社会保障费:包括企业养老保险费、企业失业保险费以及企业医疗保险费。
- 住房公积金:企业支付给员工的住房公积金。
- 危险作业意外伤害保险:指企业为从事危险作业的建筑安装施工人员支付的意外伤害保险费。

② 企业管理费:指施工企业组织施工生产和经营管理所需费用。具体包括总部管理人员的基本工资、工资性补贴及按规定标准计提的职工福利费、差旅交通费、办公费、规定资产使用费、工器具使用费、保险费、职工教育经费、工会经费、税金、劳动保险费、职工养老保险费及待业保险费和其他费用(土地使用费、业务招待费、公证费等)。

(3) 利润

利润是指为维护国家和施工单位企业的利益按规定应计入建筑安装工程造价的利润。

(4) 税金

税金指按照国家税法规定应计入建筑安装工程造价内的营业税、城市维护建设税和教育附加费。依据税法的相关规定,营业税税率为 3%,城市维护建设税、教育费附加税率分别为 7% 和 3%,税金的计取基数包括直接工程费、间接费和计划利润。统一考虑后,综合税率为 3.41%。

3) 通信工程建设其他费

通信工程建设其他费是指根据有关规定应在固定资产投资中支付并列入建设项目总概预算的,除建筑安装工程费、设备、工器具购置费和预备费之外的费用。

(1) 建设用地及综合赔补费:建设项目征用土地或租用土地应支付的费用建设用地及综合赔补费。

（2）可行性研究费：指在建设项目前期工作中，编制和评估项目建议书、可行性研究报告所需的费用。

（3）研究试验费：指为本建设项目提供或验证设计数据等进行必要的实验所需要的费用。包括自行或委托其他部门研究试验的人工费、材料费、试验设备及仪器费，支付的科技成果、先进技术的一次性技术转让费等。

（4）勘察设计费：指为本建设项目提供项目建议书、可行性研究报告及设计文件等所需要的费用。主要包括编制项目建议书、可行性研究报告、为评价以及为编制上述文件所进行的勘察、设计等所需要的费用和勘察设计单位进行初步设计、施工图设计及概预算编制等所需要的费用。

（5）生产准备费：指生产维护单位在工程施工中对维护人员培训以及熟悉工艺流程、设备性能等在生产前作准备所发生的费用。此费用按运营费处理。

（6）引进技术及进口设备其他费。这项费用主要包括以下方面。

① 为引进技术和进口设备派出人员进行设计联络、设备材料监检、培训等的差旅费、置装费和生活费。

② 国外工程技术人员来华差旅费、生活费和接待费。

③ 国外设计及技术资料、软件、专利和技术转让费、延期或分期付款利息。

④ 引进设备的测绘、检验和商检费等。

（7）环境影响评价费：用于工程项目进行环评的费用。

（8）劳动安全卫生评价费：指按照原劳动部 10 号令（1998 年 2 月 5 日）《建设项目（工程）劳动安全卫生预评价管理办法》的规定，为预测和分析建设项目存在的职业危险、危害因素的种类和危险危害程度，并提出先进、科学、合理可行的劳动安全卫生技术和管理对策所需的费用。包括编制建设项目劳动安全卫生预评价大纲和劳动安全卫生预评价报告书，以及为编制上述文件所进行的工程分析和环境现状调查等所需费用。

（9）安全生产费：指施工企业按照国家有关规定和建筑施工安全标准，购置施工防护用具、落实安全施工措施以及改善安全生产条件所需要的各项费用。

（10）工程保险费：指建设项目在建设期间根据需要对建筑工程、安装工程及机器设备进行投保而发生的保险费用。

（11）工程招标代理费：指招标人委托代理机构编制招标文件、编制标底、审查投标人资格、组织投标人踏勘现场并答疑，组织开标、评标、定标，以及提供招标前期咨询、协调合同的签订等业务所收取的费用。

（12）建设单位管理费：建设单位从筹建之日起至办理竣工财务决算之日止发生的管理性质开支。如果成立筹建机构，建设单位管理费还应包括筹建人员工资类开支。

（13）建设工程监理费：指建设单位委托工程监理单位实施工程监理的费用。

（14）专利及专用技术使用费。

4）预备费

按照我国现行规定，包括基本预备费和涨价预备费。

（1）基本预备费

基本预备费指在建设项目实施过程中可能发生难以预料的支出，因此在进行初步设计和概算时要进行预留的费用。一般包括如下费用：

① 在批准的初步设计范围内,技术设计、施工图设计及施工过程中发生所增加的费用;设计变更等增加的费用。

② 一般自然灾害造成工程损失和预防自然灾害所采取措施的费用。

③ 竣工验收时为鉴定工程质量,对隐蔽工程进行必要的挖掘和修复费用。

基本预备费可以按以下公式计算:

$$基本预备费 = (工程费 + 通信工程建设其他费) × 预备费费率$$

(2) 涨价预备费

涨价预备费是指建设工程在建设期内由于价格等变化引起投资增加,需要事先预留的费用。涨价预备费以建筑安装工程费、设备及工器具购置费之和为计算基数,按以下公式计算。

$$PC = \sum_{t=1}^{n} I_t \left[(1+f)^t - 1 \right]$$

式中:PC——涨价预备费;

　　I_t——第 t 年的建筑安装工程费、设备及工器具购置费之和;

　　n——工程项目建设期;

　　f——建设期价格上涨指数。

5) 建设期利息

建设期利息指通信工程项目借款在建设期内发生并计入固定资产的利息。为了简化计算,在编制投资估算时通常假设借款均在每年的年中支用,借款第一年按半年计息,其余各年份按全年计息。

$$各年应计利息 = (年初借款本息累计 + 本年借款额 / 2) × 年利率$$

6) 铺底流动资金

铺底流动资金是指在生产性建设工程为保证生产和经营正常进行,按规定应列入建设工程总投资的铺底流动资金。一般按流动资金的 30% 计算。

2. FIDIC 工程投资构成

1978 年,世界银行、国际咨询工程师联合会(FIDIC)对项目的总建设成本作了统一规定,其详细内容描述如下。

1) 项目直接建设成本

项目直接建设成本包括以下内容。

(1) 土地征购费。

(2) 场外设施费用,如道路、码头、桥梁、机场、输电线路等设施费用。

(3) 场地费用,指用于场地准备、厂区道路、铁路、围栏、场内设施等的建设费用。

(4) 工艺设备费,指主要设备、辅助设备及配件的购置费用,包括海运包装费用、交货港离岸价,但不包括税金。

(5) 设备安装费,指设备供应商的监理费用,本国劳务及工资费用,辅助材料、施工设备、消耗品和工具等费用,以及安装承包商的管理费和利润等。

(6) 管理系统费,指与系统的材料及劳务相关的全部费用。

(7) 电气设备费,其内容与第(4)项相似。

(8) 电气安装费,其内容同第(5)项相同。

（9）仪器仪表费，指所有自动仪表、控制板、配线和辅助材料的费用以及供应商的监理费用、外国或本国劳务及工资费用、承包商的管理费和利润。

（10）机械的绝缘和油漆费，指与机械及管道的绝缘和油漆相关的全部费用。

（11）工艺建筑费，指原材料、劳务费以及与建筑结构、内外装修、公共设施有关的全部费用。

（12）服务性建筑费用，其内容与第（11）项相似。

（13）工厂普通公共设施费，包括材料和劳务费以及与供水、燃料供应、通风、蒸汽、下水道、污物处理等公共设施相关的费用。

（14）其他当地费，指那些不能归属于以上任何一个项目，不能计入项目间接成本，但在建设期间又是必不可少的当地费用。

2）项目间接建设成本

项目间接建设成本包括项目管理费、开工试车费等。

（1）项目管理费

项目管理费包括以下四方面内容。

① 总部管理人员的薪金和福利费，以及用于初步和详细工程设计、采购、时间和成本控制、行政和其他一般管理的费用。

② 施工现场管理人员的薪金、福利费和用于施工现场监督、质量保证、现场采购、时间和成本控制、行政及其他施工管理机构的费用。

③ 零星杂项费用，如返工、差旅、生活津贴、业务支出等。

④ 各种酬金。

（2）开工试车费

开工试车费指工厂投料试车必需的劳务和材料费用。

（3）业主的行政性费用

业主的行政性费用指建设单位的项目管理人员费用及支出。

（4）生产前费用

生产前费用指用于前期研究、勘测等产生的费用。

（5）运费和保险费

运费和保险费指海运、国内运输、许可证及佣金、海洋保险、综合保险等需要支出的费用。

（6）地方税

地方税指关税、地方税及对特殊项目征收的税金。

3）应急费

应急费主要用于工程前期不能预测到的费用准备，包括以下内容。

（1）未明确项目的准备金

此项费用用于在估算时不可能明确的潜在项目，包括那些在做成本估算时因为缺乏完整、准确和详细的资料而不能完全预见和不能注明的项目，并且这些项目是必须完成的，即其费用一定会产生，因此在每一个组成部分中均单独以一定的百分比确定，作为估算的一个项目单独列出。

（2）不可预见准备金

此项费用用于在估算达到了一定的完整性并符合技术标准的基础上，由于物质、社会和经济的变化,导致估算增加的情况。这种情况可能发生,也可能不发生,因此,不可预见准备金只是一种储备,不一定动用。

4) 建设成本上升费用

通常,估算中使用的构成工资率、材料和设备价格基础的截止日期就是"估算日期"。必须对该日期或已知成本基础进行调整,以补偿直至工程结束时的未知价格的增长。

工程的各个主要组成部分(国内劳务和相关成本、本国材料、外国材料、本国设备、外国设备、项目管理机构)的细目划分确定后,便可确定每一个主要组成部分的增长率。这个增长率是一项判断因素,它以已发表的国内和国际成本指数、公司记录等为依据,并与实际供应进行核对,然后根据确定的增长率和从工程进度表中获取的每项活动的中值点,计算出每项主要组成部分的成本上升值。

2.2 通信建设工程投资控制的原则

2.1节介绍了通信建设工程造价的基本构成,本节着重了解如何通过工程造价进行工程投资控制。

2.2.1 通信建设项目工程造价管理的内容

工程造价管理贯穿于通信工程建设项目的可行性研究、设计、施工直至工程竣工交付使用的全过程,应遵循经济规律,实事求是地确定工程所需的费用,并预测建设期工程造价的变化,对工程造价实行动态管理。

(1) 遵循价值规律、供求规律,科学地确定工程造价的构成。

(2) 在合理确定工程造价的基础上,在通信工程建设各阶段正确编制工程概算、预算,确定合同价、结算价,搞好竣工结算,并使前者控制后者,后者补充前者。

(3) 在通信工程建设期间,注重技术与经济的结合,对工程造价进行有效控制,使人、财、物得到合理运用,取得最大的投资效益。

(4) 扎实做好造价控制的基础工作。注意设备材料价格信息系统的建立,预算价格的编制,造价资料的收集、整理、分析,建立相应的价格资料数据库。

2.2.2 通信建设项目工程投资控制原理

通信建设项目工程投资价控制,是在通信建设项目实施的各个阶段,严密监测,随时纠正发生的偏差,把建设项目工程造价控制在批准的投资限额内,以保证建设项目投资目标的实现。这种控制是动态的,并贯穿于通信工程项目建设的始终。

工程项目投资控制的基本原理如图2-2所示。

在这一动态控制过程中,要做好以下几点。

1. 分阶段设置投资控制的目标

通信建设工程投资控制目标应是随着工程项目建设实践的不断深入而分阶段设置。

工程项目建设过程是一个周期长、投入大的生产过程,刚开始时不可能设置一个科学的、一成不变的目标,只能设置一个大致的投资控制目标,这就是投资估算。投资估算主要用于建设方案的选择和初步设计。随着工程的进展,设计概算应该是进行技术设计和施工图设计的工程投资控制的目标;施工图预算或通信建设工程承包合同价则应该是施工阶段控制通信工程通信建设工程投资的目标。这些有机联系的阶段目标相互制约,相互补充,前者控制后者,后者补充前者,共同组成工程投资控制的目标体系。

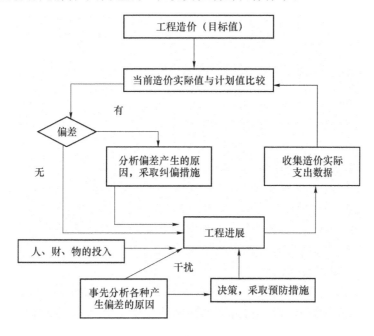

图 2-2 项目投资控制的基本原理

2. 以设计阶段为重点实施建设全过程的投资控制

通信工程项目投资控制贯穿于项目建设的全过程,但是必须重点突出。对工程项目造价影响最大的阶段是约占工程项目建设周期 1/4 的技术设计结束前的工作阶段,在初步设计阶段,影响造价的可能性为 75%～95%;在技术设计阶段,影响造价的可能性为 35%～75%;在施工图设计阶段,影响造价的可能性为 5%～35%。显然,通信工程项目投资控制的重点在于施工前的投资决策和设计阶段。要有效地控制工程投资,就要坚决地把工作重点转到前期阶段上来,尤其是抓住设计这个关键阶段,以取得事半功倍的效果。

3. 主动控制,以取得令人满意的效果

通信工程建设监理的理想结果是所建项目达到建设工期最短、造价最低、工程质量最高。但这三者是相互矛盾的。由进度控制、投资控制和质量控制组成的目标系统是一个相互制约、相互影响的统一体,其中任意一个目标变化,势必会影响另两个目标的变化,并受到它们的制约。因此在进行通信工程建设监理时,应根据建设单位的要求、建设的客观条件进行综合研究,确定一套符合实际的衡量标准,能动地影响工程项目的投资决策、设计、发包和施工,进行主动控制。

4. 技术与经济相结合是控制工程造价的有效手段

要有效地控制通信工程的造价,应从组织、技术经济、合同与信息管理各方面采取措施。其中,技术与经济结合是控制通信工程项目造价最有效的手段。目前,在我国通信工程建设领域存在技术与经济相分离的现象,工程技术人员缺乏经济观念,把降低工程造价看成是财务人员的应有职责;而财务人员不熟悉工程知识,只能从财务制度角度审核费用开支,难以有效地控制工程造价。因此,当前迫切的问题是控制工程造价,提高工程项目的投资效益。在通信工程建设过程中把技术与经济有机结合,要通过技术比较、经济分析和效果评价,正确处理技术先进与经济合理两者之间的对立、统一关系,力求在技术先进条件下的经济合理,经济合理基础上的技术先进,把控制工程造价的观念渗透到每一项设计和技术措施之中。

2.2.3 通信工程建设项目投资控制的措施

通信建设工程投资的有效控制就是在投资决策阶段、设计阶段、工程实施阶段,采取各种措施使工程造价的发生额控制在批准的通信工程项目投资限额内。主要应从以下方面入手实施全过程控制。

1. 决策阶段工程造价的控制

决策阶段各项技术经济决策,对通信工程项目有很大的影响,特别是建设标准水平的确定、建设地点的选择、工艺的评选、设备选用对工程造价的高低有直接的影响。所以必须做好投资估算的编制,实事求是地反映设计内容,在可靠性研究报告批准后,估算就作为设计任务下达的投资限额,作为资金筹措及向银行贷款的依据。

2. 设计阶段工程造价的控制

工程设计是建设项目进行全面规划和具体描述实施意图的过程,是确定与控制工程造价的重点阶段。首先,从工程的最初设计方案入手,协助建设单位选择优化设计方案,确定设计方案。其次,要求对工程项目实行限额设计,按照批准的初步设计总概算控制技术设计和施工图设计。最后,在选定的设计方案基础上,帮助建设单位审核招标投标,确定施工队伍,确定施工合同的内容,把好工程造价的前期投入关。这一阶段工作的成功开展有利于减少设计中的损失浪费;合理确定招标价格;确保工程质量和工期;把握合同的合理合法性、合同内容的严谨性,避免工程结算审计时引起不必要的争议。

3. 实施阶段工程造价的控制

工程项目的实施阶段是通信工程项目实体形成阶段,是人力、物力、财力消耗的主要阶段。首先,要有效控制工程变更。对设计变更进行经济技术比较,严格控制设计变更,尽可能将设计变更控制在设计阶段初期,对影响工程造价的变更采取先算账后变更的方法。其次,要严格审核施工图预算。根据施工图设计的进度计划和现场施工的实际进度,及时核定施工图预算。对于超出施工图预算的部分要加以详细分析,找出原因进行调整。再次,监理人员介入施工现场了解工程施工的全过程。这一阶段是工程造价的关键,主要应做好各工序的开始时间、完成时间及用料情况记录,施工过程中发生的与投资相关的各种情况记录,各工序施工质量记录,严格工程计量。并根据分步分项工程施工进度,依据合同规定,把好动态投资关,有效地控制资金拨付,防止超拨工程款情况出现。最后,收集整理工程结算资料。整理施工过程中所发生的与工程结算相关的各种资料,与质量监督人员核实校对资料,特别是工程增、减变更,为竣工核算的审核提供可靠的依据。

4. 竣工结算审查

这是各控制阶段的总结,是工程投资控制的最后一道关闸,它将决定通信工程建设项目的最终投资额。竣工结算审查要以工程招标文件、施工合同、实施的技术施工图纸、签证资料为依据,严格执行国家和地方颁布的法规、文件规定,审查工程施工过程中发生的设计变更、监理监督资料,审查工程记录及相关的签证资料;复核工程量、材料用量及材料设备价格;审查定额套用,看其是否采取重复套项、低项高套等手段进行高估冒算;审查取费程序,看其取费程序是否正确,是否与中标标书、合同规定相符,严把取费程序关。

2.2.4　建设工程投资控制的分类

从上面的论述可以看到,通信工程投资控制按时间可以划分为投资决策、设计和施工三个阶段。各个阶段控制的目标和内容不同。同时也可以按工程委托的形式划分,各种投资控制的主要内容和目标如下。

1. 按时间段划分

(1)投资决策阶段:通信工程项目总估算控制在计划投资范围内,确保项目以最小的消耗得到最佳的效益。

(2)设计阶段:通信工程项目概算、施工图预算额控制在批准的计划任务书及初步设计投资额内,且设计质量最优,确保建设单位提出的使用功能和工程量。

(3)施工阶段:通信工程项目的实际总投资控制在合同总价内,确保工程质量、工期和工程量。

2. 按委托形式划分

(1)由建设单位委托监理单位控制:按建设单位的通信工程项目投资目标进行管理,以较低的投资取得较佳的设计成果,工程质量优良、工期最短;委托监理单位,可择优选择承包施工单位,通过技术管理和合同管理进行控制。

(2)由设计单位、承包施工单位委托监理单位控制:将工程造价控制在通信工程项目的计划任务书投资额和合同总价内,可以尽可能降低成本,提高企业经济效益,这种方式在国外较多,在我国尚未被采纳和推行。

(3)建设单位自行控制:以工程设计、施工阶段的目标进行控制。设计阶段着重于优选投资与工程量、设计标准之间的关系,同时要考虑经济效益;施工阶段控制在合同总价内,以最低成本,保质、保量按工期完成。

2.2.5　项目监理机构在通信建设工程投资控制中的主要任务

建设工程投资控制是我国通信工程建设监理的一项主要任务,投资控制贯穿于通信工程建设的各个阶段,也贯穿于工程建设监理工作的各个环节。项目监理机构在通信建设工程投资控制中的主要任务体现如下。

(1)在建设前期阶段进行通信工程项目的可行性研究、编制项目建议书,对拟建项目进行市场调查和预测,编制投资估算,进行环境影响评价、财务评价、国民经济评价和社会评价。

(2)在设计阶段,协助建设单位(业主)提出设计要求,组织设计招标,用技术经济方法组织评选设计方案。协助设计单位开展限额设计工作,编制本阶段资金使用计划并进行付款控制,同时对设计概预算进行审查。

（3）在施工招标阶段，准备与发送招标文件，编制工程量清单和招标工程标底；协助评审投标书，提出评标建议；协助建设单位（业主）与承包施工单位签订承包合同。

（4）在施工阶段，依据工程项目施工合同有关条款、施工图设计文件，对通信建设工程项目投资目标进行风险分析，并制订防范性对策。

2.3　通信建设工程施工阶段投资控制的事前控制

长期以来，如何合理有效地控制工程造价，使有限的资金创造出更多、更大的效益，一直是被关注的问题。合理有效地控制工程造价，贯穿于投资决策阶段、设计阶段、建设项目发包阶段和建设项目的实施阶段。通信工程建设的各个阶段投资控制各有其特点，在通信工程建设的全过程中，所起的作用和重要程度也有所不同。从投资决策阶段至招投标阶段，由于工程设计已经完成，工程总投资已初见端倪。但此时工程投资主要是一个量化的投资额，真正的投资却主要是发生在施工阶段。

通信建设工程的施工阶段是依据设计图纸，将原材料、半成品、设备等变成工程实体的过程，是建设项目价值和使用价值实现的主要阶段。建设工程的施工阶段在通信工程建设全过程中占了很长的时间，这个阶段的工程投资管理是具体的、繁杂的，也会在一定程度上影响工程造价。据统计，这一阶段对工程造价的影响程度可达 5%～10%。从本节开始，从事前、事中、事后三个阶段重点讨论工程施工阶段如何进行投资控制，这也与我国目前工程监理工作主要侧重在工程实施阶段监理这一现状相符合。工程施工阶段涉及的面很广，与投资控制有关的工作也很多，在工程实施前首先要做好各种费用的核查工作。

2.3.1　审查施工组织设计

施工组织设计是施工承包单位根据施工图预算文件对工程项目组织施工的重要文件，包括具体的施工技术方案、施工进度计划等。好的施工组织设计有助于工程项目施工的有序开展，确保建设项目的投资控制和进度控制。因此，监理工程师首先要对施工承包单位的施工组织设计进行审查。

1. 施工组织设计的技术经济分析

为了提高建设项目的经济效益、降低造价，要对工程施工组织设计中的施工方案进行经济技术分析。

1）主要施工机械的选择

施工机械的选择要从机械的多用性、耐久性、经济性及生产率等因素来考虑。如果有若干种可供选择的机械，其使用性能和生产率相类似的条件下，对机械的经济性要从机械的原价、保养费、维修费、能耗费、使用年限、折旧费、操作人员的工资及期满后的残余价值等多方面进行衡量。

2）施工方案的经济技术比较

在施工组织设计中对施工方案首先要考虑技术上的可能性，然后是经济上的合理性，据此拟定若干方案加以选择。在技术可行的情况下，最经济的方案即最优方案。

由于施工方案的类别较多，所以方案的技术经济分析应从实际条件出发，切实计算一切发生的费用,以方便选择判断。如果属于固定资产的一次性投资,则要分别计算资金的时间价值;若仅仅是在施工阶段的临时性一次投资,可不考虑资金的时间价值。

2. 对施工组织设计的审查

在通信建设项目开工前,监理工程师需要对承包单位所编制的施工组织设计进行审定。审查的重点是施工技术方案、施工进度计划,以确保建设项目的投资控制和进度控制。

施工进度计划的主要指标如下。

1)工期

进度计划必须符合规定工期,力求达到使成本最低或收益最高的最佳工期。

2)资源的均衡性

进度计划中的资源均衡性主要指劳动力消耗的均衡性。根据通信工程的特点,确定劳动力数量,既不会出现劳动力过剩、导致窝工,又不会出现劳动力短缺,影响工程进度的情况。

3)主要机械的使用率

进度计划中主要机械的使用程度会直接影响工期和成本,这是衡量进度计划的一个主要指标。不同主要机械的使用率可以作多方案比较,选择最优方案。

通过上述指标 ,并结合建设项目的具体情况,对所编制的施工进度计划进行审查,填报《施工组织设计方案监理审核意见表》。

2.3.2 审查施工图预算

施工图预算是根据施工图设计要求所计算的工程量、现行通信工程预算定额及取费标准,材料预算价格和国家规定的其他取费规定,进行计算和编制的单位工程和单项通信工程建设费用的文件。

审查施工预算,是控制工程项目投资的一个有力措施,是与承包单位进行工程拨款和工程结算的准备工作和依据,对合理使用人力、物力和财力都起积极作用。

1. 工程量的审查

对施工图预算中的工程量,可根据设计或承包单位编制的工程量计算表,并对照施工图纸尺寸进行审查。主要审查其工程量是否有漏算、重算和错算。审查工程量项目时,要抓住那些占预算价值比例较大的重点项目进行,详细校对。其他项目可只进行一般的审查。同时要注意各分部工程项目,构配件的名称、规格、计量单位和数量是否与设计要求及施工规定相符合。

2. 定额单价的审查

审查预算书中单价是否正确,应着重审查预算书上所列的工程名称、种类、规格、计量单位与预算定额或单位估价表上所列的内容是否一致。一致时才能套用,否则错套单价就会影响直接费的准确度。

(1)审查换算单价。定额规定允许换算部分的分项工程单价,应根据定额的分部分项说明、附注和有关规定进行换算;定额规定不允许换算的分项工程单价,则不得强调工程的特殊或其他原因,而任意加以换算,以保持定额的法定性和统一性。

(2)审查补充单价。对于某些采用新结构、新技术、新材料的工程,在定额确实缺少这些项目,尚需要标准补充单价估价时,就应进行审查,审查其分项项目和工程量是否属实、套用单价是否正确,审查其补充单价的工料分析是根据工程测量数据还是估算数据决定的。

3. 直接工程费的审查

各分部分项工程量及其预算定额(或单位估价表)单价决定了项目的直接费用。因此,审查直接费就是审查直接费部分的整个预算表,即根据已经过审查的分部分项工程量和预算定额单价,审查单价套用是否准确,有否套错和应换算的单价是否已经换算、换算是否正确等。审查时应注意:

(1) 预算表上所列的各分项工程名称、内容、做法、规格及计量单位与单位估价表中规定的内容是否相符;

(2) 在预算表中是否有错列已包括在定额内的项目,从而出现重复多算情况;或因漏列定额未包括的项目,而少算直接费的情况。

4. 措施费和间接费的审查

依据承包施工单位性质、规模和承包工程性质不同,措施费和间接费的计算方法,其取费费率和计费基数会有不同,因此应审查以下内容:

(1) 各种费用的计算基础是否符合规定;

(2) 各种费用的费率是否按地区的有关规定计算;

(3) 利润是否按国家规定标准和工程项目性质计取;

(4) 各种措施费和间接费采用是否正确合理;

(5) 单项定额与综合定额有无重复计算情况。

2.4 施工阶段投资控制的事中控制

通信建设工程施工阶段投资控制的事中控制就是监理工程师在工程实施过程中对工程造价进行控制。监理工程师在通信建设工程项目施工过程中要把计划投资额作为造价控制的目标值,在工程项目施工过程中采取有效的措施,控制投资的支出,将实际支出值与投资控制的目标值进行比较,作出分析和预测,以加强对各种干扰因素的控制,确保投资控制目标的实现。同时要根据实际情况允许对投资控制目标进行必要的调整,使投资价控制目标永远处于最佳状态。

2.4.1 施工阶段投资事中控制的措施

施工阶段投资控制仅仅靠控制工程款的支付是不足够的,应该从组织、经济技术、合同等多方面采取措施,控制工程总造价。

1. 组织措施

(1) 在项目监理机构落实投资控制的人员,如造价工程师,明确任务分工和各自的职能。

(2) 编制施工阶段投资控制工作计划,画出详细的工作流程图,以指导本阶段的投资控制工作。

2. 经济措施

(1) 编制、审查资金使用计划,确定、分解投资控制目标。监理工程师必须编制工程项目资金使用计划,合理地确定投资控制目标值,实施有针对性的控制。

（2）进行工程计量。项目监理机构对承包施工单位申报的已完成工程的工程量进行核验,作为拨付工程进度款的依据。

（3）复核工程付款账单,总监理工程师签发付款证书。

（4）在施工过程中进行投资跟踪控制,定期进行投资支出值与计划目标值的比较,发现偏差要分析原因,采取纠偏的措施。

（5）对工程施工过程中的投资支出作好分析与预测,定期向建设单位提交工程项目投资控制及其存在问题的报告。

（6）协商做好工程变更的价款,正确处理工程索赔。

3. 技术措施

（1）对设计变更进行经济技术比较,严格控制设计变更。

（2）不断寻找通过设计挖潜节约投资的可能性。

（3）审核承包商编制的施工组织设计,对主要施工方案进行技术经济分析。

4. 合同措施

（1）做好工程施工记录,保存各种文件图纸,特别是注有实际施工变更情况的图纸,积累素材,为正确处理可能发生的索赔提供依据。

（2）参与合同修改、补充工作,着重考虑对投资控制的影响。

2.4.2　施工阶段工程量的计算

工程计量是控制项目投资支出的关键环节,合同条件中开列的工程量是项目的估算工程量,不能等同承包单位应予完成的实际工程量,因此不能作为结算工程价款的依据。监理工程师必须对承包单位已完成的工程进行计量,所得的数据是向承包单位支付工程款项的凭证。

工程计量同时也是约束承包单位履行承包合同义务、强化承包施工单位合同意识的手段。对不及格的工程,监理工程师可以拒绝计量。通过按实计量,监理工程师可以及时掌握承包单位的工程进度,发现进度缓慢时,有权要求承包单位采取措施加快进度,通过计量支付手段,控制承包工程按合同条件进行。

1. 工程计量的程序

按建设工程监理规范的规定,工程的计量按以下三个步骤进行:

（1）承包单位统计经专业监理工程师质量验收合格的工程量,按施工合同的约定填报工程量清单和工程款支付申请表;

（2）专业监理工程师进行现场计量,按施工合同的约定审核工程量清单和工程款支付申请表,并报总监理工程师审定;

（3）总监理工程师签署工程款支付证书,并通知建设单位。

2. 工程计量的依据

工程计量的依据一般有质量合格证书、工程量清单前言、技术规范中的"计量支付"条款和设计施工图纸。

1）质量合格证书

对于承包施工单位已完成的工程,并不是全部进行计量。只有质量全部达到合同标准的已完工程才予以计量,由专业监理工程师签署报验申请表,即质量合格证书。

2）工程量清单前言和技术规范

工程量清单前言和技术规范是确定计量方法的依据。工程量清单前言和技术规范的"计量支付"条款规定了清单中每一项工程的计量方法,同时还规定了相应计量方法对应单价所包括的工作内容和范围,可以避免重复计量和漏计。

3）设计施工图纸

单价合同以实际完成的工程量进行结算,但被监理工程师计量的工程数量,并不一定是承包单位实际施工的数量。计量的几何尺寸要以设计施工图纸为依据,对承包单位超出设计施工图纸要求增加的工程量和自身原因造成返工的工程量,监理工程师不予计量。

3. 工程计量的方法

需要计量的工程项目一般包括以下三方面:

（1）工程量清单中的全部项目;

（2）合同文件中规定的项目;

（3）工程变更项目。

进行工程计量的方法如下。

（1）均摊法。均摊法就是对清单中某些项目的合同价款,按照合同工期平均计量。这些项目都有一个共同的特点,即每月都会发生,如测试设备的保养等。

（2）凭据法。按照承包单位提供的凭证进行计量支付,如保险费的支付等。

（3）估价法。按照合同文件的规定,根据监理工程师估算的已完成的工程价值支付。

（4）断面法。主要用于土建工程的计量。在开工前承包单位需要测绘出原地形的断面,并经监理工程师检查,计量的体积为原地面线与设计断面所构成的体积。

（5）图纸法。工程项目按照设计图纸所示的尺寸进行计量。

（6）分解计量法。将一个项目根据工序或部位分解为若干子项,对完成的各个子项进行计量,可以较好地解决承包单位资金流动问题。

2.4.3 施工阶段工程建设投资结算

1. 工程价款的结算方式

按现行规定,通信工程投资价款结算可以根据不同情况采取多种方式。

（1）按月结算。即先预付工程备料款,在施工过程中按月结算工程进度款,竣工后进行竣工结算。

（2）竣工后一次结算。工期较短或承包合同价值较小的项目可以实行工程价款每月月中预支,竣工后一次结算。

（3）分段结算。当年开工,当年不能竣工的单项工程或单位工程按照工程进度,划分不同阶段进行结算。按月预支工程款。

（4）结算双方约定的其他结算方式。

2. 工程价款的结算

我国通信建设工程项目有相当一部分是按月结算。这种结算方法按分部分项工程结算,便于建设单位根据工程进展情况控制分期拨款额度,同时使承包单位的施工消耗及时得到补偿,实现利润。

1）工程预付款

工程预付款是建设工程施工合同签订后由建设单位（发包人）按照合同约定，在正式开工前预先支付给施工单位（承包人）的工程款。它是施工准备和所需要材料、结构件等流动资金的来源，习惯上又称为预付备料款。工程预付款的额度，要根据各工程类型、合同工期、承包方式和供应体制等不同条件而定，主要是保证施工所需要材料和构件的正常储备。到了工程的中后期，随着工程所需要主要材料储备的逐步减少，原已支付的预付款应以抵扣的方式陆续扣回。

2）工程进度款

工程进度款的支付一般按当月实际完成工程量进行结算，也称中间结算。承包单位对现场已施工完毕的工程逐一进行清点，监理工程师按合同要求进行计量后，计算各项费用，向建设单位办理中间结算手续。在确认计量结果后 14 天内，建设单位应向承包单位支付工程进度款。但在工程竣工前，承包单位收取的工程预付款和进度款的总额一般不超过合同总额的 95%，其余 5% 尾款在工程竣工结算时除保修金外一并清算。

3）竣工结算

工程竣工验收后，承包单位向建设单位递交竣工结算报告及完整的结算资料，双方按照协议书约定的合同价款及专用条款约定的合同价款调整内容，进行工程竣工结算。专业监理工程师首先审核承包单位报送的竣工结算报表，总监理工程师审定竣工结算报表，与建设单位、承包单位协商一致后，就可以签发竣工结算文件和最终的工程款支付证书，由建设单位向承包单位支付相应的工程款项。在竣工结算时，若因条件发生变化，使合同工程价款发生变化，则需按规定对合同价款进行调整。竣工结算一般要有严格的审核，监理工程师可从以下方面入手。

（1）核对合同条款

首先应核对竣工工程内容是否符合合同条件要求，工程是否竣工验收合格；其次，应按合同规定的结算方法、计价定额、取费标准、主材价格和优惠条款等，对工程竣工结算进行审核。若发现合同开口或有漏洞，应请建设单位与承包单位认真研究协商，明确结算要求。

（2）检查隐蔽验收记录

所有隐蔽工程均需进行验收，由监理工程师签字确认。审核竣工结算时应核对隐蔽工程施工记录和验收签证，手续完整、工程量与竣工图一致方可列入结算。

（3）落实设计变更签证

设计变更应由原设计单位出具设计变更通知单和修改后的设计图纸，校审人员要在图纸上签字并加盖公章，经建设单位和监理工程师审查同意后签证；重大的设计变更还要经原审批部门审批，否则不得列入结算。

（4）按图核实工程数量

竣工结算的工程量应依据竣工图、设计变更单和现场签证等进行核对，并按国家统一规定的计算规则计算工程量。

（5）执行定额单价

结算单价应按合同约定或招标规定的计价定额与计价原则执行。

（6）防止各种计算误差

监理工程师应认真核算，防止因计算误差多计或少算。

2.4.4　施工阶段工程变更价款的控制

在通信工程项目施工过程中,由于各种情况的变化,可能会出现工程变更,导致工程量发生变化、施工进度受到影响,引起承包单位的索赔等情形,从而使项目投资超出原来的预算投资。监理工程师对此应严格加以控制,做好工程变更的管理工作。

1. 工程变更的管理

项目监理机构必须严格按照监理规范的要求,正确处理工程变更。

(1) 监理工程师应深入现场了解实际情况和收集工程变更有关的资料。

(2) 总监理工程师必须根据实际情况、设计变更文件和其他有关资料,按照施工合同的有关款项,在指定专业监理工程师完成下列工作后,对工程变更的费用和工期作出评估。

① 确定工程变更项目与原工程项目之间的类似程度和难易程度。

② 确定工程变更的工程量。

③ 确定工程变更的单价或总价。

(3) 总监理工程师应就工程变更费用及工期的评估情况与承包单位和建设单位进行协商,以取得一致意见。

(4) 总监理工程师签发工程变更单,由承包单位进行施工。

(5) 项目监理机构根据工程变更单监督承包单位实施。

需要强调的是,在总监理工程师签发工程变更单之前,承包单位不得实施工程变更。未经总监理工程师审查同意而实施的工程变更,项目监理机构不得予以计量。

2. 工程变更价款确定的原则

合同价款的变更价格,是在双方协商的时间内,由承包单位提出变更价格,报项目监理机构批准后,调整合同价格和竣工日期。监理机构审核承包单位提出的变更价格是否合理,可遵循以下原则:

(1) 合同中有适用于变更工程的价格,按合同已有的价格变更合同价款;

(2) 合同中只有类似于变更情况的价格,可以参照类似价格变更合同价款;

(3) 合同中没有适用或类似于变更工程的价格,由承包单位提出适当的变更价格,经总监理工程师批准执行。这一批准的变更价格,应与建设方达成一致意见,否则应通过工程造价管理部门裁定。

2.4.5　施工阶段索赔的控制

索赔是在工程承包合同履行中,当事人一方由于另一方未履行合同所规定的义务而遭受损失时,向另一方提出赔偿要求的行为。索赔是工程承包中经常发生的正常现象。施工现场条件、气候条件的变化,施工季度、物价的变化以及合同条款、规范、标准文件和施工图纸的变更、差异、延误等因素的影响,使得工程承包中不可避免出现索赔。因此索赔的控制是通信建设工程施工阶段投资控制的重要手段。监理工程师必须与建设单位和施工单位进行协商,公正处理好索赔。

1. 费用索赔

费用索赔都是以补偿实际损失为原则,实际损失包括直接损失和间接损失两个方面,特别要注意的是索赔对建设单位不具有任何惩罚性质。因此，所有干扰事件引起的损失以及这些损失的计算，都应有详细的具体证明，并在索赔报告中出具这些证据。没有证据，索赔要求就不能成立。

1）索赔费用的组成

（1）人工费。索赔费用中的人工费部分包括：完成合同之外的额外工作所花费的人工费用；由于非施工单位责任导致的工效降低所增加的人工费用；法定的人工费增长以及非施工单位责任工程延误导致的人员窝工费和工资上涨费等。

（2）材料费。索赔费用中的材料费部分包括：由于索赔事项的材料实际用量超过计划用量而增加的材料费；由于客观原因材料价格大幅度上涨；由于非施工单位责任工程延误导致的材料价格上涨和材料超期储存费用。

（3）施工机械使用费。索赔费用中的施工机械使用费部分包括：由于完成额外工作增加的机械使用费；非施工单位责任的工效降低增加的机械使用费；由于建设单位或监理工程师原因导致机械停工的窝工费。

（4）分包费用。分包费用索赔指的是分包人的索赔费。分包人的索赔应如数列入总承包人的索赔款总额以内。

（5）工地管理费。工地管理费指施工单位完成额外工程、索赔事项工作以及工期延长期间的工地管理费，但如果对部分工人窝工损失索赔时，因其他工程仍然进行，可能不予计算工地管理费索赔。

（6）利息。索赔费用中的利息部分包括：拖期付款利息；由于工程变更的工程延误增加投资的利息；索赔款的利息；错误扣款的利息。这些利息的具体利率，有这样几种规定：按当时的银行贷款利率；按当时的银行透支利率；按合同双方协议的利率。

（7）总部管理费。主要指工程延误期间所增加的总部管理费用。

（8）利润。一般来说，由于工程范围的变更和施工条件变化引起的索赔，施工单位可列入利润。索赔利润的款额计算通常是与原报价单中的利润百分率保持一致，即在直接费用的基础上增加原报价单元中的利润率，作为该项索赔的利润。

2）索赔费用的计算原则和计算方法

在确定赔偿金额时，应遵循下述两个原则：所有赔偿金额，都应该是施工单位为履行合同所必须支出的费用；按此金额赔偿后，应使施工单位恢复到未发生事件前的财务状况。即施工单位不致因索赔事件而遭受任何损失，但也不得因索赔事件而获得额外收益。

根据上述原则可以看出，索赔金额是用于赔偿施工单位因索赔事件而受到的实际损失（包括支出额外成本失掉的可得利润），而不考虑利润。所以索赔金额计算的基础是成本，用索赔事件影响所发生的成本减去事件影响时所应有的成本，其差值即为赔偿金额。

索赔金额的计算方法很多，各个工程项目都可能因具体情况不同而采用不同的方法，主要有以下三种。

（1）总费用法

计算出索赔工程的总费用，减去原合同报价，即得索赔金额。

这种计算方法简单但不尽合理，因为实际完成工程的总费用中，可能包括由于施工单位的原因（如管理不善、材料浪费、效率太低等）所增加的费用，而这些费用是属于不该索赔的；另外，原合同价也可能因工程变更或单价合同中的工程量变化等原因而不能代表真正的工程成本。凡此种种原因,使得采用此法往往会引起争议、遇到障碍,故一般不常用。但是在某些特定条件下,当需要具体计算索赔金额很困难,甚至不可能时,则也有采用此法的。这种情况下应具体核实已开支的实际费用,取消其不合理部分,以求接近实际情况。

(2) 修正的总费用法

原则上与总费用法相同,即在总费用计算的原则上,去掉一些不合理因素,以使结果更趋合理。修正的内容主要有:一是计算索赔金额的时期仅限于受事件影响的时段,而不是整个工期;二是只计算在该时期内受影响项目的费用,而不是全部工作项目的费用;三是不直接采用原合同报价,而是采用在该时期内未受事件影响而完成该项目的合理费用。根据上述修正,可比较合理地计算出索赔事件影响而实际增加的费用。

(3) 实际费用法

实际费用法即根据索赔事件所造成的损失或成本增加,按费用项目逐项进行分析、计算索赔金额的方法。这种方法比较复杂,但能客观地反映施工单位的实际损失,比较合理,易于被当事人接受,在国际工程中广泛被采用。实际费用法是按每个索赔事件所引起损失的费用项目分别分析计算索赔值的一种方法,通常分三步进行。

第一步,分析每个或每类索赔事件所影响的费用项目,不得有遗漏。这些费用项目通常应与合同报价中的费用项目一致。

第二步,计算每个费用项目受索赔事件影响的数值,通过与合同价中的费用价值进行比较即可得到该项费用的索赔值。

第三步,将各费用项目的索赔值进行汇总,得到总费用索赔值。

2. 监理工程师对索赔的处理原则

(1) 预防为主的原则。任何索赔事件的出现,都会造成工程延期或成本加大,增加履行合同的困难,对于建设单位和施工单位双方来说都是不利的,因此,监理工程师应努力从预防索赔发生着手,洞察工程实施中可能导致索赔的起因,防止或减少索赔事件的出现。

(2) 必须以合同为依据。遇到索赔事件时,监理工程师必须以完全独立的裁判人的身份,站在客观公正的立场上审查索赔要求的正当性。必须对合同条件、协议条款等有详细了解,以合同为依据来公平处理合同双方的利益纠纷。

(3) 公平合理原则。监理工程师处理索赔时,应恪守职业道德,以事实为依据,以合同为准绳,作出公正的决定。合理的索赔应予以批准,不合理的索赔应予以驳回。

(4) 协商原则。监理工程师在处理索赔时,应认真研究索赔报告,充分听取建设单位和施工单位的意见,主动与双方协商,力求取得一致同意的结果。这样做不仅能圆满处理好索赔事件,也有利于顺利履行和完成合同。当然,在协商不成的情况下,监理工程师有权作出决定。

(5) 授权的原则。监理工程师处理索赔事件,必须在合同规定、建设单位授权的权限之内,当索赔金额或延长工期时间超出授权范围时,则监理工程师应向建设单位报告,在取得新的授权后才能作出决定。

监理人员在平时的工作中必须注意资料的积累。一切可能涉及索赔论证的资料,如同承包施工单位、建设单位对技术问题、进度问题和其他重大问题进行商议的会议都应当作好文字记录,并争取会议参加者签字,作为正式文档资料留存。同时还应建立业务往来的文件编号档案等业务记录制度,做到处理索赔时以事实和数据为依据。索赔发生后必须依据合同的准则及时地对单项索赔进行处理。一般情况下,不宜采用所谓"一揽子索赔"处理方式。

2.5 通信建设工程施工阶段投资控制的事后控制

通信建设工程施工阶段投资控制的事后控制主要是要做好工程决算,对决算使用到的依据进行严格审核,同时做好项目的事后保修回访监督工作。

2.5.1 通信工程建设项目的竣工决算

工程竣工,施工单位提交的结算报告进行审核后,建设单位要编制工程竣工决算,从而完成通信建设工程项目的固定资产投资,将项目投入正常使用。

1. 竣工决算的作用和依据

1)竣工决算与竣工结算的区别

竣工决算由建设单位负责编制,反映了工程项目的实际造价,包括为建成该项目所支出的一切费用的总和。竣工决算是验收报告的重要组成部分,可作为核定新增固定资产价值,考核分析投资效果,办理工程交付使用验收的依据。

竣工结算是承包施工单位在所承包的工程全部完工后,向建设单位最后一次办理结算工程价款的手续,由施工单位的预算部门编制。竣工结算是施工单位内部的核算文件,反映了工程项目的预算成本,可用来考核施工单位实际的工程费用是降低还是超支。

竣工结算是建设单位竣工决算的一个组成部分,建筑安装工程竣工结算要加上设备购置费、设计勘察费和一切从这个建设项目开支的全部费用,才能成为该项目完整的竣工决算。

2)编制竣工决算的依据

(1)设计概预算文件;

(2)设计图纸交底或图纸会审的会议纪要;

(3)设计变更以及洽商记录;

(4)施工记录和施工签认;

(5)各种验收资料;

(6)停工(复工)报告;

(7)竣工图;

(8)材料、设备等调整差价记录;

(9)其他施工中发生的费用记录;

(10)各种结算材料。

2. 竣工决算的编制

1)竣工决算的内容

通信建设项目决算应包括从筹建到竣工投产全过程的实际支出总费用,即建筑工程费用、安装工程费用、设备工器具购置费用和其他费用等。竣工决算由竣工决算报表、竣工决算报告说明书、竣工工程平面示意图、工程造价比较分析四部分组成。大中型建设项目竣工决算报表一般包括竣工工程概况表、竣工财务决算表、建设项目交付使用财产总表及明细表,建设项目建成交付使用后投资效益表等。而小型项目竣工决算表则由竣工决算总表和交付使用财产明细表所组成。

2) 竣工决算的编制步骤

按照国家财政部印发的财基字〔1998〕4 号关于《基本建设财务管理若干规定》的通知要求,竣工决算的编制步骤如下。

(1) 收集、整理、分析原始资料。主要包括建设工程档案资料,如设计文件、施工记录、上级批文、概预算文件、工程结算的归集整理,财务处理、财产物资的盘点核实及债权债务的清偿,对各种设备、材料、工具、器具等逐项盘点核实并填列清单。

(2) 根据经审定的与承包单位竣工结算等原始资料,对原概预算进行调整,重新核定各单项工程和单位工程造价。

(3) 将审定后的待摊投资、设备工器具投资、建筑安装工程投资、通信工程建设其他投资严格划分核定后,分别计入相应的建设成本栏目内。

(4) 编制竣工财务决算说明书。

(5) 填报竣工财务决算报表。

(6) 做好工程造价对比分析。

(7) 清理、装订好竣工图。

(8) 按国家规定上报、审批、存档。

3) 竣工决算的审查

竣工决算编制后,必须进行竣工决算的审查。在审查时,必须以国家的有关政策、设计文件、基本建设计划为依据有组织地进行。

竣工决算的审查分为两方面。首先是由监理工程师组织有关人员进行初审。另一方面,竣工决算在建设单位自审的基础上,经过领导批准报上级主管部门,由上级主管部门和建设银行会同有关部门进行审查。这两方面的审查一般包括以下内容。

(1) 根据设计概算和年度基本建设计划,审查有无计划外工程,设计变更有无设计部门的变更通知,工程增减有无建设单位和承包单位共同签认的手续。

(2) 根据财政制度审查各项支出是否符合规定。

(3) 审查报废工程损失、非常损失等项目是否经过有权机关批准。

(4) 审查基建结余资金是否真实,有无私分基本建设剩余物资等情况。

(5) 审查文字说明的内容是否符合实际。

(6) 审查基建拨款是否与建设银行拨款或贷款账上的数额相符,应收、应付的各项款项是否全部结清,工程上应退的余料是否清退等。

2.5.2　竣工项目的保修与回访

回访是设计单位、承包单位、设备材料供应单位、监理单位在建设项目投入使用后的一定期限内,了解项目的使用情况、设计质量、施工质量及设备运行状态和用户对维修方面的要求。通过回访,根据用户的意见,对需要处理的问题,设计单位、承包单位和设备材料供应单位在保修期内予以保修。

1. 回访

在保修期内,承包单位、设备材料供应单位、监理单位应对用户进行回访。其主要内容包括:

（1）听取用户对项目的使用情况和意见；

（2）查询或调查现场因自己的原因造成的问题；

（3）进行原因分析和确认；

（4）商讨进行返修的事项；

（5）填写回访卡。

2. 保修

在保修期内，项目出现质量问题影响使用，用户可以用口头或书面方式通知承包单位和有关部门，说明情况，要求派人前往检查修理。承包单位和有关保修部门必须尽快派人前往检查，并会同用户和监理工程师共同作鉴定，提出修理方案，组织人力、物力进行修理。

在发生问题的部位或项目返修完毕后，要在保修证书的"保修记录"栏内作好记录，并经用户和监理工程师验收签字。

3. 保修费用的处理

由于通信工程情况比较复杂，出现问题往往是由于多种原因造成的。因此，监理工程师在费用的处理上必须根据造成问题的原因及具体内容，与有关单位协商处理的办法，一般有以下几种情况。

（1）因承包单位的施工质量原因造成的问题，由承包单位负责进行保修，其费用由承包单位负责。由此给项目造成的损失，监理工程师应向承包单位提出索赔。

（2）因设备质量原因造成的问题，由设备供应单位负责进行保修，其费用由设备供应单位负责。由此给项目造成的其他损失，监理工程师应向设备供应单位提出索赔。

（3）若因用户在使用后有新的要求或用户使用不当需要进行局部处理或返修时，由用户与承包单位协商解决，或用户另外委托施工，费用由用户自己负责。

复习题

1. 简述建设工程总投资的概念。

2. 某项目建筑安装工程投资为 2 000 万元，基本预备费为 60 万元，设备购置费为 600 万元，涨价预备费为 40 万元，贷款利息为 100 万元，试计算静态投资数目。

3. 简述通信建设工程投资原理。

4. 简述我国现行建设工程投资的构成。

5. 简述工程量清单的编制原则。

6. 投资估算编制依据主要有哪些？

7. 工程计量的方法有哪些？

8. 简述索赔费用的构成。

第3章 通信建设工程质量控制

3.1 工程质量控制的基本概念

3.1.1 建设工程质量

建设工程质量简称工程质量。工程质量是指工程满足业主需要的,符合国家法律、法规、技术规范标准、设计文件及合同规定的特性综合。

3.1.2 工程质量的形成过程和影响因素

1. 工程建设各阶段对质量形成的作用和影响

1) 项目可行性研究

项目可行性研究是在项目建议书和项目策划的基础上,运用经济原理对投资项目的有关技术、经济、社会、环境及所有方面的调查研究,对各种可能的拟建方案和建成投产后的经济效益、社会效益和环境效益等进行技术经济分析、预测和论证,确定项目建设的可行依据。在此过程中,确定工程项目的质量要求,并与投资目标相协调。因此,项目的可行性研究直接影响项目的决策质量和设计质量。

2) 项目决策

项目决策阶段是通过项目可行性研究和项目评估,对项目的建设方案作出决策,使项目的建设充分反映业主的意愿,并与地区环境相适应,做到投资、质量、进度协调统一。所以,项目的决策阶段对工程质量的影响主要是确定工程项目应达到的质量目标和水平。

3) 工程的勘察、设计

工程的现场勘察是为建设场地的选择和工程的设计与施工提供资料依据。而工程的设计是根据建设项目的总体需求(包括已确定的质量目标和水平)和现场勘察报告,对工程的外形和内在的实体进行筹划、研究、构思、设计和描绘,形成设计说明书和相关图纸,使质量目标水平具体化。

工程设计质量是决定工程质量的关键环节,工程采用的设备、配置方式、材料等都直接影响工程的质量,关系到建设投资的综合功能是否充分体现规划意图。设计的严密性、合理性,也决定了工程建设的成败,是建设工程安全、实用、经济和环境保护措施得以实现的保证。

4）工程施工

工程施工是指按照图纸和相关文件的要求,在建设场地上将设计意图付诸实现的测量、作业、检验、形成工程实体活动。在一定程度上,工程施工是形成实体质量的决定性环节。

5）工程竣工验收

工程竣工验收就是对该项目施工阶段的质量通过测验、试运行,考核项目质量是否达到工程项目的质量目标和水平,并通过验收确保工程项目的质量。所以工程竣工验收对质量的影响是保证最终产品的质量。

2. 影响工程质量的因素

影响工程质量的因素很多,但归纳起来主要有五方面,即人(man)、材料(material)、设备(machine)、方法(method)和环境(environment),简称为 4M1E 因素。

1）人员素质

人是生产作业的主体,也是工程项目的决策者、管理者、操作者,工程建设的全过程,如项目的规划、决策、勘察、设计和施工,都是通过人来完成的。人员的素质,即人的文化水平、技术水平、决策能力、管理能力、组织能力、作业能力、控制能力、身体素质及职业道德等,都将直接或间接地对规划、决策、勘察、设计和施工的质量产生影响,而规划是否合理,决策是否正确,设计是否符合所需要的质量功能,施工能否满足合同、规范、技术指标的需求等,都对工程质量产生不同程度的影响,所以人员素质是影响工程质量的一个重要因素。因此,实行资质管理和各类专业人员持证上岗制度是保证人员素质的重要管理措施。

2）工程材料

工程材料泛指构成工程实体的各类材料、构配件,如管道光缆通信工程中用到的光缆、手孔人孔铁件、塑料子管等,它是工程建设的物质条件,是工程质量的基础。工程材料选用是否合理、产品是否合格、材质是否经过检验、保管是否得当等,都将直接影响工程的质量。

3）设备

设备可分为两类:一是指组成工程实体及配套的各类设备和各类机具,如电源设备、配线架、交换机等;二是指施工过程中使用的各类机具设备,如各种安全设施、各类测量仪器和计量器具等,简称施工机具设备,它们是施工生产的手段,如光功率计、光时域反射仪、光纤熔接机、模拟试呼器等。机具设备对工程质量也有重要的影响,工程用机具设备其产品质量的优劣,直接影响工程使用功能质量。施工机具设备的类型是否符合工程施工特点,性能是否先进稳定,操作是否方便安全等,都将会影响工程项目的质量。因此要求通信工程所用的通信设备和器材必须符合"入网证"。

4）方法

方法是指工艺方法、操作方法和施工方案。在工程施工中,施工方案是否合理,施工工艺是否先进,施工操作是否正确,都对工程质量产生重大影响。例如,管道光可采用集中牵引法和分散牵引法进行敷设,也可以采用更先进的气吹法敷设。

5）环境条件

环境条件是指对工程质量特性起重要作用的环境因素,包括工程技术环境、工程作业环境、工程管理环境、周边环境等,环境条件往往对工程产生特定的影响。加强环境的管理,改进作业条件,把握好技术环境,辅以必要的措施,是控制环境对质量影响的重要保证。例如,光纤接续地点应设置在专用清洁工具车内进行,没有接续车的应搭建帐篷,严禁在人孔或露天的环境下施工。

3.1.3 通信建设工程质量的性质和特点

建设工程的特点是由建设工程本身和建设生产的特点所决定的。建设工程及生产的特点:一是产品更新换代的固定性,生产的流动性;二是产品的多样性,生产的单位性;三是产品形态庞大、高投入、生产周期长、具有风险性;四是产品的社会性,生产的外部约束性。正是由于上述建设工程的特点而形成了工程质量本身有以下特点。

1) 影响因素多

建设工程质量受到多种因素的影响,如决策、设计、材料、机具设备、施工方法、施工工艺、技术措施、人员素质、工期、工程造价等,这些因素直接或间接影响工程项目质量。并且,通信工程项目点多面广、线路长,一个工程项目包括许多类型的线路局站、基站、中继站、专接站、接入点,遍及全网(主干网、城域网、本地网、专用网、局域网等)。另外,通信手段的多样化,决定了通信线路和通信设备的种类繁多,如通信线路有架空、直埋、管道、水底或海底光缆线路,无线电路有长、中、短波电路,微波电路,卫星电路。这些涉及全网统一性和安全性等诸多因素,都对工程的质量有影响。

2) 质量波动大

由于建设生产不像一般的工业产品的生产那样有固定的生产流水线、有非常规范化的生产工艺和比较单一稳定的检测手段、有成套的生产设备和稳定的生产环境,所以工程质量容易产生波动,而且波动大。同时,由于影响工程质量的偶然性和系统性的因素较多,其中任一因素发生变动,都会使工程质量发生波动。例如,材料规格使用错误、施工方法不对、操作未按规程进行、设计计算失误等,都会发生质量波动,产生系统因素的质量变异,造成工程质量事故。为此,严防出现系统性因素的质量变异,要把质量波动控制在偶然因素的范围内。

3) 质量隐蔽性

建设工程施工作业运行过程中,工序作业交接多、隐蔽工程多,后一道工序有可能会把前一道工序质量掩盖,因此质量存在隐蔽性。若在施工中不及时进行检查,事后只能从表面进行质量检查,就很难发现内在的质量问题,或者返工非常困难。

4) 终检的局限性

工程项目建成后不可能像一般工业产品一样依靠终检来判断产品质量,或将产品进行解体、拆卸来检查内在质量,甚至对不合格的零部件更换也并不困难。而工程项目的竣工验收无法进行工程内的质量检验,发现隐蔽的质量缺陷,从而存在质量的隐患。即使在终检发现了质量缺陷,进行修复也是非常困难的。例如,在光缆敷设中,如果单盘光缆的检测出现误差,把一盘存在质量缺陷的光缆应用在工程中,终检时或试运行时才发现,要进行更换就非常困难了。因此,工程项目的终检存在一定的局限性,这就要求工程质量控制应以预防为主,防患于未然。

5) 评价方法的特殊性

通信建设工程质量的检查评定及验收是按工序、单位工程进行的。每一个工序的质量是单位工程乃至整个工程质量的检验基础,隐蔽工程在隐蔽前要检查合格后验收。工程质量是在施工单位按合格质量标准自行检查评定的基础上,由监理工程师(或建设单位项目负责人)组织有关单位、人员进行检验确认验收。工程的竣工验收一般经过施工单位自检、初验、试运行阶段,这种评价方法体现了"验评分离、强化验收、完善手段、过程控制"的指导思想。

3.1.4　工程质量控制的分类

工程质量控制是指致力于满足工程质量的需求,也就是保证工程质量满足工程合同、规范标准所采取的一系列措施、方法和手段。工程质量的要求主要体现为工程合同设计文件、技术规范标准规定的质量标准。

工程质量控制按其实施的主体不同,可分为自控主体和监控主体。前者是指直接从事质量职能的活动者,后者是指对他人质量能力和效果的监控者,主要包括以下四方面。

(1) 政府的质量控制。政府属于监控主体,它主要是以法律法规为依据,抓工程报建、施工图文件审查、施工许可、材料和设备准用、工程质量监督、重大工程竣工验收备案等重要环节。

(2) 工程监理单位的质量控制。工程监理单位属于监控主体,它主要受建设单位的委托,代表建设单位对工程实施全过程的质量监督和控制,包括勘察设计阶段质量控制、施工阶段的质量控制,以满足建设单位对工程质量的要求。

(3) 勘察设计单位的质量控制。勘察设计单位属于自控主体,它主要是以法律、法规及合同为依据,对勘察设计的整个过程进行控制,包括工作程序、工作进度、费用及成果文件所包含的功能和使用价值,以满足建设单位对勘察设计质量的要求。

(4) 施工单位的质量控制。施工单位属于自控主体,它是以工程合同、设计图纸和技术规范为依据,对施工准备阶段、施工阶段、竣工验收交付阶段等施工全过程的工作质量和工程质量进行的控制,以达到合同文件规定的质量要求。

工程质量控制包括全过程的各个阶段的质量控制,按工程质量的形成过程,主要内容如下。

(1) 决策阶段的质量控制,主要是通过项目的可行性研究,选择最佳建设方案,使项目的质量要求符合业主的意图,并与投资目标相协调,与所在地区的环境相协调。

(2) 工程勘察设计阶段的质量控制,主要是选择好勘察单位,保证工程设计符合决策阶段的质量要求,保证设计符合有关技术规范和标准的规定,保证设计文件图纸符合现场和施工的实际条件,其深度能满足施工的需要。

(3) 施工阶段的质量的控制,一是择优选择能保证工程质量的施工单位,二是严格监督承建商按设计图纸进行施工,并形成符合合同文件规定质量的最终建设产品。

3.1.5　工程质量控制的原则

监理工程师在工程质量控制时应遵循以下原则。

1. 坚持质量第一的原则

建设工程质量不仅关系工程的适用性和建设项目的投资效果,而且关系到通信安全可靠性。所以,监理工程师在进行投资、进度、质量三大目标控制时,在处理三者关系时,应坚持"百年大计,质量第一",在建设中自始至终把"质量第一"作为对工程质量控制的基本原则。

2. 坚持以人为核心的原则

人是工程质量的决策者、组织者、管理者和操作者。工程建设中各单位、各部门、各岗位人员的工作质量水平和完善程度,都直接或间接地影响工程质量。所以在工程质量的控制中,要以人为核心重点控制人的素质和行为,充分发挥人的积极性和创造性,以人的工作质量来保证工程质量。

3. 坚持以预防为主的原则

工程质量控制应该是积极主动的,应事先对影响质量的各种因素加以控制,而不能是消极被动的,等出现质量问题再进行处理,已造成不必要的损失,甚至无法弥补的质量缺陷。所以,要重点做好质量的事前控制、事中控制,以预防为主,加强工程材料、工序和工序交接的质量检查和控制。

4. 坚持质量标准的原则

质量标准是评价产品质量的尺度,工程质量是否符合合同规定的质量标准的要求,应通过质量检测并和质量标准进行对照,符合质量标准要求的才是合格,不符合的必须返工处理。

5. 坚持科学、公正、守法的职业道德规范

在工程质量控制中,监理人员必须坚持科学、公正、守法的职业道德规范,要尊重科学,尊重事实,以数据资料为依据,客观、公正地处理质量问题。要坚持原则,遵纪守法,秉公监理。

3.1.6　工程质量责任体系

在工程项目建设中,参与工程建设的各方,应根据国家所颁布的《建设工程质量管理条例》以及合同、协议和有关的规定承担相应的质量责任。

1. 建设单位的质量责任

(1) 建设单位要根据工程的特点和技术,按有关规定选择相应资质等级的勘察、设计单位和施工单位,在合同中必须有质量的条款,明确质量责任,并真实、准确、齐全地提供与建设工程有关的原始资料。凡建设项目的勘察、设计、施工、监理以及与工程建设有关的重要设备、材料等的采购均实行招标制度,依法确定程序和方法,择优选定中标者。不得将应由一个承包单位完成的建设工程项目肢解成若干部分发包给多个承包单位;不得迫使承包方以低于成本的价格进行竞标;不得任意压缩合理工期;不得明示或暗示设计单位或施工单位违反建设强制性标准,降低质量标准。建设单位对其自行选择的设计、施工单位发生的质量问题承担相应责任。

(2) 建设单位应根据工程的特点,配备相应的质量管理人员。对国家规定强制实行监理的项目,必须委托具有相应资质等级的工程监理单位进行监理。建设单位应与监理单位签订监理合同,明确双方的责任和义务。

(3) 建设单位在工程开工前,负责有关施工设计文件的检查、工程施工许可证和工程质量监督手续,组织设计和施工单位认真进行设计交底;在工程施工中,应按照国家的现有工程建设法规、技术标准及合同规定,对工程质量进行检查,工程项目竣工后应及时组织设计、施工、监理等有关单位进行施工验收,未经验收备案或验收备案不合格的,不得交付使用。

(4) 建设单位按合同的约定采购供应的材料、配件和设备,应符合设计文件和合同的要求,对发生的质量问题应承担相应的责任。

2. 勘察、设计单位的质量责任

(1) 勘察、设计单位必须在其资质等级许可的范围内承揽相应的勘察设计任务,不得承揽超越其资质等级许可范围的任务,不得将承揽的工程转包或违法分包,也不得以任何形式用其他单位的名义承揽业务或允许其他单位或个人以本单位的名义承揽业务。

(2) 勘察、设计单位必须按照国家现行的有关规定、工程建设强制性技术标准和合同的要求进行勘察、设计工作,并对所编制的勘察、设计文件的质量负责。设计单位应就审查合格的施工文件向施工单位作出详细说明,解决施工中对设计提出的问题,负责设计变更。参与工程质量事故分析,并对设计造成的质量事故提出相关的技术处理方案。

3. 施工单位的质量责任

(1) 施工单位必须在其资质范围内承揽施工任务,不得承揽超越其资质等级许可范围的任务,不得将承揽的工程转包或违法分包,也不得以任何形式用其他单位的名义承揽业务或允许其他单位或个人以本单位的名义承揽业务。

(2) 施工单位对所承包的工程项目的施工质量负责。应当建立健全质量管理体系,落实质量责任制,确定工程项目的项目经理、技术负责人和施工管理负责人。实行总承包的工程,总承包单位应对全部工程建设质量负责。实行总分包的工程,分包单位应按照分包合同约定对其分包工程的质量向总承包单位负责,总承包单位与分包单位对分包工程的质量负连带责任。

(3) 施工单位必须按照工程施工图纸和施工技术规范标准组织施工。未经设计单位同意,不得擅自修改工程设计。

4. 工程监理单位的质量责任

(1) 工程监理单位必须在其资质的范围内承揽工程监理任务,不得承揽超越其资质等级许可范围的任务,不得将承揽的工程转包或违法分包,也不得以任何形式用其他单位的名义承揽工程监理业务或允许其他单位或个人以本单位的名义承揽工程监理业务。

(2) 工程监理单位应依照法律、法规和有关的技术标准、设计文件和建设工程承包合同,与建设单位签订监理合同,代表建设单位对工程质量实施监理,并对工程质量承担监理责任。监理责任主要有违法责任和违约责任两个方面。若工程监理与承包单位串通,谋取非法利益,从而给建设单位造成损失的,应当与承包单位承担连带赔偿责任。如果监理单位在责任期内,不按照监理合同约定履行监理职责,给建设单位或其他单位造成损失的,属违约责任,应当向建设单位赔偿。

5. 建筑材料、构配件及设备生产或供应单位的质量责任

建筑材料、构配件及设备生产或供应单位对其生产或供应的产品的质量负责。生产厂或供应商必须具备相应的生产条件、技术装备和质量管理体系,所生产的建筑材料、构配件及设备的质量应符合国家和行业现行的技术规定的合格标准和设计要求。

3.2 通信工程施工阶段的质量控制

工程建设可分为项目可行性研究、项目决策、工程勘察设计、工程施工和工程竣工验收五个阶段。其中,工程施工是使工程设计意图最终实现并形成工程实体的阶段,也是最终形成工程产品质量和工程项目使用价值的重要阶段。因此施工阶段的质量控制不单是施工监理重要的工作内容,也是工程项目质量控制的重点。监理工程师对工程施工的质量控制,就是按照合同赋予的权力,围绕影响工程质量的各种因素,对工程项目的施工进行有效的监督和管理。

3.2.1 施工质量控制的系统过程

由于施工阶段是使工程设计意图最终实现并形成工程实体的阶段,是最终形成工程实体质量的过程,所以施工阶段的质量控制是一个对投入的资源和条件的质量控制,进而对生产过程及各环节质量进行控制,直到对所完成的工程产出品的质量检验与控制为止的全过程的控制系统。这个过程可以根据在施工阶段工程实体质量形成的时间阶段不同来划分,或者是将施工的工程项目作为一个大系统,加以分解为多个单位工程(子项目)或工序。

根据在施工阶段工程实体质量形成的时间阶段不同来划分,可分为施工准备阶段、施工过程阶段和竣工验收阶段,将以上三个阶段的质量控制称为施工阶段的事前控制、施工阶段的事中控制和施工阶段的事后控制。事前控制是指在各工程对象正式施工活动前,对各项准备工作及影响的各因素进行控制,这是确保施工质量的先决条件;事中控制是指在施工过程中对实际投入的生产要素及作业技术活动的实施状态和结果所进行的控制,包括作业者发挥技术能力过程的自控行为和来自有关管理者的监控行为;事后控制是指对于通过施工过程所完成的具有独立的功能和使用价值的最终产品(单位工程或整个工程项目)进行联网测试、质量评价及有关方面(如质量文档)的质量进行控制。将施工的工程项目作为一个大系统,加以分解为多个子项目或工序如下。

(1) 塑料管道通信光缆工程可划分为塑料管道路由复测、光缆单盘检查及配盘、塑料管道光缆敷设、塑料管道光缆敷设和光缆中继测试五个工程子项目或工序。

(2) 通信管道工程可划分为路由测量、管道建设和人孔建设三个工程子项目或工序。

(3) 交换局工程可分为机房装修、接地系统、供电系统、消防系统、DDF 架的安装以及设备安装和调测等工程子项目。

(4) 通信设备安装可分为四个工序:槽道安装、机架安装、子架安装、光(电)缆布放及成端。

在施工阶段质量控制的过程中,首先根据每个阶段划分好子项目或工序,然后确定每一个阶段的每一道工序的关键点,确定每一个关键点的监理方式、测试检验方法,对照相关标准规范,作好相关的记录,实行关键点的有效控制。只有保证每一个关键点的质量,才能保证每一个工序的质量,从而才能保证整个工程的质量。工程质量控制关键点的确定和控制方法及标准将在本章的 3.3 节加以阐述。

3.2.2　施工质量控制依据

1. 合同文件

工程施工承包合同文件和委托监理合同文件中分别规定了参与建设各方在质量控制方面的权利和义务,有关方必须履行在合同中的承诺。对于监理单位既履行委托监理合同的条款,又要督促建设单位、监督承包单位、设计单位履行有关的质量控制条款。因此监理工程师要熟悉这些条款,据此进行质量监督和控制。

2. 设计文件

"按图施工"是施工阶段的一项重要原则。因此,经过批准的设计图纸和技术说明书等设计文件,无疑是质量控制的重要依据。但是从严格质量管理和质量控制的角度出发,监理单位在施工前还应参加由建设单位组织的设计单位及承包单位参加的设计交底及图纸会审工作,以达到了解设计意图和质量要求、发现图纸差错和减少质量隐患的目的。

3. 国家及政府有关部门颁发的有关质量管理的法律、法规性文件

例如,《通信工程质量监督管理规定》(2001 年 12 月 29 日信息产业部),《整顿和规范建设市场的意见》(1999 年 2 月建设部),《电信建设管理办法》(2002 年 2 月 1 日信息产业部),《电信设备进网管理办法》(2001 年 5 月 10 日信息产业部),《工程监理企业资质管理规定》(2001 年 8 月 29 日建设部),《工程建设监理规定》(1995 年 12 月 15 日建设部),《工程项目建设管理单位管理暂行办法》(1997 年 5 月 27 日建设部),等等。

以上举例有的是国家及建设主管部门所颁发的有关质量管理方面的法规性文件,这些文件都是建设行业质量管理方面所应遵守的基本法规文件,另外,省、市自治区的有关主管部门,也均根据本行业及地方的特点,制定和颁发了相关的法规性文件。

4. 有关质量检验与控制的专门技术法规性文件

这类文件一般是针对不同行业、不同的质量控制对象而制定的技术法规性文件,包括各种有关标准、规范、规程或规定。技术标准有国际标准、国家标准 GB×××××、行业标准(通信行业标准 YD×××××)、地方标准和企业标准之分。它们是建立和维护正常的生产和工作秩序应遵守的准则,也是衡量工程、设备和材料质量的尺度。例如,GB/T7425.1—87 为光缆机械性能试验方法:总则;YD/T797—1996 为光时域反射测试仪技术条件。

技术规程或规范,一般执行技术标准,保证施工的有序进行,是为有关人员制定的行动准则,通常也与质量的形成有密切的关系,应严格遵守。各种有关质量方面的规定,一般由有关主管部门根据需要而发布带有方针目标性的文件,它对于保证质量和规程、规范的实施以及改善实际存在的问题,具有指示性和及时性的特点。概括说来,属于这类专门的技术法规性依据主要有以下几类:

(1) 工程项目施工质量的验收标准;

(2) 有关工程材料、半成品和构配件质量控制方面的专门技术法规性依据;

(3) 控制施工作业活动质量的技术规程;

(4) 凡采用新工艺、新技术、新材料的工程,事先应进行试验,并应有技术权威部门的技术鉴定及有关的质量数据、指标,在此基础上制定有关的标准和施工工艺规程,以此作为判断和控制质量的依据。

3.2.3 施工质量控制的工作程序

在施工阶段全过程中,监理工程师要进行全过程、全方位的监督、检查与控制,不仅涉及最终产品的检查、验收,而且涉及施工过程的各个环节及中间产品的监督、检查与验收,因此实行程序化控制是非常有必要的。所谓的程序是对操作或事物处理的一种描述、计划和规定,也就是说程序是一种计划,程序是一种标准,程序是一种系统。监理人员进行程序控制时,首先应制定正确、先进、高效的控制程序。第一,控制程序要明确控制的目标;第二,控制程序要切合具体的工程建设项目的特点及目标控制系统的实际情况;第三,控制程序要运用现有的管理和控制理论以及积累的建设监理的实际控制经验。另外,程序的制定和发布应具有权威性,要由总监理工程师组织制定,并会同建设单位和承包单位一同审定,并且要在正式的文件上予以发布,在实施质量控制过程中必须按程序进行,对违反程序者不论其是否造成事故或损失都要进行追究和处理。

在通信建设工程中,施工阶段质量控制程序如附录 C 所示。

在每项工程开始前,承包单位须做好施工的准备工作,然后填报《工程开工/复工报审表》(A1),附上该项工程的开工报告、施工方案以及施工进度计划、人员及机械设备配置、器材准备情况等,报送监理工程师审查。若审查合格,则由总监理工程师批复准予施工。否则,承包单位应进一步做好施工准备工作,待条件具备时,再次填报开工申请。

在施工过程中,监理工程师应督促承包单位加强内部质量管理,严格质量控制。施工作业的过程均按规定工艺和技术进行。在每道工序完成后,承包单位应进行自检,自检合格后,填报《_____报验申请表》(A4)交监理工程师检验。监理工程师收到检查申请后应在合同规定的时间内到现场检验,检验合格后予以确认。

只有上一道工序被确认合格后,方能准许下道工序施工,按上述程序完成逐道工序。当一个单位、分项工程完成后,承包单位首先对分项、单位工程进行自检,填写相应质量记录表,确认工程质量符合要求,然后向监理工程师提交《分项、分部工程报验单》(A15)附上自检的相关资料,经监理工程师现场检查及对相关资料审核后,符合要求予以签认验收,反之,则指令承包单位进行整改或返工处理。

3.3 施工阶段的事前控制

事前控制即施工准备控制,指在各工程对象正式施工活动前,对各项准备工作及影响的各因素进行控制,这是确保施工质量的先决条件,包括以下内容。

3.3.1 设计交底与图纸会审

1. 设计交底的目的和内容

设计交底是指在施工图纸完成并经审查合格后,设计单位在设计文件交付施工时,按法律规定的义务就施工图设计文件向施工单位和监理单位作出详细的说明。其目的是对施工单位和监理单位正确贯彻设计意图,使其加深对设计文件特点、难点、疑点的理解,掌握关键工程部位的质量要求,确保工程质量。设计交底的一般内容包括:设计图设计文件总体介绍,设计的意图说明,特殊的工艺要求,安装、调测、工艺、设备、线路等各专业在施工中的难点、疑点和容易发生的问题说明,对施工单位、监理单位、建设单位等对设计图纸疑问的解释等。

2. 图纸会审的目的和内容

图纸会审是指承担施工阶段监理的监理单位组织施工单位以及建设单位、材料、设备供应等相关单位,在收到审查合格的施工图设计文件后,在设计交底前进行的全面细致地熟悉和审查施工图纸的活动。其目的一是使施工单位和各参建单位熟悉设计图纸,了解工程特点和设计意图,找出需要解决的技术难题,并制定解决方案;二是为了解决图纸中存在的问题,减少图纸的差错,将图纸中的质量隐患消除在萌芽状态。

3. 设计交底和图纸会审的组织

设计交底由建设单位主持,设计单位、建设单位、承包单位和项目监理机构有关专业人员参加。设计单位负责向施工单位和承担施工阶段监理任务的监理单位等相关参建单位进行交底。图纸会审由承担施工阶段监理任务的监理单位负责组织,施工单位、建设单位、设计等相关参建单位参加。一般情况下,总监及相关的专业监理工程师应该参加。设计交底前,总监理工程必须组织监理人员熟悉、了解设计文件,了解工程特点,对设计文件中出现的问题和差错提出建议,以书面形式报建设单位。监理工程师还应该组织承包单位进行图纸会审,并在约定时间内向监理机构报送审查记录,经项目监理机构汇总后以书面形式报建设单位。

设计交底与图纸会审通常的做法是:设计文件完成后,设计单位将设计图纸移交建设单位,报经有关部门批准后发给承担施工阶段监理的监理单位和施工单位。由施工阶段的监理单位组织参建各方进行图纸会审,并整理出会审问题清单,在设计交底前一周交设计单位。承担设计阶段监理的监理单位组织设计单位作交底准备,并对会审问题清单拟定解答。设计交底一般以会议形式进行,先进行设计交底,后转入图纸会审问题解释,通过设计、监理、施工三方或参建多方研究协商,确定存在的图纸和各种问题的解决方案。设计交底应在施工开始前完成。

设计交底应由设计单位整理会议纪要,图纸会审应由施工单位整理会议纪要,如分期分批供图,应通过建设单位确定分批进行设计交底的时间安排。经设计单位、建设单位、承包单位和监理单位签认后分发到各方。设计交底与图纸会审中涉及设计变更的还应按照监理程序办理设计变更手续。设计交底会议纪要、图纸会议纪要一经各方确认,即成为施工和监理的依据。

4. 监理工程师通过设计交底与图纸会审应主动了解的主要内容

(1) 建设单位提出的要求;

(2) 设计采用的设计规范和施工规范,设计对机房提出的土建要求等;

(3) 对建设施工的要求,对主要材料的要求,对采用新技术、新工艺、新设备的要求,以及施工中应特别注意的事项等;

(4) 设计单位对承包单位提交的图纸会审记录和监理机构提交的设计文件审查意见的答复;

(5) 在设计交底会上确认的设计变更应由建设单位、设计单位、承包单位和监理单位共同确认。

3.3.2 审查承包单位的质量管理体系

承包单位健全的质量管理体系,对于取得良好的施工效果具有重要作用,因此监理工程师做好承包单位的质量管理体系的审查,督促承包单位不断地健全和完善质保体系,这一点是搞好监理工作的重要环节,也是取得好的工程质量的重要条件。

(1)承包单位应填写《承包单位质量管理体系报验申请表》,与施工组织计划一道向项目监理机构报送项目经理部的质量管理、技术管理和质量保证体系的有关资料,包括组织机构、各项制度、管理人员、专职质检员、人员的资格证、上岗证等。

(2)监理工程师对报送的相关资料进行审核,并进行实地检查。

(3)经审核,承包单位的质量管理体系满足工程质量管理的需要,总监理工程师予以确认。对于不合格的人员,总监理工程师有权要求承包单位予以撤换,不健全、不完善之处要求承包单位尽快整改。

3.3.3 分包单位资格审查

保证分包单位的质量,是保证工程施工质量的一个重要环节和前提。因此,监理工程师应对分包单位资质进行严格控制。

(1)承包单位对通信工程实行分包必须符合施工合同的规定。

(2)项目监理机构对分包单位资格和技术水平的审核应在所分包的专业单项、单位工程开工前完成。

(3)承包单位应填写《分包单位资格报审表》(A3),附上经自审认可的分包单位有关资料,包项目监理机构审核。

(4)项目监理机构认为必要时,可会同承包单位对分包单位进行实地考察,以验证分包单位有关资料的真实性。

(5)分包单位的资格符合有关规定并满足工作需要,由监理工程师签发《分包单位资格报审表》(A3),予以确认。

(6)分包合同签订后,承包单位应填写《分包合同报验申报表》,并附上分包合同报送项目监理机构备案。

(7)项目监理机构发现承包单位存在转包、肢解分包、层层分包等情况,应签发《监理工程师通知单》予以制止,同时报告建设单位及有关部门。

(8)总监对分包单位资格的确认不解除总包单位应负的责任。在工程的实施过程中,分包单位的行为均视为承包单位的行为。

总承包单位选定分包单位后,应向监理工程师提交《分包单位资格报审表》,其内容一般包含以下几方面。

(1)关于分包工程的情况,说明分包工程名称(部位)、工程数量、拟分包合同额、分包工程占全部工程额的比例。

(2)关于分包单位的基本情况,包括该分包单位的企业简介、资质材料、技术实力,企业过去的工程经验与业绩,企业的财务资本情况,施工人员的素质和条件等。

(3)分包协议草案,包括总承包单位与分包单位的权、责、利,分包项目的施工工艺,分包单位设备和到场时间,材料供应,总承包单位的管理责任等。

监理工程师对总承包单位提交的《分包单位资质报审表》审查时,主要是审查施工单位合同是否允许分包,分包的范围和工程部位是否可进行分包,分包单位是否具有按工程承包合同规定的条件完成分包工程的能力。如果认为该分包单位不具备分包条件,则不予以批准。若监理工程师认为该分包单位基本具备分包条件,则应在进一步调查后由总监理工程师予以书面确认。审查、控制的重点一般是分包单位的施工组织者、管理者的资格与质量管理水平,特殊专业工种和关键施工工艺或新技术、新工艺、新材料等应用方面操作者的素质和能力。

3.3.4　施工组织设计的审查

在我国现行的施工管理中,施工承包单位应针对每一特定工程项目进行施工组织设计,以此作为施工准备和施工全过程的指导性文件。为确保工程质量,承包单位在施工组织中加入了质量目的、质量管理及质量保证措施等质量计划的内容。根据质量管理的基本原理,质量计划包含为达到质量目的、质量要求的计划、实施、检查及处理这四个环节的相关内容,具体而言包括以下内容:编制依据;项目概况;质量目标;组织机构;质量控制及管理组织协调的系统描述;必要的质量控制手段,检验和试验程序等;确定关键过程和特殊过程及作业的指导书;与施工过程相适应的检验、试验、测量、验证要求;更改和完善质量计划的程序等。施工组织设计已包含了质量计划的内容,因此,监理工程师对施工组织设计的审查也同时包括了对质量计划的审查。

1. 施工组织设计的审查程序

(1) 在工程项目开工前约定的时间内(一般为开工 7 日前),承包单位必须完成施工组织的编制及内部自审批准工作,填写《施工组织设计(方案)报审表》(A9)报送项目监理机构。

(2) 总监理工程师应及时组织专业监理工程师审查,提出意见后,由总监理工程师审核批准。需要承包单位修改时,应由总监理工程师签发书面意见,退回承包单位修改后再报总监理工程师重新审查。

(3) 已审定的施工组织计划由项目监理机构在开工前报送给建设单位。

(4) 承包单位应按审定的施工组织设计进行施工,如需要对内容作较大的变更,应在实施前将变更内容书面报送项目监理机构审定。

(5) 规模大、技术复杂的通信建设工程,项目监理机构对施工组织设计审查后,还应报送监理单位技术负责人审查,提出审查意见后由总监理工程师签发。必要时与建设单位协商,组织有关专业部门和有关专家会审。

(6) 规模大、技术复杂的工程,多局点、多系统,可分期出图纸的工程,经建设单位批准可分阶段报审施工组织计划;技术复杂或采用新技术的专业单项、单位工程,承包单位还应编制该单项、单位工程的施工方案,报项目监理机构审查。

2. 审查施工组织设计时应掌握的原则

(1) 施工组织设计的编制、审查和批准应符合规定的程序。

(2) 施工组织设计应符合国家基本建设的方针和政策,充分考虑承包合同规定的条件、施工现场条件及法规的要求,突出"质量第一,安全第一"的原则。

（3）施工组织设计中的工期、质量目标应与合同中相一致。

（4）施工组织设计中的施工布置和程序应符合工程的特点和施工工艺,满足设计文件的要求。

（5）施工组织设计采用的技术方案和措施是否先进适用,技术是否成熟,是否对本工程的质量、安全和降低造价有利。

（6）进度计划应采用流水施工方法和网络计划技术,以保证施工的连续性和均衡性,且工、料、机进场计划应与进度计划保持协调性;各承包商的进度计划应协调一致,不出现冲突和误工。

（7）质量管理和技术管理体系健全,质量保证措施切实可行且有针对性;安全、环保、消防和文明施工措施切实可行并符合有关规定。

（8）总监理工程师批准的施工组织设计,实施过程中如出现问题,不解除承包单位的责任,由此引起的质量缺陷改正、工程延长、费用的增加,不应成为承包单位索赔的依据。

3. 施工组织设计审查的注意事项

项目监理机构应要求承包单位严格按批准的施工组织设计(方案)组织施工,施工过程中,由于情况发生变化,承包单位可能对已批准的施工组织设计(方案)进行调整、补充和变动,对此项目监理机构应要求承包单位报送调整(补充或变动)后的施工方案,并重新予以审查、签字确认。

重点部位、关键工序或技术复杂的专业分部、分项工程,项目监理机构应要求承包单位编制详细的方案措施,如建设加固、机房布线、设备调测等。

4. 审核检测单位

对外委托的检测项目,承包单位应填写《检测单位资格报审表》(A4),将拟委托检测单位的营业执照、企业资质等级证书、委托测试内容等有关资料报送项目监理机构,专业监理工程师审核合格后,予以签认。

承包单位利用本企业检测机构时,应将检测机构的资质,检测范围,检测设备的规格、型号、数量及定期检定证明(法定计量检测部门),检测机构管理制度,检测员资格证书等有关资料报送项目监理机构,专业监理工程师审核及格予以确认。

3.3.5 质量控制点的设置

1. 质量控制点的概念

质量控制点是指影响工程质量的关键工序、操作、施工顺序、技术参数、材料、环境、施工机械、自然环境等,具体包括如下几类。

（1）设计文件审批与设计变更、开工审批、交工与验收等各类程序。

（2）各种设计与施工技术、参数、财务评价、技术经济等各类指标。

（3）设计、施工中的关键工序,工艺流程、重要环节和隐蔽工程。

（4）设计、施工中的薄弱环节,或质量不稳定、不成熟的方案、工序、工艺等。

（5）对后续工程的设计、施工或安全有重大影响的工序、部位、环节、对象等。

（6）采用新技术、新工艺、新材料、新人员(缺乏经验者)等。

（7）设计或施工中无足够把握、技术难度大、施工困难多的工序或环节等。

设置质量控制点是保证达到施工质量要求的前提,监理工程师在拟定质量控制工作计划时,应予以详细考虑,并以制度保证落实。可作为质量控制点的对象涉及面广,它可能是要求技术高、施工难度大的结构部位,也可能是影响质量的关键工序、操作或某一环节。总之,不论是结构部位,还是影响质量的关键工序、操作、施工顺序、技术、材料、机械、自然条件、施工环境等,均可作为质量控制点来控制。概括地说,应选择那些保证质量难度大、对质量影响大的或者是发生质量问题时危害大的对象作为质量控制点。选择质量控制的重点部位、重点工序和重点的质量因素作为质量控制点,进行重点控制和预控,这是质量控制的有效方法。

显然,是否设置为质量控制点,主要视其对质量特性影响的大小、危害程度以及其质量保证的难度大小而定。例如,通信设备安装质量控制点可设置为进场检验、机房布局、设备加固、地线安装、通信线与电源线的间距及交叉、设备加电、光电特性、功能指标等;通信线路工程的质量控制点可设置为进场材料屯放检验、隐蔽作业要求、接续工艺质量、光/电特性测试、安全可靠等;通信管道建筑工程的质量控制点可设置为管道材料屯放检验、隐蔽作业要求、管道接续和试通、人(手)孔建筑要求等。表3-1、表3-2为通信建设工程在施工阶段质量控制点设置的一般位置示例。

表3-1　传输设备安装工程设备安装和调测阶段的质量控制点设置

项目名称	控制点
机架安装	位置、机架垂直度、水平度、防震、端子板位置布线排列与标志、接地
子架安装	面板布置、内部固定、插接件接触要求、网管设备
电缆布放及成端	
1. 敷设电缆及光纤连接线	缆纤规格程式与走向、捆绑要求、电缆弯曲与光纤连接弯曲要求
2. 编扎光纤连接线	光纤连接线的保护、编扎
3. 布放数字配线架跳线	跳线电缆走向、布放工艺
4. 电缆成端和保护	射频同轴电缆端头处理、屏蔽线端头处理、剖头处理
设备测试	光端机测试,中继器测试,复用设备测试(电压和功耗、时钟频率、偏流、发送光功率、接收灵敏度、公务/告警/倒换功能、发送光功率、接收灵敏度、偏流、公务及远供电源、电压和功耗、时钟频率、误码/抖动测试、接口输入衰减和输出波形、告警功能均符合指标)

表3-2　塑料管道光缆工程施工阶段质量控制点设置

项目名称	控制点
塑料管道路由复测	核定管道路由走向及长度、核定管道穿越障碍物位置及保护措施、核定管道与建筑的净距
光缆单盘检验及配盘	外观检查、光缆单盘测试、光缆配盘
塑料管道敷设	管道沟开挖、管道沟深、手孔建筑、塑料管道敷设、特殊地段的防护管道沟回填
塑料管道光缆敷设	塑料子管敷设、光缆敷设、光缆接续、光缆防护及终端
光缆中继测试	中继段光纤线路衰减、中断段放光纤后向散射信号曲线

承包单位在工程施工前应根据施工过程质量控制的要求,列出质量控制点的明细表,表3-3详细地列出各质量控制点的名称或控制内容、检验标准及方法等,提交监理工程师批准后,在此基础上实施质量预控。

表 3-3　质量控制点明细表

阶段	序号	项目名称	控制点	控制方式	技术质量要求	检验方法	记录方式

3.3.6　现场施工条件检查

1. 线路施工条件检查

（1）通信线路路径是否协调,各级政府主管部门批件及外单位协议是否齐全。

（2）承包单位的施工许可证、道路通行证是否已办妥。

（3）通行器材、设备集屯点是否选定,且条件是否满足要求。

（4）对所施工地段、路由有影响施工的障碍物进行检查。例如,通信管道工程施工前必须对地下的各种管道,路面上的树木、电杆、建筑物进行复查处理,以免影响施工;长途光缆施工前必须对光缆路由进行复测,对施工地段影响挖光缆沟槽、立电杆的障碍物进行检查、清除,如地下的各种管道,空中的电力线、建筑物等进行检查处理,以免影响施工;敷设管道光缆前,对所经过的人孔、手孔上应没有影响机械敷设光缆的障碍物,人孔手孔内的积水应进行清除,落实光缆穿越障碍物所需采取的防护措施,核实光缆与其他设施、建筑物、树木等的最小距离,保证符合表 3-4、表 3-5 的要求。

表 3-4　直埋光缆与建筑物最小距离

名称	平行时/m	交越时/m
市话管道边线(不包括人孔)	0.75	0.25
非同沟的直埋通信电缆	0.5	0.5
埋式电力电缆	0.5(35 kV 以下)　2(35 kV 以上)	0.5
给水管	0.5～1.5(根据管径)	0.5
高压石油、天然气管	10.0	0.5
煤气管	1.0～2.0	0.5
排水沟	0.8	0.5
房屋建筑红线(或基础)	1.0	0.5
树木	0.75～2.0	0.5
水井、坟墓	3.0	0.5
粪池、沼气池、氨水池	3.0	0.5

表 3-5　架空线路与其他建筑物、树木的最小垂直净距

名称	平行时/m	交越时/m
街道	4.5	5.5
胡同	4.0	5.0
铁路	3.0	7.5
公路	3.0	5.5
土路	3.0	4.5
房屋建设		0.6
河流		1.0
市区树木		1.5
郊区树木		1.5
通信线路		0.6

2. 通信机房条件检查

承包单位应对机房等施工环境进行检查,填报《环境报验申请表》(A4),报验包括以下所列内容,监理工程师收到承包单位机房环境报验申请表后,应及时审验并签证。如发现不合格的项目,应及时签发《监理工作联系单》(C1),报建设单位责成土建施工单位限期修整。

（1）机房建筑应符合工程设计的要求,有关建筑工程已完工并验收合格。

（2）机房地面、墙壁、顶棚的预留孔洞位置尺寸,预埋件的规格、数量等均要符合工程设计的要求。

（3）当机房需做地槽时,地槽的走向路由、规格应符合工程设计要求,地槽盖板坚固严密,地槽内不得渗水。

（4）机房的通风、取暖、空调等设施已安装完毕,并能提供使用。室内温度、湿度应符合工程设计要求。

（5）机房建筑的接地电阻必须符合工程设计的要求,防雷保护接地验收合格。

（6）在铺设活动地板的机房内应检查地板板块铺设是否稳固平整,水平误差每平方米小于或等于 2 mm,板块支柱接地良好,接地电阻和防静电设施符合工程设计(或设备技术说明书)的要求。

（7）市电已按要求引入机房,机房照明系统已能正常使用。

3. 通信机房的安全检查

（1）各级通信机房建筑必须符合 YD5002—94《邮电建筑放火设计标准》的有关规定。

（2）通信机房内必须配备有效的灭火消防器材。设置的火灾自动报警系统和固定式气体灭火系统必须保持性能良好。

（3）通信机房装修的材料应为非燃烧材料。

（4）通信机房内预留的孔洞配置有阻燃材料的安全盖板或填充物。

（5）通信机房内严禁存放易燃易爆物品。

（6）通信机房房门窗孔洞等应设有防盗措施,以保安全。

3.3.7 进场材料、构配件和设备的质量控制

工程所需的原材料、构配件和设备将构成永久性工程的组成部分,所以它们质量的好坏直接影响未来工程的质量,因此需要对其质量进行严格控制。

用于工程的器材到场后,应组成设备器材检验小组,由监理工程师任组长,建设单位代表、供货单位代表、承包单位代表任成员,对到达现场的设备、主要材料的品种、规格、数量进行清点和外观检查;对建设单位采购的设备器材应依据供货合同的器材清单逐一开箱检验,查看货物是否有外损伤或受潮生锈,若是进口设备器材还应有报关检验单。对承包单位自购用于工程的设备器材应重点检查出厂合格证、入网证、技术说明书,核对是否符合设计要求。必要时抽样检查其理化特性。承包单位作为接受和使用单位应作好记录,收集整理装箱文件及合格证书,并填写《工程材料/构配件/设备报审表》(A9),报送监理签证。对未经监理工程师检验或不合格的工程材料、构配件、设备,监理工程师应拒绝签认,并同时签发《监理工程师通知单》(C1),书面通知承包单位。未经检验的不准在工程中使用,对检验不合格的应限期运出现场。

3.3.8 承包单位进场人员技术资格及使用的机具、仪表和设备查验

(1)承包单位应以批准的施工组织设计文件为依据,填报施工技术人员、技术水平和用于施工的《机具仪表状况报验申请表》(A4),报送监理检验签证。

(2)施工技术人员应具有专业技术操作上岗证书,并具有一年以上工程施工经验,新人员不能超过 50%,且技术操作必须有指导者在场。

(3)承包单位应填写《进场设备和仪表报验申请表》(A4),并附上有关说明、证书、计量装置的有关法定检测部门的检定证明、调试结果等资料,报项目监理部门,保证施工的机具、仪表状况应该良好,如机具车辆的通行证、牌照证和仪表的计量合格证等。

(4)监理工程师应实地检查进场施工机具仪表的技术状况,审核、检查合格后,签认《进场设备和仪表报验申请表》(A4),必要时可对操作人员进行技术考核和口头质疑。

(5)在施工过程中,监理工程师应经常检查上述机具和仪表的技术状况。

3.3.9 工程开工条件的检查

在总监理工程师向承包单位发出开工通知书时,建设单位即应按照计划保证质量地提供承包单位所需的场地和施工通道以及水、电供应条件,以保证及时开工,防止承担补偿工期和费用损失的责任。为此,监理工程师应事先检查工程施工所需的场地征用,以及道路和水、电是否开通;否则督促建设单位努力实现。

总监理工程师对拟开工工程有关的现场各项施工准备工作进行检查并认为合格后,方可发布书面的施工指令,开工前承包单位必须提交《工程开工报审表》(A1),经监理工程师审查前述各方面条件具备并由总监理工程师予以批准后,承包单位才能开始正式进行施工。

3.3.10 监理组织内部的监控准备工作

建立并完善项目监理机构的质量监控系统,做好监控准备工作,使之能适应监理项目质

量监控的需要,这是监理工程师做好质量控制的基础工作之一。例如,针对分部、分项工程的施工特点拟定监理实施细则,配备相应人员,明确分工及职责,配备所需的检测仪器设备,并使之处于良好的可用状态,熟悉有关的检测方法和规程以及相关的技术指标。

3.4　施工阶段的事中控制

通信建设工程以单项工程为单位,每个单项工程需经过一道或多道工序来完成,严格来说是多道工序必须按照规定顺序来完成,并且前一个工序是后一个工序的基础。按规定顺序来完成工序,可把这一过程称为作业活动。其实,工序是作业活动的一种必要的技术停顿,或作业的转化。例如,通信设备的安装分为四个工序:槽道安装、机架安装、子架安装、光(电)缆线布放及成端,其工序不能颠倒,否则会造成返修困难,增加施工的难度及工程质量。

通信工程质量的事中控制指的是施工过程控制,更细化地说就是对每个工序的完成过程、顺序和结果的质量控制。换言之,施工过程就是作业技术活动的过程,因此我们可以把通信工程的事中控制划分为对作业技术活动的实施状态和结果所进行的控制,包括作业者发挥技术能力过程的自控行为和来自有关管理者的监控行为。

3.4.1　作业技术活动运行状态的控制

工程质量是在施工过程中形成的,而不是最后检验出来的;施工过程是由一系列相互联系和制约的作业活动所构成,作业活动会受到施工的人员、施工的材料、施工的方法、施工的流程、设计的变更、环境的变化等诸多因素的影响,因此保证作业活动的效果与质量是施工过程质量控制的基础。

1. 承包单位的自检和专检监控

1) 承包单位的自检

承包单位是施工质量的直接实施者和责任者,监理工程师的质量监督与控制就是承包单位建立起完善的质量自检体系并有效运转。

承包单位的自检体系主要表现在以下几点:

(1) 作业活动的作业者在作业结束后必须自检;

(2) 不同工序交接、转换必须有相关人员交接检查;

(3) 承包单位专职质检员的专检。

为了实现上述三点,承包单位必须有整套的制度及试验检测人员。

2) 监理工程师的检查

监理工程师的质量检查和验收,是对承包单位作业活动质量的复核与确认;监理工程师的检查绝不能代替承包单位的自检,而且,监理工程师的检查必须是在承包单位自检并确认合格的基础上进行的。专职质检员没检查或检查不合格不能报监理工程师,不符合上述规定,监理工程师一律拒绝进行检查。

2. 工程变更的监控

施工过程中,由于前期勘察设计的原因,或由于外界自然条件的变化,如未探明地下的障碍物等,以及施工工艺方面的限制、建设单位要求的改变,均会涉及工程的变更。做好工程变更的控制工作,也是作业过程质量控制的一项重要内容。

工程变更可能来自建设单位、设计单位或施工单位。为了确保工程质量,不同情况下,工程变更的实施,设计图纸的澄清、修改,具有不同的程序。

1) 施工单位的要求及处理

在施工过程中,承包单位提出的工程变更要求可能是:要求作某些技术修改,要求作设计变更。

(1) 对技术修改要求的处理

所谓的技术修改,这里指承包单位根据施工现场条件和自身的技术经验和施工设备等条件,在不改变原来设计图纸和技术文件的原则前提下,提出对设计图纸和技术文件的某些技术上的修改要求。

承包单位在提出技术修改的要求时,应向项目监理机构提交《工程变更单》(C2),在该表中应说明要求修改的内容及原因或理由,并附图和有关文件。技术修改问题一般由专业监理工程师组织承包单位和现场设计代表参加,经各方同意后签字形成纪要,作为工程变更单的附件,经总监理工程师批准后实施。

(2) 对要求设计变更的处理

这种变更是指施工单位期间,对设计单位在设计图纸和设计文件中所表达的设计标准状态的改变和修改。

首先,承包单位就要求变更的问题填写《工程变更单》(C2),送交项目监理机构。总监理工程师根据承包单位的申请,经与设计、建设、承包单位研究并作出变更的决定后,签发《工程变更单》(C2),并应附有设计单位提出的变更设计图纸。承包单位签收后按照变更后的图纸施工。

总监理工程师在签发《工程变更单》(C2)之前,应就工程变更引发的工期改变及费用增减分别与建设单位和承包单位进行协商,力求达到双方均能同意的结果。

这种变更,一般会涉及设计单位重新出图的问题。

2) 设计单位提出的变更处理

(1) 设计单位首先将"设计变更通知"及有关附件报送建设单位。

(2) 建设单位会同监理、施工承包单位对设计单位提交的"设计变更通知"进行研究,必要时设计单位尚需提供进一步的资料,以便对变更作出决定。

(3) 总监理工程签发《工程变更单》,并将设计单位发出的"设计变更通知"作为该《工程变更单》的附件,施工承包单位按新的变更图实施。

3) 建设单位(监理工程师)要求变更的处理

(1) 建设单位(监理工程师)将变更的要求通知设计单位(表),如果在要求中包括相应的方案或建议,则应一并报送设计单位;否则变更要求由设计单位研究解决。在提供审查的变更要求中,应列出所有受该变更影响的图纸、文件清单。

(2) 设计单位对《工程变更单》进行研究。如果在"变更要求"中附有建议或解决方案,设计单位应对建议或解决方案的所有技术方面进行审查,并确定他们是否符合设计要求和实际情况,然后书面通知建设单位,说明设计单位对该解决方案的意见,并将该修改变更有关的图纸、文件清单返回给建设单位,说明自己的意见。

如果该《工程变更单》未附有建议的解决方案,则设计单位应对该要求进行详细的研究,并准备出自己对该变更的建议方案,提交建设单位。

(3)根据建设单位的授权,监理工程师研究设计单位所提交的建议设计变更方案或其对变更要求所附方案的意见,必要时会同有关的承包单位和设计单位一起进行研究,也可以进一步提供资料,以便对变更作出决定。

(4)建设单位作出变更的决定后,由总监理工程师签发《工程变更单》,指示承包单位按变更的决定组织施工。

应当指出的是,监理工程师对于无论哪一方提出的现场工程变更要求,都应持十分谨慎的态度。除非原设计不能保证质量要求,或确有错误,以及无法施工或非改不可之外;一般情况下即便变更要求可能在技术经济上是合理的,也应全面考虑,将变更以后所产生的效益(质量、工期、造价)与现场变更往往会引起承包单位的索赔等所产生的损失加以比较,权衡轻重后再作决定。因为这种变更并不一定能达到预期的愿望和效果。

需要注意的是,在施工过程中,无论是建设单位或者是施工及设计单位提出的工程变更或图纸的修改,都应通过监理工程师审查并经有关方面研究,确认其必要性后,由总监理工程师发布变更指令,方能生效予以实施。

3. 见证点的实施控制

见证点是对重要程度不同及监理要求不同的质量控制点的一种区分方式。实际上它是质量控制点,只是由于它的重要性或其质量后果影响程度不同于一般的质量控制点,所以在实施监督控制时的运作程序和监督要求与一般质量控制点有区别。

1)见证点的概念

见证点监督,也称 W 点监督。凡是列为见证点的质量控制对象,在规定的关键工序施工前,承包单位应提前通知监理人员在约定时间内到现场进行见证(见证是由监理工程师现场监督承包单位某工序全过程完成情况的活动)和对其施工实施监督。如监理人员未能在约定时间内到现场见证和监督,则承包单位有权进行该见证点的相应工序操作和施工。

2)见证点的监理实施程序

(1)承包单位应在某一见证点施工之前,如 24 小时前,书面通知监理工程师,说明该见证点准备施工的日期和时间,请监理人员届时到达现场进行见证和监督。

(2)监理工程师接到通知后应注明收到该通知的日期并签字。

(3)监理工程师应按规定的时间到现场见证,对该见证点的实施过程进行认真的监督、检查,并在见证表上详细记录该项工作的内容、数量、质量及工时等后签字,作为凭据。

(4)如果监理工程师在规定的时间内不能到现场见证,承包单位可认为已获监理工程师的默认,有权进行施工。

(5)如果在此之前监理人员已到过现场检查,并将有关意见写在"施工记录"上,则承包单位应在该意见旁写明他根据意见已采取的改进措施,或者写明他的某些具体意见。

在实际工程实施质量控制时,通常由施工单位在分项工程施工前制订施工计划时,就选定质量控制点,并在相应的质量计划中进一步明确见证点。承包单位将该施工计划提交监理工程师审批,如监理工程师对上述的计划和见证点的设置有不同的意见,应书面通知承包单位,要求予以修改,修改再报监理工程师审批后执行。

通信建设工程见证点的技术标准、测试方法和记录方式示例参考附录。

4. 质量记录资料的监控

质量资料是施工承包单位进行工程施工或安装期间,实施质量控制活动的记录,还包括监理工程师对这些质量控制活动的意见及施工单位对这些意见的答复,它详细地记录了工程施工阶段质量控制活动的整个过程。因此,它不仅在工程施工期间对质量的控制有重要的作用,而且在工程竣工和投入运行后,对于查询和了解工程建设质量情况和维护管理也能提供大量有用的资料和信息。

质量记录资料包括以下三方面的内容。

1) 施工现场质量管理检查记录资料

主要包括承包单位现场质量管理制度,质量责任制;主要专业工种操作的上岗证书;分包单位资质及总包单位对分包单位的管理制度;施工图纸核对资料(记录),施工组织设计、设计方案及审批记录;施工技术标准;工程质量检验制度;现场材料、设备存放和管理等。

2) 工程材料质量记录

主要包括进场工程材料、构配件、设备质量的证明材料,各种合格证、入网证,设备进场维护记录或设备进场运行检验记录。

3) 施工过程作业活动质量记录资料

施工过程可按分项、分部、单位工程建立相应的质量记录资料。在相应质量记录资料中应包含有关图纸的编号、设计要求,质量自检资料,监理工程师的验收资料,各工序作业的原始施工记录,检测及试验报告,材料、设备质量资料的编号、存放档案卷号;此外,质量记录资料还应包括不合格项的报告、通知以及处理及检查验收资料等。

质量记录资料应在施工开始前,由监理工程师和承包单位一起,根据建设单位的要求及竣工验收资料组卷归档的有关规定,研究列出施工对象的质量资料清单。以后,随着工程施工的进展,承包单位应不断地补充和填写关于材料、构配件及施工作业活动的有关内容,记录新的情况,当每一阶段或工序、单位工程完成后,相应的质量记录也随之完成并整理组卷。

施工质量记录资料应真实、齐全、完整,相关各方人员的签字齐备、字迹清楚、结论明确,与施工过程的进展同步。在对作业活动效果的验收中,如缺少资料或资料不全,监理工程师应拒绝验收。

5. 工程例会的管理

工程例会是施工过程中参加建设项目各方沟通情况、解决分歧、达成共识、作出决定的主要渠道,也是监理工程师现场质量控制的重要场所。

通过工程例会,监理工程师检查分析施工过程的质量状况,指出存在的问题,承包单位提出整改的措施,并作出相应的保证。

由于参加工地例会的人员较多,层次也较高,会上容易就问题的解决达成共识。

除了例行的工地例会外,针对某些质量问题,监理工程师还应组织专题会议,集中解决较重大或普遍存在的问题。实践表明采用这种方式比较容易解决问题,使质量状况得到改善。

为开好工地例会和质量专题会议,监理工程师应充分了解情况,判断准确,决策要正确。此外,要讲究方法,协调处理各种矛盾,不断提高会议质量,使工地例会真正起到解决质量问题的作用。

6. 停、复工指令的实施

1）工程指令的下达

为了确保作业的质量，根据委托监理合同中建设单位对监理工程师的授权，出现以下情况须停工处理，应下达指令：

（1）施工作业活动存在重大隐患，可能造成质量事故或已造成质量事故。

（2）承包单位未经许可擅自施工或拒绝项目监理机构管理。

（3）施工出现异常情况，经提出后，承包单位未采取有效措施，或措施不力未能扭转异常情况者。

（4）隐蔽作业未经依法查验确认合格，而擅自封闭者。

（5）未经技术资质审查的人员或不合格人员进场施工。

（6）已发生质量问题而迟迟未按监理工程的要求进行处理，或已发生质量缺陷或问题，如不停工则缺陷或问题继续发展下去的情况下。

（7）使用的材料、构配件不合格或未经检查确认者；或擅自采用未经审查认可的代用材料者。

（8）擅自使用未经项目监理机构审查的分包单位进场施工。

总监理工程师在签发工程暂停指令时，应根据停工原因的影响范围和影响的程度来确定工程项目的停工范围。

2）恢复施工指令的下达

承包单位经过整改具备复工条件时，承包单位向项目监理机构报送复工申请及有关材料，证明造成停工的原因已消失。经监理工程师现场复查，认为已符合复工的条件，造成停工的原因已消失，总监理工程师应及时签署工程复工报审表，指令承包单位继续施工。

3）总监理工程师下达停工及复工指令时应预先向建设单位报告。

3.4.2　作业技术结果的控制

作业技术活动结果的控制是施工过程中间产品及最终产品质量控制的方式，只有作业活动的中间产品都符合要求，才能保证最终单位工程产品的质量，主要包括以下内容。

1. 工序检验

工序是作业活动的一种必要的技术停顿，作业方式的转换及作业活动效果的中间确认。上道工序应满足下道工序的施工条件和要求。对相关专业工序之间也是如此。通过工序间的交接验收，使各工序间和相关专业工程之间形成有机整体。因此，施工中监理工程师应巡视检查，对关键工序进行旁站检查，工序完工后，承包单位应填报《报验申请表》，监理工程师应及时检验并签认。

2. 隐蔽工序的检查验收

隐蔽工序是将被其后工程施工所隐蔽的工序，在隐蔽前对这些工序进行验收是对这些工序的最后一道检查，由于检查的对象就要被下一道工序所掩盖，给以后的检查整改造成障碍，故显得尤为重要，它是质量控制的一个关键过程。

（1）隐蔽工序完毕，承包单位按有关技术规程、规范、施工图纸先进行自检，自检合格后，填写《报验申请表》，附上相应的隐蔽工程检查记录及有关材料证明、试验报告、复试报告等，报送项目监理机构。

(2) 监理工程师收到报验申请后首先对质量证明材料进行审查。

3. 单位工程的检查验收

在一个单位工程完工后,施工承包单位应先进行竣工自检,自检合格后,向项目监理机构提交《工程竣工报验单》,总监理工程师组织专业监理工程师进行竣工初验,其主要工作包含以下方面。

(1) 审查施工承包单位提交的竣工验收所需的文件资料,包括各种质量控制资料、试验报告以及各种有关的技术文件等。若提交的验收文件、资料不齐全或有相互矛盾和存在不符之处,应指令承包单位补充、核实及改正。

(2) 审核承包单位提交的竣工图,并与已完工程、有关的技术文件(如设计图纸、工程变更、施工记录及其他文件)对照进行核查。

(3) 总监理工程师组织专业监理工程师对拟验收工程项目的现场进行检查,如发现质量问题应指令承包单位进行处理。

(4) 对拟验收项目初验合格后,总监理工程师对承包单位的《工程竣工报验单》予以签认,并上报建设单位,同时提出"工程质量评估报告"。"工程质量评估报告"是工程验收中的重要资料,由项目总监理工程师和监理单位技术负责人签署。

4. 不合格的处理

上道工序不合格,不准进入下道工序施工,不合格的材料、构配件、半成品不准进入施工现场且不允许使用,已经进场的不合格品应及时作出标识、记录,指定专人看管,避免用错,并限期清除出现场;不合格的工序或工程产品不予计价。

5. 作业技术活动结果的检验程序

按一定的程序对作业活动结果进行检验,其根本目的是体现作业者要对作业活动结果负责,同时也是加强质量管理的需要。

作业活动结束,应由承包单位的作业人按规定进行自检,自检合格后与下一道工序的人员互检,如满足要求则由承包单位的专职质检师进行检查,以上自检、互检、质检均符合要求后则由承包单位向监理工程师提交"报验申请表",监理工程师收到通知后,应在合同规定的时间内及时对其质量进行检查,确认其质量合格后予以签认验收。

作业活动结果的质量检查验收主要是对质量性能的特征指标进行检查。即采取一定的检测手段进行检验,根据检验的结果分析判断该作业活动的质量(效果)。

(1) 实测:即采用必要的检测手段,对实体进行测量、测试获得其质量特性指标。

(2) 分析:对检测所得的数据进行整理、分析。

(3) 判断:根据对数据的分析结果,对比相关的国标规范,判断该作业效果是否达到规定的质量标准;如果未达到,应找出原因。

(4) 纠正或认可:如果发现作业质量不符合规定的标准规定,应采取措施纠正;如果质量符合要求,则予以确认。

(5) 重要的工程部位、工序和专业工程,或监理工程师对承包单位的施工质量状况未能确信的,还须由监理人员亲自进行现场验收试验或技术复核。

6. 作业技术活动结果的检验方法

对于现场所用的材料、工序过程或工程产品质量进行检验的方法,一般可分为三类:目测法、测量法和试验法。

（1）目测法：凭感官进行检查，也叫官感检验。这类方法主要根据质量标准要求，采用看、摸、敲、照等手法对检查对象进行检查。例如，"看"就是根据质量标准要求进行外观检查，"摸"就是通过触摸手感进行检查、鉴别。

（2）测量法：利用测量工具或计量仪表，通过实际的测量结果与规定的质量标准或规范的要求进行对照，从而判断质量是否符合要求。

（3）试验法：对通信设备系统的初验和试运行测试。

3.4.3　施工过程质量控制的手段

1．审核技术文件、报告和报表

这是对工程质量进行全面监督、检查与控制的重要手段，审核具体内容包括以下几方面。

（1）审查进入施工现场的分包单位的资质证明文件，控制分包单位的质量。

（2）审批施工承包单位的开工申请书，检查、核实与控制其施工准备工作质量。

（3）审批承包单位的施工方案、质量计划、施工组织设计和施工计划，控制工程施工质量有可靠的技术措施保障。

（4）审批施工承包单位提交的有关材料、半成品和构配件质量证明文件（出厂合格证或入网证等），确保工程质量有可靠的物质基础。

（5）审核承包单位提交的反映工序施工质量的动态统计资料或管理图表。

（6）审查承包单位提交的有关工序产品质量的证明文件（检查记录及试验报告）、工序交接检查（自检）、隐蔽工程检查以及分部、分项工程质量检查报告等文件、资料，以确保和控制施工过程的质量。

（7）审批有关工程变更、修改设计图纸等，确保设计及施工图纸的质量。

（8）审核有关应用新技术、新工艺、新材料、新结构等的技术鉴定书，审批及应用申请报告，确保新技术应用的质量。

（9）审批有关工程质量事故或质量问题的处理报告，确保质量事故或质量问题处理的质量。

（10）审核与签署现场有关质量技术签证、文件等。

2．指令文件和一般的管理文书

指令文件是指监理工程师运用指令控制权的具体形式。所谓指令文件是表达监理工程师对承包单位提出指示性或命令的文书，属强制性执行的文件。一般情况下是监理工程师从全局利益和目的出发，对某项施工作业或管理问题，经过充分调研、沟通和决策之后，必须要求承包人严格按监理工程师意图和主张实施的工作。对此，承包人负有全面、正确执行指令的责任，监理工程师负有指令实施效果的责任，因此它是一种非常慎用而严肃的管理手段。监理工程师的各项指令应是书面的或有文件记载方有效，并作为技术文件资料存档。如果时间紧迫，来不及作出书面的指令，也可以用口头指令的方式下达给承包单位，但随即应按合同规定，及时补充书面指令对口头指令进行确认。

指令性文件一般均以监理工程师通知的方式下达，在监理指令中，开工指令、工程暂停指令及工程恢复指令也属于指令文件。

一般管理文书，如监理工程师信函、备忘录、会议纪要、发布有关信息、通报等，主要是对承包单位工作状态和行为提出建议、希望和劝阻,不属于强制性执行,仅供承包单位决定参考。

3. 现场监督和检查

1) 现场监督和检查的内容

(1) 开工前的检查,主要检查开工前的准备工作的质量,能否保证正常施工及工程施工质量。

(2) 工序施工中的跟踪监督、检查和控制,主要是监督、检查在工序施工过程中,人员、施工机械设备、材料、施工方法及工艺或操作以及施工环境等是否均处于良好的状态,是否符合保证质量的要求,若发现有问题应及时纠正和加以控制。

(3) 对于重要的对工程质量有重大影响的工序和工程部位,还应在现场进行施工过程的旁站监督和控制,确保使用的材料和工艺过程的质量。

2) 现场监督和检查的方式

(1) 旁站与巡视

旁站是指在关键的部位或关键的工序施工的过程中由监理人员在现场进行监督的活动。

在施工的阶段,很多的质量问题是由于施工或操作不当或不符合规程、标准所引起的,有些施工不符合要求的工程质量,虽然在表面上似乎影响不大,或从外表上看不出来,但却潜藏着质量隐患和危险。

巡视是指监理人员对在施工的部位或工序现场进行的定期或不定期的监督活动,巡视是一种"面"上的活动,它不限于某一部位或过程,而旁站则是"点"上的活动,它是针对某一部位和工序。因此,在施工的过程中,监理人员必须加强对现场的巡视、旁站监督和检查,及时发现违章操作和不按照设计要求、不按施工图纸或施工规范、规程或质量标准施工的现象,对不符合质量要求的要及时进行纠正和严格控制。

(2) 平行检验

监理工程师利用一定的检查或检测手段在承包单位自检的基础上,按照一定的比例独立进行抽查或检测活动。

平行检验是监理工程师进行质量控制的一种重要手段,在技术复核及复验工作中采用,是监理工程师对施工质量验收,作出自己独立判断的重要依据之一。

4. 规定质量监控的工作程序

规定双方必须遵守的质量监控工作程序,按规定的程序进行工作,这也是进行质量监控的必要手段。例如,未提交开工申请单,未得到监理工程师的审查、批准不得开工;未经监理工程师签署质量验收单并予以质量确认,不得进行下一道工序;工程材料未经监理工程师批准,不得在工地上使用等。

此外,还应具体规定复验工作程序,设备、半成品、构配件材料进场检验工作程序,隐蔽工程验收、工序交接验收程序,分项、分部工程质量验收工作程序等。通过程序化的管理,使监理工程师的质量管理进一步落实,做到科学规范的管理和控制。

5. 利用支付手段

这是国际上较通用的一种重要的控制手段,也是建设单位在合同中赋予监理工程师支付控制权。从根本上讲,国际对合同条件的管理主要采用经济手段和法律手段。因此,质量监理是以计量支付控制权为保障手段。所谓的支付控制权就是:对承包单位支付的任何工程款项,均需由总监理工程师审核签认支付证明书,没有总监理工程师签署的支付证明书,建设单位不得向承包单位支付工程款。工程款支付的条件之一就是工程质量达到规定的要求和标准。如果承包单位的工程质量达不到要求的标准,监理工程师有权采取拒绝签署支付证明的手段,停止对承包单位支付部分或全部工程款,由此造成的损失由承包单位负责。显然,这是十分有效的控制和约束手段。

3.5　施工阶段的事后控制

3.5.1　通信工程竣工的验收

通信工程项目的竣工验收,是项目建设的最后一个环节,是全面考核项目建设成果,检查设计和施工质量,确认项目能否投入使用的重要步骤。竣工验收的顺利完成,标志着项目建设阶段的结束和生产使用阶段的开始。尽快地完成竣工验收工作对促进项目的早日投产,发挥经济效益,有着非常重要的意义。

3.5.2　通信工程竣工验收的质量控制

(1) 承包单位在设备、系统安装调测完毕并编写出竣工技术资料后,即可填报《工程竣工报验单》(A10),报送监理单位,申请工程竣工验收。

(2) 监理单位收到承包单位验收申请单后,项目总监理工程师应组织专业监理工程师和承包单位项目经理及主要的技术管理人员,依据工程建设合同、工程设计文件、通信行业和国家相关技术规范,对该通信工程项目进行预验收。

(3) 承包单位应对预验收中所提出的质量问题及时进行整改,并回复监理工程师整改情况。

(4) 监理单位在收到整改情况回复后,应派监理工程师进行检验,直到工程合格后,签证验收申请单,并编写预验报告。然后将两份文件报送建设单位。

(5) 通信工程的初验、试运行、终检由建设单位主持并组织,监理工程师除履行监理任务外,应给建设单位做好验收的参谋工作。

3.5.3　通信系统初验测试控制

1. 通信系统初验测试程序

在通信系统的割接开通前,必须进行初验测试,用于检验通信系统及相关设备是否符合运转要求,初验的程序如下。

(1) 承包单位应报送《初验报验申请表》(A4),报送监理工程师审核签证;监理工程师组织承包单位预验检查,并编写预验报告,报送建设单位;由建设单位组织初验测试人员与承包单位、监理单位共同组成初验组进行初验。

(2) 初验测试的计划和内容应依据规范和设计要求制定并报监理审核。

(3) 初验收测试步骤应按照安装、移交和验收工作流程(附录一)进行,测试的方法和手段可参照供货单位提供的技术文件以及专用仪表进行。

(4) 在初验测试阶段,当主要指标和业务功能达不到要求时,承包单位应填报《监理工作联系单》(C1),写明测试不合格的项目送监理工程师,由监理工程师审核签证并通过建设单位责成供货单位及时整改处理,再按照工作流程的要求,重新进行系统调测。

(5) 初验测试结束后,应编制初验总结报告,报总监理工程师审核签证后,与建设单位协商确定割接试运行。

2. 初验测试的质量控制点

各类通信工程的初试测试项目有所不同,明确相关的测试项目和技术指标是关键的环节。下面以程控数字交换设备安装工程为例,来说明初验质量控制点的设置及相关的控制方式。

程控数字交换设备安装工程初验测试项目有:系统可靠性、障碍率、业务性能、局间信令与中继、接通率、维护管理和故障诊断,数字网的同步与连接,处理能力八大项。各项测试的控制点如下。

1) 可靠性测试

主要包括:中继级群阻断率,处理机再启动指标,软件测试故障率,长时间通话测试情况。

2) 障碍率测试

主要包括:采用模拟呼叫器连续呼叫测试 10 万次,服务观察抽样统计 2 万次以上,统计其障碍率是否符合指标。

3) 业务性能的测试

主要包括:本局呼叫,出入局呼叫,汇接中继呼叫,释放控制性能,国内、国际长途来去话呼叫,Centrex 呼叫,计费的差错率,特种业务和录音通知等。

4) 局间信令和中继测试

(1) 各级数字交换机之间采用的局间信令接口配合方式应符合工程设计规定。

(2) 各种局间信令或接口配合的有关测试检查项目、指标以及测试方法等。对每个局间的直达中继指定电路进行呼叫测试。

(3) 按路由、信令方式、电路群、指定号码进行呼叫拨测等。

3.5.4 通信系统试运行监测质量控制

1. 试运行程序控制点

(1) 系统经过初验测试后,承包单位应填报工程《竣工报验申请表》(A10),申请开通试运行,报送监理单位。

(2) 监理工程师接到竣工报验单后,总监理工程师应组织专业监理工程师和承包单位的代表对工程进行预验收,并要求承包单位对预验收中所提出的质量问题进行整改。

(3) 监理工程师应写出预验收报告,并签证承包单位的工程竣工报验申请,报送建设单位。

(4) 建设单位应主持并组织工程初验,通过后即可开始试运行。

2. 试运行质量控制点

（1）试运行从初验收测试完毕、割接开通后开始，时间不少于三个月。

（2）试行测试的主要性能和指标应达到设计和规范的规定，方可终验。如果主要指标不符合要求，应从次月开始重新进行三个月。

（3）试运行期间，应接入设备容量的 20％ 以上的用户或电路负载联网运行。建设单位的工程管理和运营维护部门应编写《试运行报告》，提交监理工程师审查签认后报建设单位组织终验。

复 习 题

1. 什么是质量控制点？如何进行有效的质量控制？
2. 如何理解工程质量的控制原则？
3. 影响工程质量的主要因素有哪些？
4. 施工过程的质量控制有哪些手段？

第4章 通信建设工程进度控制

本章主要讲述工程项目进度控制的基本概念、方法、措施和主要任务；对工程项目进度计划常用的表示方法进行了介绍，通过具体例子，重点介绍了网络计划技术及如何进行网络计划优化的方法；列举了对施工进度计划进行检查和调整的各种方法，并就设计阶段和施工阶段具体的进度控制目标和流程进行了详细表述。

4.1 工程项目进度控制概述

本节主要介绍工程项目进度控制的概念和进度控制的原理，分析了对工程项目进度产生影响的主要因素，提出工程项目进度控制的方法、措施和主要任务。

4.1.1 工程项目进度控制的概念

通信建设工程项目进度控制与投资控制、质量控制一样，是工程项目施工的重要控制之一。它是保证工程施工项目按期完成、合理安排资源供应、节约工程成本的重要手段。

通信建设工程项目进度控制是指在既定的工期内，编制出最优的施工进度计划，在执行该计划的施工中，通过检查施工实际进度情况，并将其与计划进度进行对比，若出现偏差，需要分析产生的原因，判断对工期的影响程度，寻找出必要的调整措施，对原计划进行修改，这一过程不断循环，直至工程竣工验收的全过程。

工程项目进度控制是监理工程师的主要任务之一。在通信建设工程项目的实施过程中，通信建设监理工程师按照国家以及工信部有关监理的法律、法规以及合同文件中赋予项目监理单位的权力，运用各种监理手段和方法，督促承包单位采用先进合理的施工方案、组织形式、进度计划及管理措施进行施工；在施工过程中，通过对实际进度与计划进度的对比，分析出现偏差的原因，采取补救措施，调整、修改原施工进度计划，在保证工程质量、项目投资的情况下，使工程项目进度得到有效的控制。

4.1.2 工程项目进度控制原理

1. 动态控制原理

工程项目进度控制是一个不断进行的动态控制过程。从工程项目施工开始，施工的实际进度显示出运动的轨迹,也就是进度控制计划进入执行的动态。实际进度按照计划进度进行时,两者相吻合;当实际进度与计划进度不一致时,便产生超前或落后的偏差。监理工程师通过分析产生偏差的原因,可以采取相应的措施,要求施工单位调整原来的进度计划,使两者在新的起点上重合,继续按其进行施工活动,并且尽量发挥组织管理的作用,使实际工作按计划进行。但是在新的干扰因素作用下,又会产生新的偏差,引起新一轮的调整。这一过程不断循环往复直至工程项目结束。

2. 信息反馈原理

信息反馈是工程项目进度控制的主要环节,施工的实际进度通过信息反馈给基层工程项目进度控制的工作人员(包括工程监理人员),在分工的职责范围内,经过对其加工,再将信息逐级向上反馈到主控部门,主控部门整理、统计各方面的信息,经比较分析作出决策,调整进度计划,仍使其符合预定工期目标。通过信息的不断反馈,可以对工程项目进度进行调控,所以,工程项目进度控制的过程就是信息反馈的过程。

3. 弹性原理

工程项目进度计划工期长、影响进度的因素多,其中有的因素已被人们所熟知并掌握,根据统计经验估计出其影响的程度和出现的可能性,并在确定进度目标时,进行实现目标的风险防范。在计划编制者具备了这些知识和实践经验之后,编制工程项目进度计划时就会留有余地,使施工进度计划具有弹性。在进行工程项目进度控制时,便可以利用这些弹性,缩短有关工作的时间,或者改变它们之间的搭接关系,使检查之前拖延了的工期,通过缩短剩余计划工期的方法,仍然达到预期的计划目标,这就是工程项目进度控制的弹性原理。

4. 封闭循环原理

工程项目进度计划控制的全过程是计划、实施、检查、比较分析、确定调整措施、再计划。从编制项目施工进度计划开始,经过实施过程中的跟踪检查,收集有关实际进度的信息,比较和分析实际进度与施工计划进度之间的偏差,找出产生原因和解决办法,确定调整措施,再修改原进度计划,形成一个封闭的循环系统。

4.1.3　影响工程项目进度的因素

由于通信工程建设项目的特点,尤其是较大和复杂的线路工程项目工期长,影响进度的因素较多。编制计划和执行控制施工进度计划时必须充分认识和估计这些因素,才能克服其影响,使施工进度尽可能按计划进行,当出现偏差时,应考虑有关影响因素,分析产生的原因,进行计划调整。其主要影响因素如下。

1. 有关单位的影响

通信工程建设项目的承包单位对施工进度起决定性作用,但是建设单位、设计单位、材料设备供应商以及政府的有关主管部门都可能给施工某些方面造成困难而影响施工进度。其中,设计单位图纸不及时、有错误以及有关部门对设计方案的变动是经常发生和影响最大的因素;材料和设备不能按期供应,或质量、规格不符合要求,会引起施工停顿;资金不能保证也会使施工进度中断或速度减慢等。

2. 施工条件的变化

施工中工程地质条件和水文地质条件与勘查设计的不符,如地质断层、溶洞、地下障碍物、软弱地基以及恶劣的气候、暴雨、高温和洪水等都对施工进度产生影响,造成临时停工或破坏。

3．技术失误

承包单位采用技术措施不当,施工中发生技术事故;应用新技术、新材料、新结构缺乏经验,不能保证施工质量,从而影响施工进度。

4．施工组织管理不当

承包单位施工组织不当、流水施工安排不合理、劳动力和施工机械调配不当、施工平面设置不科学等将影响施工进度计划的执行。

5．意外事件的出现

施工中如果出现意外的事件,如战争、严重自然灾害、火灾、重大工程事故、工人罢工等,都会影响施工进度计划。

4.1.4　工程项目进度控制的任务

工程项目进度控制是全过程控制,涉及工程项目建设的各个阶段。每个阶段工作任务的侧重点不同。

1．设计准备阶段进度控制的任务

(1) 收集有关工期的信息,进行工期目标和进度控制决策。

(2) 编制工程项目总进度计划。

(3) 编制设计准备阶段详细工作计划,并控制其执行。

(4) 进行环境及施工现场条件的调查和分析。

2．设计阶段进度控制的任务

(1) 编制设计阶段工作计划,并控制其执行。

(2) 编制详细的出图计划,并控制其执行。

3．施工阶段进度控制的任务

(1) 编制施工总进度计划并控制其执行,按期完成整个施工项目的任务。

(2) 编制单位工程施工进度计划并控制其执行,按期完成单位工程的施工任务。

(3) 编制分部、分项工程施工进度计划,并控制其执行,按期完成分部、分项工程的施工任务。

(4) 编制季度、月度(旬)作业计划,并控制其执行,完成规定的目标。

在设计准备阶段,监理工程师要向建设单位提供有关工期的信息,协助建设单位确定工期总目标,并进行环境和施工现场条件的调查和分析。在设计和施工阶段,监理工程师要审查设计单位和施工单位提交的进度计划,编制自己的监理进度计划。下达工程开工令后,要监督施工进度计划的实施、组织现场协调会、签发工程进度款支付凭证、督促承包单位整理技术资料、审批竣工申请报告、协助组织竣工验收等,以确保进度控制目标的实现。

4.1.5　工程项目进度控制的方法和措施

1．工程项目进度控制方法

1) 行政方法

用行政方法控制进度。上级单位及领导利用其行政地位和权力,通过发布进度指令,进行指导、协调、考核,利用激励、监督、督促等方式进行进度控制。使用行政方法进行进度控制的优点是直接、迅速、有效,但要注意科学性,防止主观、武断、片面地瞎指挥。

2) 经济方法

有关部门和单位通过经济手段对进度控制施加影响。主要有以下几种:通过投资的投放速度控制工程项目的实施进度,在承发包合同中写进有关工期和进度的条款;建设单位通过招标的进度优惠条件鼓励施工单位加快进度;建设单位通过工期提前奖励和延期罚款实施进度控制,通过物资的供应进行控制等。主要是通过激励措施来控制工程进度。

3) 管理技术方法

进度控制的管理技术方法主要是作好规划、控制和协调。

规划是指确定工程项目总进度控制目标和分进度控制目标,并编制其进度计划。监理工程师根据通信工程项目的特点,结合参加工程建设各方的实力和素质,考虑工程的实际情况,对工程项目总进度计划控制目标、重点工程进度计划控制目标以及年度进度计划控制目标等进行规划。

控制是指在工程项目实施的全过程中,进行施工实际进度与施工计划进度的比较,对出现的偏差及时采取措施调整。以循环控制理论为指导,充分发挥监理工程师、建设单位、承包施工单位等参与工程项目建设的各方人员的主观能动性及积极性,对工程实施过程进行监控,确保工程项目按期完成。

协调是指协调与施工进度有关的单位、部门和工作班组之间的进度关系。在进度计划实施过程中,由于受多方因素的影响,有时会产生一些不协调的活动。为此,监理工程师应积极发挥公正的作用,及时处理和协调参与工程各方的关系,使进度计划顺利进行。

2. 工程项目进度控制的措施

工程项目进度控制采取的主要措施有组织措施、技术措施、合同措施、经济措施和信息管理措施等。

1) 组织措施

主要是指落实各层次的进度控制的人员和具体任务;建立进度控制的组织系统;按施工项目的结构、进展的阶段或合同结构等进行项目分解,确定其进度目标,建立控制目标体系;确定进度控制工作制度,如检查时间、方法,协调会议时间、参加人等;对影响进度的因素分析和预测。

2) 技术措施

主要是采用加快施工进度的技术方法;审批承包单位各种加快施工进度的措施;向承包单位推荐先进、科学的技术手段。

3) 合同措施

与分包单位签订施工合同的合同工期要与有关进度计划目标相协调。利用监理合同赋予监理工程师的权力和承包合同规定可以采取的各种手段,督促承包单位按期完成进度计划。

4) 经济措施

指实现进度计划的资金保证措施。按合同约定的时间对承包单位完成的工作量进行检查、核验并签发支付证书;督促建设单位及时支付监理工程师认可的款项;制订奖惩措施,对提前完成计划的予以奖励,对拖延工期的按有关规定给予经济处罚。

5) 信息管理措施

指不断地收集施工实际进度的有关资料进行整理统计,与计划进度比较,定期地向建设单位提供比较报告。

4.2 工程项目进度计划

本节介绍工程项目进度计划的表示方法和进行进度计划编制的程序，并对各种进度计划的内容和编制要求进行叙述。

4.2.1 工程项目进度计划的表示方法

在技术上，进度计划所采用的表示方法有工程进度图（横道图）控制法、工程进度曲线法、网络技术计划控制法等。

1. 工程进度图控制法

这种方法把计划绘制成横道图，明确地表示出各项工作的划分、工作的开始时间和完成时间、工作的持续时间、工作之间的相互搭接关系以及整个工程项目的开工时间、完工时间和总工期。在项目实施的过程中，可以直接在图上记录实际进度计划的进展情况，并与原计划进行对比、分析，找出偏差，采取相应的措施进行纠正。

2. 进度曲线控制法

进度曲线控制法是用横坐标表示时间进程，纵坐标表示工程计划累计完成的实际工程量而绘出的曲线。在计划执行过程中，在图上标注出工程实际的进展曲线，通过对比找出偏差进行分析，采取对策纠正。

3. 网络计划技术控制法

这种方法以编制的网络计划为基础，在图上记录计划的时间进展情况，通过计算和定性、定量的分析，可以确定项目中的关键线路和关键工作、计算各项工作的机动时间，表达出各项工作之间的逻辑关系，便于优化、调整，从而实施控制。网络计划技术控制法自 20 世纪 50 年代末诞生以来，已得到迅速发展和广泛应用，是目前常用的进度计划表示方法。

4.2.2 进度计划的编制程序

为了确保建设工程进度控制目标的实现，参与工程项目建设的各有关单位都要编制进度计划，承建单位编制施工进度计划，监理单位编制监理进度计划。使用网络计划技术编制工程进度计划时，一般编制程序包括以下步骤。

1. 调查研究

调查的内容包括：

（1）工程任务情况、实施条件、设备和材料；

（2）有关的定额标准、技术规范、法规和制度；

（3）资源需求与供应情况；

（4）资金需求与供应情况；

（5）有关的统计资料、经验总结及历史记录等。

通过调查，掌握充分的资料，为制订进度计划提供了可靠的依据。

2．确定网络计划目标

网络计划的目标由工程项目的目标确定,一般包括以下三类。

1）时间目标

时间目标即工期目标,是指建设工程合同中规定的工期或有关主管部门要求的工期。建设工程设计和施工进度安排必须以设计周期定额和建筑安装工程工期定额为最高时限,同时充分考虑通信工程建设项目的实际情况加以确定。

2）时间-资源目标

资源是指在通信工程建设过程中所需要投入的劳动力、材料和施工机械等。一般情况下,时间-资源目标分为以下两类。

（1）资源有限,工期最短。在一种或几种资源供应有限的情况下,寻求工期最短的计划安排。

（2）工期固定,资源均衡。在工期固定的前提下,寻求资源需要量尽可能均衡的计划安排。

3）时间-成本目标

时间-成本目标是指以限定的工期寻求最低成本或寻求最低成本时的工期安排。

3．进行项目分解

将工程项目由粗到细进行分解,划分的粗细程度将直接影响网络图的结构:一般控制性网络计划,工作划分应粗一些;而实施性的网络计划,则应划分细一些。

4．分析工作的逻辑关系

分析各项工作之间的逻辑关系时,要考虑施工程序或工艺技术过程,同时还要考虑组织安排或资源调配需要。对施工进度计划而言,要考虑以下因素:

（1）施工工艺的安排;

（2）施工方法和施工机械的要求;

（3）施工组织的要求;

（4）施工质量的要求;

（5）当地的气候条件;

（6）安全技术的要求。

5．绘制网络图

根据已确定的逻辑关系,按照需要就可以绘制单代号网络图、双代号网络图或双代号时标网络计划。

6．计算工作持续时间

工作持续时间是指完成某项工作所花费的时间。其计算方法有多种,既可以凭以往的经验进行估算,也可以通过试验推算。当有定额可用时,还可以利用时间定额或产量定额并考虑工作面及合理的劳动组织进行计算。对于搭接网络计划,还需要按最优施工顺序及施工需要,确定出各项工作之间的搭接时间。如果有些工作有时限要求,则应确定其时限。

7．计算网络计划时间参数

网络计划是指在网络图上加注各项工作的时间参数而成的工作进度计划。网络计划时间参数一般包括:工作最早开始时间、工作最早完成时间、工作最迟完成时间、工作总时差、工作自由时差、节点最早时间、节点最迟时间、相邻两项工作之间的时间间隔、计算工期等。

应根据网络计划的类型及其使用要求选算上述时间参数。

8. 确定关键线路和关键工作

在计算网络计划时间参数的基础上,可根据有关时间参数确定网络计划中的关键线路和关键工作。

9. 优化网络计划

当初始网络计划的工期满足所要求的工期及资源需求量能得到满足而无须进行网络优化时,初始网络计划即可作为正式的网络计划。否则,需要对初始的网络计划进行优化。根据所追求的目标不同,网络计划的优化包括工期优化、费用优化和资源优化三种,可根据工程项目的实际情况,选用不同的优化方案。

10. 编制优化后的网络计划

根据网络计划的优化结果,便可以绘制优化后的网络计划,同时编制网络计划说明书。网络计划说明书的内容包括:编制原则和依据,主要计划指标一览表,执行计划的关键问题,需要解决的主要问题及其主要措施,以及其他需要说明的问题。

完成以上程序后,进度计划就可以进入审核实施阶段。

4.2.3 工程项目施工总进度计划的编制

施工总进度计划是根据施工部署中施工方案和工程项目的开展程序,对全工地所有单位工程作出时间上的安排。其目的在于确定各单位工程及全工地性工程的施工期限和竣工日期,进而确定施工现场劳动力、材料、施工机械的需要量和调配情况,以及现场临时设施的数量、水电供应量等。因此,科学合理地编制施工总进度计划,是保证整个通信工程项目按期交付使用,充分发挥投资效益,降低建设工程成本的重要条件。

1. 编制依据

施工总进度计划的编制依据有:施工合同、施工进度目标、工期定额、有关技术经济资料、施工部署与主要工程施工方案。

(1) 施工合同中的施工组织设计、合同工期、分期分批开工日期和竣工日期,关于工期的延误、调整、加快等的约定,均是编制施工总进度计划的依据。

(2) 施工进度目标。除合同约定的施工进度目标外,施工企业可能有自己的施工进度目标(一般是比合同目标更短、以求保险的进度目标),用以指导施工进度计划的编制。

(3) 工期定额中规定的工期,是工程项目的最大工期限额,也是发包人和承包人签订合同的依据。在编制施工总进度计划时应以此为最大工期标准,力争缩短而绝对不能超限。

(4) 有关技术经济资料主要是指可供参考的施工档案资料、地质资料、环境资料、统计资料等。

(5) 施工部署与主要工程施工方案是指施工组织总设计中的内容。编制施工总进度计划应在施工部署与主要工程施工方案确定以后进行。

2. 施工总进度计划的内容

施工总进度计划的内容包括:编制说明,施工总进度计划表,分期分批施工工程的开工日期、完工日期及工期一览表,资源需要量及供应平衡表等。"分期分批施工的开工日期、完工日期及工期一览表"是在"施工总进度计划表"的基础上整理出来的,可以一目了然地判断其合理性,并可作为投标竞争的条件。"资源需要量及供应平衡表"是支持性计划,是在确定了"施工总进度计划表"以后,为保证其实现而安排的,包括劳动力、材料、构件、商品混凝土、机械设备等,其中关键是"需要量","供应量"应满足"需要量"的要求。有时,供应确有困难,则可在条件许可的情况下,调整施工总进度计划,以求供需平衡。

3. 编制施工总进度计划的步骤

编制施工总进度计划的步骤:收集编制依据、确定进度控制目标、计算工程量、确定各单位工程的施工期限和开竣工日期、安排各单位工程的搭接关系、编写施工总进度计划说明书。

1) 收集编制依据

施工进度目标中的合同工期可从工程施工合同中得到;指令工期由企业法定代表人或项目经理确定。施工部署与主要工程施工方案可从工程项目管理实施规划中得到。有关技术经济资料除设计文件外,其余可进行调研、现场勘察,及从档案资料中得到。

2) 确定进度控制目标

一般说来,合同工期不应是施工总进度计划的工期目标。指令工期,也不一定肯定是计划的工期目标。应在充分研究经营策略的前提下,确定一个既能有把握实现合同工期,又可实现指令工期,比这两种工期更积极可靠(更短)的工期作为编制施工总进度计划,从而确定作为进度控制目标的工期。

3) 计算工程量

施工总进度计划的工程量一般综合性较大。因此,既可利用工程量清单(招标文件中的),又可利用施工图预算或报价表中的工程量,也可以由编制计划者自算。

4) 确定各单位工程的施工期限和开、竣工日期

这项内容在投标书中已经具备,编制施工总进度计划时可套用,又可加以调整(调短施工期限),由施工总进度计划编制人员酌定,但要与"施工总进度计划表"一致。

5) 安排各单位工程的搭接关系

各单位工程的搭接关系以组织关系为主,主要是考虑资源平衡的需要,也有少量工艺关系,如设备安装工程与土建工程之间的关系等。在安排搭接关系时必须认真考虑这两种关系的合理性。

6) 编写施工进度计划说明书

该说明书应包含以下内容:本施工总进度计划安排的总工期;该总工期与合同工期和指令工期的比较,得出工期提前率;各单位工程的工期;开工日期、竣工日期与合同约定的比较及分析;高峰人数、平均人数及劳动力不均衡系数;本施工总进度计划的优点和存在的问题;执行本计划的重点和措施;有关责任的分配等。

4.2.4　单位工程施工进度计划的编制

单位工程施工进度计划是在已经确定的施工方案的基础上,根据规定的工期和技术资源供应条件,遵循正确的施工顺序,对工程各分部、分项工程的持续施工时间以及相互搭接关系作出安排,并用一定的形式表示出来。在此基础上,可以编制施工准备工作计划和各项资源需用量计划,同时也是编制各分部、分项工程施工进度和编制季、月计划的基础。对于大的施工项目,单位工程施工进度计划必然与施工总进度计划有关,小施工项目的单位工程施工进度计划则可能与施工总进度计划是无关的。有时单位工程施工进度计划的编制对象

是单体工程或单项工程。

1. 单位工程施工进度计划的编制依据

单位工程施工进度计划应依据下列资料编制:项目管理目标责任书,施工总进度计划,施工方案,主要材料和设备的供应能力,施工人员的技术素质及劳动效率,施工现场条件、气候条件、环境条件,已建成的同类工程的实际进度及经济指标。现择要分述如下。

1) 项目管理目标责任书

《建设工程项目管理规范》第5.3.2条中规定的"项目管理目标责任书"中的6项内容均与单位工程施工进度计划有关,但最主要的还是其中"应达到的项目进度目标"。这个目标既不是合同目标,也不是定额工期,而是项目管理的责任目标,不但有工期,而且有开工时间和竣工时间,还有主要的搭接关系、里程碑事件等。总之,凡是项目管理目标责任书中对进度的要求,均是编制单位工程施工进度计划的依据。

2) 施工总进度计划

当单位工程是建设项目中的子项目或是群体工程中的一个单体,已经编制了施工总进度计划时,它便是单位工程施工进度计划的编制依据。单位工程施工进度计划应执行施工总进度计划中的开、竣工时间,工期安排,搭接关系以及其说明书。如果需要调整,应征得施工总进度计划审批者(一般是企业经理或技术主管)的同意,且不能打乱原计划的部署。

3) 施工方案

这是施工项目管理实施规划中先于施工进度计划已确定的内容。施工方案中所包含的内容都对施工进度计划有约束作用。其中的施工顺序,也是施工进度计划的施工顺序,施工方法直接影响施工进度。机械设备的选择,既影响所涉及项目的持续时间,又影响总工期,对施工顺序也有制约。至于施工阶段划分则涉及流水施工和施工进度计划的结构。

4) 主要材料和设备的供应能力

施工进度计划编制的过程中,必须考虑主要材料和机械设备的供应能力,主要看其是否能满足需求量要求。因此就产生了进度需要与供应能力的反复平衡问题,一旦进度确定,则供应能力必须满足进度的需要。

5) 施工人员的技术素质及劳动效率

编制施工进度计划的目的是确定施工速度。施工项目的活动以人工为主、机械为辅,施工人员的技术素质高低,影响着速度和质量,技术素质必须满足规定要求,不能以"壮工"代"技工",应按劳务分包企业的标准对劳动力进行衡量与检查。作业人员的劳动效率以历史情况为依据,不能过于乐观或过于保守,应考虑平均先进水平。

6) 施工现场条件、气候条件、环境条件

这三种条件靠调查研究。如果是施工组织总设计已经编制,可继续使用它的依据,否则要重新调查。这个调查是为了满足实施的需要,故要细致。施工现场条件要认真踏勘,气候条件既要看历史资料,又要掌握预报情况。环境条件也要靠踏勘,如果是供应环境和其他支持性环境,则要通过市场调查掌握资料。

7) 已建成的同类工程实际进度及经济指标

这项依据既可参照、模仿,又可用来分析在编的施工进度计划的水平。一个企业应大量积累这类资料,它的用途很广泛,监理工程师在审核施工进度时可以借鉴。

2. 单位工程施工进度计划的内容

单位工程施工进度计划应包括以下内容：编制说明，进度计划图，单位工程施工进度计划的风险分析及控制措施。

1）编制说明

其基本内容与施工总进度计划的编制说明类似，主要是对总工期、劳动力不均衡系数、存在的问题、执行重点与措施、职责分工等进行阐述。

2）进度计划图

如果是网络计划，为了便于执行中使用有关信息，应在横道图计划分部、分项工程名称后面及进度线中间加进工程量、人工或机械量、持续时间；或在网络计划图之外列出下列内容的表式：分项工程名称、工程量、劳动量、起止时间、持续时间等。

3）单位工程施工进度计划的风险分析及控制措施

该项内容是在施工项目管理实施规划进行风险管理规划（《规范》第 4.3.13 条）的基础上，针对本单位工程的实际情况编写的，可以是节录，也可以在其基础上细化。主要是分析在进度方面可能遇到哪些风险，它对进度的影响程度，应对措施有哪些等。根据经验分析，施工项目进度控制遇到的风险主要有：工程变更，工程量增减，材料等物资供应不及时，劳动力供应不及时，机械供应不及时，效率不达标，自然条件干扰，拖欠工程款，分包影响等。控制措施可以从技术、组织、经济、合同这 4 个方面进行设计，但要抓住重点。如拖欠工程款问题，应有有效的解决办法，尽量做到不因资金短缺而停工。

4.3　网络计划技术

网络计划技术是一种帮助人们分析工作活动规律，提示任务内在联系的科学方法。这种方法还提供了一套编制和调整计划的完整技术，提供了一种描述计划任务中各项活动相互间（工艺或组织）逻辑关系的图解模型——网络图。

网络计划技术首先是把所要做的工作，哪项工作先做，哪项工作后做，以及各项工作相互之间占用的空间、时间的关系等，运用网络图的形式表达出来。利用这种图解模型和有关的计算方法，可以看清计划任务的全局，分析其规律，以便揭示矛盾和联系，抓住关键，并用科学的方法调整计划安排，找出最优的计划方案。其次是组织计划的实施，根据变化了的情况，搜集有关信息，对计划及时进行调整，重新计算和优化，以保证计划执行过程中自始至终能够最合理地使用人力、物力，保证"多、快、好、省"地完成任务。

网络计划技术的实际应用，被许多国家公认为是最行之有效的现代管理方法，世界上发达国家都非常重视。实践证明，应用网络计划技术组织与管理生产，能够抓住关键，突出重点，合理确定工期，大幅度降低成本，并能组织均衡生产，尤其是在劳动力相对缺乏的欧洲发达国家，这种方法的作用尤其明显。

20 世纪 60 年代初期，著名科学家华罗庚、钱学森相继将网络计划技术引入我国。华罗庚教授在综合研究各类网络方法的基础上，结合我国实际情况加以简化，于 1965 年发表了《统筹方法评论》，为推广应用网络计划技术奠定了基础。网络计划技术自传入中国后，在生产中得到了应用，它符合工程施工的要求，特别适用于工程项目施工的组织与管理。

4.3.1 网络计划技术的基本概念

1. 网络图与作业

网络图是由箭线和节点组成，用来表示工作流程的有向、有序网状图形。网络图一般分为双代号网络图和单代号网络图两种。

网络图中的作业是计划任务按需要粗细程度划分而成的消耗时间或消耗时间同时也消耗资源的子项目或子任务。一个施工过程可以作为一项作业看待。在网络图中作业用箭线表示，其中箭尾 i 表示作业开始，箭头 j 表示作业结束。作业的名称标注在箭线的上方，该作业的持续时间（或工时）T_{ij} 标注在箭线的下方。有些工作不消耗资源也不占用时间，则称为虚作业，用虚箭线表示。在网络图中设立虚作业主要是表明一项事件与另一项事件之间的相互依存、相互依赖的关系，是属于逻辑性的联系。

图 4-1　双代号网络图作业表示方法　　　图 4-2　单代号网络图作业表示方法

2. 双代号网络图与单代号网络图

双代号网络图又称箭线式网络图，它是以箭线及其两端的节点编号表示作业，节点表示作业的开始或结束以及作业之间的连接状态。每个网络图表示一项计划任务，由作业、事件和路线三个因素组成。

单代号网络图以节点及其编号表示作业，以箭线表示作业之间的逻辑关系。由于单代号网络图中没有虚箭线，故编制单代号网络计划产生逻辑错误的概率较小。但表示作业之间逻辑关系的箭线可能产生较多的纵横交叉现象。单代号网络图中箭尾点为紧前作业，箭头所指节点为后续作业。它支持 4 种逻辑关系：完工-开工（FS）、开工-开工（SS）、完工-完工（FF）、开工-完工（SF）。这四种逻辑关系包含了作业间可能发生的所有工艺和组织关系。

3. 工艺关系与组织关系

工艺关系与组织关系是作业之间先后顺序关系-逻辑关系的组成部分。

（1）工艺关系。生产性作业之间由工艺过程决定的、非生产性作业之间由工作程序决定的先后顺序关系称为工艺关系。

（2）组织关系。作业之间由于组织安排需要或资源调配需要而规定的先后顺序关系称为组织关系。

4. 作业之间的逻辑关系

根据网络图中有关作业之间的相互关系，可以将作业划分为紧前作业、紧后作业、平等作业和交叉作业。

（1）紧前作业，是指紧接在其他作业之前的作业。紧前作业不结束，则该作业不能开始。

（2）紧后作业，是指紧接在其他作业之后的作业。该作业不结束，紧后作业不能开始。

（3）平行作业，是指能与其他作业同时开始的作业。

（4）交叉作业，是指能与其他一项作业相互交替进行的作业。

图 4-3 反映了网络图中各作业之间的关系。假定 C 作业为该作业。

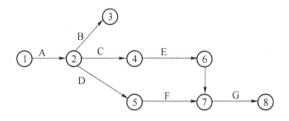

图 4-3   作业之间的关系

其中，A 作业为 C 作业的紧前作业。B、C、D 三作业同时开始，B、D 作业为 C 作业的平行作业。E 作业在 C 作业完成之后才能开始，E 作业为 C 作业的紧后作业。F、G 作业为 C 作业的交叉作业，G 交叉作业必须在紧后作业 E 与交叉作业 F 完成后才能开始。

5. 先行作业和后续作业

（1）先行作业。相对某作业而言，从网络图的第一个节点开始，顺箭头方向经过一系列箭线与节点到达该作业为止的各条通路上的所有作业，称为该作业的先行作业。

（2）后续作业。相对于某作业而言，从该作业开始，顺箭头方向经过一系列箭线与节点到网络图最后一个节点的各条通路上的所有作业，称为该作业的后续作业。图 4-3 中，A 是 C 的先行作业，E 是 C 的后续作业。

6. 事件

事件，是指某项作业的开始或结束。它不消耗任何资源和时间，在网络图中用"○"表示。"○"是两条或两条以上箭线的交接点，又称为节点。网络图中第一个事件称为网络的起始事件，表示一项计划或工程的开始；网络图中最后一个事件称为网络的终点事件，表示一项计划或工程的完成；介于始点与终点之间的事件叫做中间事件，它既表示前一项作业的完成，又表示后一项作业的开始。为了便于识别、检查和计算，在网络图中往往对事件进行编号，编号应标在"○"内，由小到大，可连续或间断数字编号。编号原则是：每一项事件都有固定编号，号码不能重复，箭尾的号码小于箭头号码（即 $i<j$，编号从左到右，从上到下进行）。

7. 路线、关键线路和关键作业

（1）路线，是指自网络始点开始，顺着箭线的方向，经过一系列连续不断的作业和事件直至网络终点的通道。

（2）关键线路与关键作业，一条路线上各项作业的时间之和是该路线的总长度。在一个网络图中有很多条路线，其中总长度最长的路线称为"关键路线"。而关键路线上的作业就称为关键作业。有时一个网络图中的关键路线不止一条，即若干条路线长度相等。除关键路线外，其他的路线统称为非关键路线。需要注意的是，关键路线并不是一成不变的，在一定的条件下，关键路线与非关键路线可以相互转化。例如，当采取一定的技术组织措施，缩短了关键路线上的作业时间，就有可能使关键路线发生转移，即原来的关键路线变成非关键路线，与此同时，原来的非关键路线却变成关键路线。

4.3.2　网络图的绘制

1. 双代号网络图的绘制

绘制网络图应遵循有关规则,以正确反映工作之间的逻辑关系,并能进行准确的计算,双代号网络图绘制的基本规则如下。

(1)网络图中不能出现循环路线,否则将使组成回路的工序永远不能结束,工程永远不能完工。

(2)进入一个节点的箭线可以有多条,但相邻两个节点之间只能有一条箭线。当需表示多活动之间的关系时,需增加节点和虚作业来表示,如图 4-4 所示。

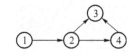

图 4-4　多活动之间的关系

(3)在网络图中,除网络始点、终点外,其他各节点的前后都有箭线连接,即图中不能有缺口,使自网络始点起经由任何箭线都可以达到网络终点。否则,将使某些作业失去与其紧后(或紧前)作业应有的联系。

(4)箭线的首尾必须有事件,不允许从一条箭线的中间引出另一条箭线。

(5)为表示工程的开始和结束,在网络图中只能有一个始点和一个终点。当工程开始时有几个工序平行作业,或在几个工序结束后完工,用一个网络始点、一个网络终点表示。当这些工序不能用一个始点或一个终点表示时,可用虚工序把它们与始点或终点连接起来。

(6)网络图绘制力求简单明了,箭线最好画成水平线或具有一段水平线的折线;箭线尽量避免交叉。当交叉不可避免时,可以采用过桥法或指向法处理。

2. 双代号网络图的绘制步骤

1) 工程项目的分解与分析

对工程项目进行分解,把一项工程分解为若干个作业,研究作业间的相互关系和先后顺序。

(1)工程项目的分解。根据工程项目的复杂程度,使用网络图的管理层次和计划的项目数确定分解的详略程度。

(2)确定作业间的相互关系。作业间相互关系可如图 4-5 中的方式表示,其中 A 是 C 的紧前作业,E 是 C 的紧后作业,B 是 C 的平行作业,D 是 C 的中途作业(当某项作业进行到一定程度才能进行的作业)。

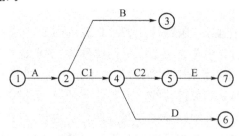

图 4-5　作业之间的关系

（3）确定作业时间。确定作业开始时间、结束时间以及作业持续的时间。

2）编制作业明细表

将作业名称、作业时间及相互关系列成作业明细表格，见表 4-1。

表 4-1　作业明细表格

作业名称	作业代号	作业时间	紧前作业	紧后作业

3）绘制网络图

可以采用顺推法和逆推法两种方法进行网络图的绘制。

（1）顺推法。顺推法比较简单，按照作业工序顺序从前往后，绘制网络图。

（2）逆推法。采用逆推法时，首先观察哪些作业不是紧前作业，不是紧前作业的工序，说明它没有紧后工序。因此，它必须与网络终点联结，见例 4-1。

例 4-1　某工程项目的作业工序及其相互关系如表 4-2 所示，请用逆推法绘制出网络图。

分析：

① G、I、J 不是紧前作业，在网络图中应表达，如图 4-6(a)所示；

② J 的紧前工序是 H、F，G 的紧前工序是 B，I 的紧前工序是 B、D、E，相互间关系可用网络图表达如图 4-6(b)所示；

③ H 的紧前工序是 C，F 的紧前工序是 B，而 B、D 均无紧前工序，E 的紧前工序是 A，可将网络图表达修改成如图 4-6(c)所示；

④ A、B、C、D 均无紧前工序，最后完成的网络图可以表达成如图 4-6(d)所示。

表 4-2　某工程项目的作业工序及其相互关系

工序名称	紧前工序
A	—
B	—
C	—
D	—
E	A
F	B
G	B
H	C
I	E,D,B
J	H,F

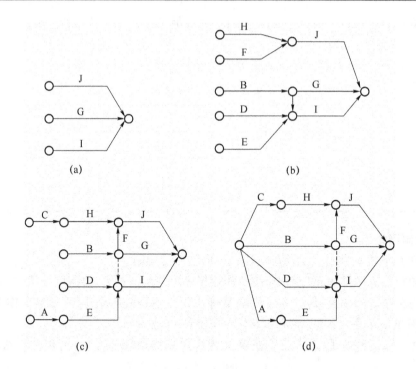

图 4-6　作业工序及其衔接关系

4）编号

网络图中的节点要进行统一编号,编号时遵守如下两点规则:

（1）编号不能重复使用;

（2）箭头节点编号必须大于箭尾节点编号。

3．单代号网络图的绘制

1）单代号网络图绘制的基本规则

单代号网络图的绘制规则大部分与双代号网络图的绘制规则相同,这里不再进行解释。主要包括以下几点。

（1）单代号网络图必须正确表达已定的逻辑关系。

（2）单代号网络图中,严禁出现循环回路。

（3）单代号网络图中,严禁出现双向箭头或无箭头的连线。

（4）单代号网络图中,严禁出现没有箭尾节点的箭线和没有箭头节点的箭线。

（5）绘制网络图时,箭线不宜交叉,当交叉不可避免时,可采用过桥法或指向法绘制。

（6）单代号网络图只应有一个起点节点和一个终点节点。当网络图中有多项起点节点或多项终点节点时,应在网络图的两端分别设置一项虚工作,作为该网络图的起点节点(S_t)和终点节点(F_{in}),如图 4-7 所示。

2）单代号网络图绘制步骤

单代号网络图的绘制同双代号网络图基本一致,可分为以下几步:

（1）列出作业逻辑关系;

（2）计算作业相关参数;

（3）绘制网络图。

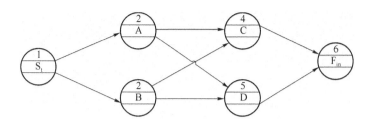

图 4-7　单代号网络图

例 4-2　已知各作业之的逻辑关系如表 4-3 所示,绘制出单代号网络图。

表 4-3　各作业间的逻辑关系

作业代号	A	B	C	D	E	F
紧后作业	D	D、E	E、F	E	—	—
作业时间	3	2	2	2	4	6

分析:根据表 4-3 的作业逻辑关系,D 是 A、B 作业的紧后作业,E 同时是 B、C、D 三作业的紧后作业,A、B、C 都没有紧前作业,所以作业 A、B、C 对应同一起点;E、F 都没有紧后作业,则对应同一终点。绘出单代号网络图如图 4-8 所示。

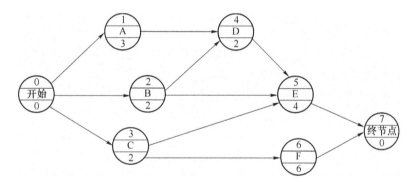

图 4-8　例 4-2 单代号网络图

4.3.3　网络计划时间参数的计算

1. 双代号网络计划时间参数计算

1)作业时间的计算

作业时间,是指完成一项作业或一道工序所需要的时间。确定作业时间,直接关系工程周期的长短,是网络时间计算的基础。作业时间的确定一般有两种方法。

(1)单一时间估计法。在确定作业时间时,只给出一个估计值。这种方法常应用于具备劳动定额资料的条件下,或者具备类似工序的作业时间消耗的统计资料的情况时使用。

(2)三点时间估计法。在作业时间较长且不可知因素较多或无先例可循的条件下,对某项作业先作出三种可能的估计时间,然后计算它们的平均时间并以此作为该工序的作业时间。这三个估计时间分别是:

① 最乐观时间:在顺利的情况下,完成工序所需要的最少时间,用符号 a 表示;

② 最悲观时间:在不顺利的情况下,完成工序需要的最多时间,用符号 b 表示;

③ 最可能时间:在正常情况下,完成工序所需要的时间,用符号 m 表示。则规定的作业时间 T 为

$$T=(a+4m+b)/6$$

2)事件时间的计算

(1)最早开始时间

事件的最早开始时间,是指从始点到本事件最长路线的路长时间,用 $TE(i)$ 表示,在此时间之前,是不具备开工条件的。它的计算方法是从始点事件开始,在网络图上自左向右逐个事件向前计算,具体方法如下。

① 假定结点事件的最早时间等于 0,即 $TE(1)=0$。

② 每一作业的箭头事件 (j) 的最早开始时间等于箭尾事件 (i) 的最早开始时间与该作业时间的和。

$$TE(j)=TE(i)+T(i,j)$$

③ 当同时有两个或两个以上箭线指向箭头事件时,分别计算各作业箭尾事件最早时间与各自工序作业时间,并取最大值为箭头事件的 $TE(j)$,即

$$TE(j)=\max\{TE(i)+T(i,j)\}(j,i=2,3,\cdots,n)$$

(2)最迟开始时间

事件的最迟开始时间,是指以该事件为结束点的所有作业最迟必须结束的时间,用 $TL(i)$ 表示。其计算是从终点事件开始,自右到左逐个事件进行,直到始点事件。具体方法如下。

① 在通常情况下,由于事件本身不消耗时间,且终点事件没有后续作业,故网络图终点事件的最早开始时间就作为终点事件的最迟开始时间,即

$$TL(n)=TE(n)$$

n 为终点事件。

② 每一作业的箭尾事件 (i) 的最迟开始时间等于箭头事件 (j) 的最迟开始时间与该工序工作时间之差,即

$$TL(i)=TL(i)-T(i,j)$$

③ 当箭尾事件同时引出两个或两个以上箭线时,该箭尾事件的最迟时间必须同时满足这些工序的最迟必须开始时间。选择各事件时间差的最小值,以保证应当最先开始的工序能够按时开工,即

$$TL(j)=\min\{TL(i)+T(i,j)\}(j,i=2,3,\cdots,n)$$

3)作业时间参数的计算

作业时间参数共有 6 个,分别为最早开始时间(TES)、最早结束时间(TEF)、最迟开始时间(TLS)、最迟结束时间(TLF)、作业总时差和自由时差。计算作业时间参数,是为了了解和分析作业时间的衔接是否合理,判断有没有机动时间。

(1)作业最早开始时间 $TES(i,j)$

任何一个作业都必须在其紧前作业结束后才能开始。作业最早开始时间,是指紧前作业最早结束时间,它等于该作业箭尾事件的最早开始时间,即

$$TES(i,j)=TE(i)$$

（2）作业最早结束时间 $\mathrm{TEF}(i,j)$

作业最早结束时间是作业最早可能结束时间的简称，它等于作业最早开始时间加上该作业的作业时间，即

$$\mathrm{TEF}(i,j)=\mathrm{TES}(i,j)+D(i,j)$$

（3）作业最迟结束时间 $\mathrm{TLF}(i,j)$

作业最迟结束时间，是指在不影响工程最早结束时间条件下，作业最迟必须结束的时间。它等于作业的箭头事件的最迟开始时间，即

$$\mathrm{TLF}(i,j)=\mathrm{TL}(j)$$

（4）作业最迟开始时间 $\mathrm{TLS}(i,j)$

作业最迟开始时间是指在不影响工程最早结束时间的条件下，作业最迟必须开始的时间。它等于作业最迟结束时间减去作业的作业时间，即

$$\mathrm{TLS}(i,j)=\mathrm{TLF}(i,j)-D(i,j)$$

（5）作业总时差 $\mathrm{TF}(i,j)$

该作业的总时差是指在不影响工程最早结束时间的条件下，作业最早开始（或结束）时间可以推迟的时间，即

$$\mathrm{TF}(i,j)=\mathrm{TLF}(i,j)-\mathrm{TEF}(i,j)=\mathrm{TLS}(i,j)-\mathrm{TES}(i,j)$$

总时差在网络图的路线中，可以储存起来，相互可以共用。一条路线中，可能有若干个总时差，其中的最大值就作为该路线的总时差。

（6）作业的自由时差 $\mathrm{FF}(i,j)$

作业的自由时差，是指在不影响紧后作业最早开始时间的条件下，作业最早结束时间可以推迟的时间，即

$$\mathrm{FF}(i,j)=\mathrm{TES}(j,k)-\mathrm{TEF}(i,j)$$

其中，$\mathrm{TES}(j,k)$ 为作业 $i{\rightarrow}j$ 的紧后作业的最早开始时间。作业总时差与自由时差的区别与联系可用图 4-9 来说明。

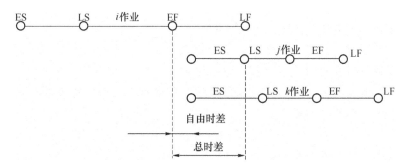

图 4-9　作业总时差与自由时差

4）路线时差

路线时差是指网络图中非关键路线延续时间与关键路线延续时间之差。

2. 单代号网络计划时间参数的计算

单代号网络计划时间参数的计算应在确定各项工作的持续时间之后进行。时间参数的计算顺序和计算方法基本上与双代号网络计划时间参数的计算相同。单代号网络计划时间

参数的标注形式如图 4-10 所示。

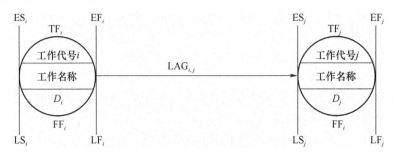

图 4-10　单代号网络计划事件参数的标注

单代号网络计划时间参数的计算步骤如下。

1）计算最早开始时间和最早完成时间

网络计划中各项作业的最早开始时间和最早完成时间的计算应从网络计划的起点节点开始，顺着箭线方向依次逐项计算。

（1）网络计划的起点节点的最早开始时间为零。如起点节点的编号为 1，则

$$\mathrm{ES}_i = 0 (i=1)$$

（2）作业的最早完成时间等于该作业的最早开始时间加上其持续时间：

$$\mathrm{EF}_i = \mathrm{ES}_i + D_i$$

（3）作业的最早开始时间等于该作业的各个紧前作业的最早完成时间的最大值。如作业 j 的紧前作业的代号为 i，则

$$\mathrm{ES}_j = \mathrm{Max}[\mathrm{EF}_i]$$

或

$$\mathrm{ES}_j = \mathrm{Max}[\mathrm{ES}_i + D_i]$$

式中 ES_i 表示作业 j 的各项紧前作业的最早开始时间。

（4）网络计划的计算工期 T_C。

T_C 等于网络计划的终点节点 n 的最早完成时间 EF_n，即

$$T_\mathrm{C} = \mathrm{EF}_n$$

2）计算相邻两项作业之间的时间间隔 $\mathrm{LAG}_{i,j}$

相邻两项作业 i 和 j 之间的时间间隔 $\mathrm{LAG}_{i,j}$，等于紧后作业 j 的最早开始时间 ES_j 和本作业的最早完成时间 EF_i 之差，即

$$\mathrm{LAG}_{i,j} = \mathrm{ES}_j - \mathrm{EF}_i$$

3）计算作业总时差 TF_i

作业 i 的总时差 TF_i 应从网络计划的终点节点开始，逆着箭线方向依次逐项计算。

（1）网络计划终点节点的总时差 TF_n，如计划工期等于计算工期，其值为零，即

$$\mathrm{TF}_n = 0$$

（2）其他作业 i 的总时差 TF_i 等于该作业的各个紧后作业 j 的总时差 TF_j 加该作业与其紧后作业之间的时间间隔 $\mathrm{LAG}_{i,j}$ 之和的最小值，即

$$\mathrm{TF}_i = \mathrm{Min}[\mathrm{TF}_j + \mathrm{LAG}_{i,j}]$$

4）计算作业自由时差 FF_i

（1）作业 i 若无紧后作业,其自由时差 FF_i 等于计划工期 T_P 减该作业的最早完成时间 EF_n,即

$$FF_n = T_P - EF_n$$

（2）当作业 i 有紧后作业 j 时,其自由时差 FF_i 等于该作业与其紧后作业 j 之间的时间间隔 $LAG_{i,j}$ 最小值,即

$$FF_i = Min[LAG_{i,j}]$$

5）计算作业的最迟开始时间和最迟完成时间

（1）作业 i 的最迟开始时间 LS_i 等于该作业的最早开始时间 ES_i 加上其总时差 TF_i 之和,即

$$LS_i = ES_i + TF_i$$

（2）作业 i 的最迟完成时间 LF_i 等于该作业的最早完成时间 EF_i 加上其总时差 TF_i 之和,即

$$LF_i = EF_i + TF_i$$

6）关键作业和关键线路的确定

（1）关键作业:总时差最小的作业就是关键作业。

（2）关键线路的确定按以下规定:从起点节点开始到终点节点均为关键作业,且所有作业的时间间隔为零的线路为关键线路。用计算工序总时差的方法确定网络中的关键工序,是确定关键路线最常用的方法。利用网络时间参数的计算过程可以使用人手也可以使用电子计算机。人手计算具体又可分为图上计算法和表格法。两种方法的计算思路是:先对网络图上各工序计算其时差,找出时差为零的关键工序,然后,将关键工序联结起来,即可求得关键路线。

① 图上计算法的基本步骤如下:

- 计算各事件的最早开始时间,标注在各事件左上方的"□"内;
- 计算各事件的最迟开始时间,标注在各事件右上方的"△"内;
- 寻找"□"－"△"＝0 的事件,即找出关键工序;
- 用粗线标注关键工序。

② 表格法的基本步骤如下。

- 作表。表格格式如表 4-4 所示。

表 4-4　表格格式

节点编号		作业时间	可能开始时间		可能完成时间		时差	关键路线
1	J	T	ES	LS	EF	LF	TS	
1	2	3	0	5	3	3	0	*
1	3	2	0	1	2	8	6	
1	4	4	0	7	4	11	7	
2	3	5	3	3	8	8	0	*
2	4	2	3	9	5	11	6	
2	5	4	3	10	7	14	7	
3	5	6	8	8	14	14	0	*
3	6	7	8	13	15	20	5	
4	5	3	5	11	8	14	6	
4	6	5	5	15	10	20	10	
5	6	6	14	14	20	20	0	*

- 计算工序最早开始时间、最迟开始时间、最早结束时间、最迟结束时间,并填入表 4-4 中。
- 计算时差。
- 寻找时差为零的关键工序,并将其联结起来,则关键路线为①—②—③—④—⑤—⑥。

例 4-3 已知单代号网络计划如图 4-11 所示,若计划工期等于计算工期,试计算单代号网络计划的时间参数,将其标注在网络计划上,并用双箭线标示出关键路线。

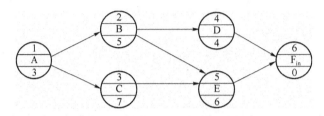

图 4-11 例 4-3 单代号网络图

【解】(1) 计算最早开始时间和最早完成时间

$ES_1 = 0$ $EF_1 = ES_1 + D_1 = 0 + 3 = 3$

$ES_2 = EF_1 = 3$ $EF_2 = ES_2 + D_2 = 3 + 5 = 8$

$ES_3 = EF_1 = 3$ $EF_3 = ES_3 + D_3 = 3 + 7 = 10$

$ES_4 = EF_2 = 8$ $EF_4 = ES_4 + D_4 = 8 + 4 = 12$

$ES_5 = Max[EF_2, EF_3] = Max[8, 10] = 10$ $EF_5 = ES_5 + D_5 = 10 + 5 = 15$

$ES_6 = Max[EF_4, EF_5] = Max[12, 15] = 15$ $EF_6 = ES_6 + D_6 = 15 + 0 = 15$

已知计划工期等于计算工期,故有 $T_P = T_C = EF_6 = 15$。

(2) 计算相邻两项作业之间的时间间隔 $LAG_{i,j}$

$LAG_{1,2} = ES_2 - EF_1 = 3 - 3 = 0$

$LAG_{1,3} = ES_3 - EF_1 = 3 - 3 = 0$

$LAG_{2,4} = ES_4 - EF_2 = 8 - 8 = 0$

$LAG_{2,5} = ES_5 - EF_2 = 10 - 8 = 2$

$LAG_{3,5} = ES_5 - EF_3 = 10 - 10 = 0$

$LAG_{4,6} = ES_6 - EF_4 = 15 - 12 = 3$

$LAG_{5,6} = ES_6 - EF_5 = 15 - 15 = 0$

(3) 计算作业的总时差 TF_i

已知计划工期等于计算工期: $T_P = T_C = 15$,故终点节点⑥节点的总时差为零,即 $TF_6 = 0$。
其他作业总时差为

$TF_5 = TF_6 + LAG_{5,6} = 0 + 0 = 0$

$TF_4 = TF_6 + LAG_{4,6} = 0 + 3 = 3$

$TF_3 = TF_5 + LAG_{3,5} = 0 + 0 = 0$

$TF_2 = Min[(TF_4 + LAG_{2,4}), (TF_5 + LAG_{2,5})] = Min[(3+0), (0+2)] = 2$

$TF_1 = Min[(TF_2 + LAG_{1,2}), (TF_3 + LAG_{1,3})] = Min[(2+0), (0+0)] = 0$

(4) 计算作业的自由时差 FF_i

已知计划工期等于计算工期: $T_P = T_C = 15$,故终点节点⑥节点的自由时差为

$FF_6 = T_P - EF_6 = 15 - 15 = 0$

$FF_5 = LAG_{5,6} = 0$

$FF_4 = LAG_{4,6} = 3$

$FF_3 = LAG_{3,5} = 0$

$FF_2 = Min[LAG_{2,4}, LAG_{2,5}] = Min[0,2] = 0$

$FF_1 = Min[LAG_{1,2}, LAG_{1,3}] = Min[0,0] = 0$

（5）计算作业的最迟开始时间 LS_i 和最迟完成时间 LF_i

$LS_1 = ES_1 + TF_1 = 0 + 0 = 0$ 　　　　$LF_1 = EF_1 + TF_1 = 3 + 0 = 3$

$LS_2 = ES_2 + TF_2 = 3 + 2 = 5$ 　　　　$LF_2 = EF_2 + TF_2 = 8 + 2 = 10$

$LS_3 = ES_3 + TF_3 = 3 + 0 = 3$ 　　　　$LF_3 = EF_3 + TF_3 = 10 + 0 = 10$

$LS_4 = ES_4 + TF_4 = 8 + 3 = 11$ 　　　$LF_4 = EF_4 + TF_4 = 12 + 3 = 15$

$LS_5 = ES_5 + TF_5 = 10 + 0 = 10$ 　　$LF_5 = EF_5 + TF_5 = 15 + 0 = 15$

$LS_6 = ES_6 + TF_6 = 15 + 0 = 15$ 　　$LF_6 = EF_6 + TF_6 = 15 + 0 = 15$

将以上计算结果标注在图 4-12 中的相应位置。

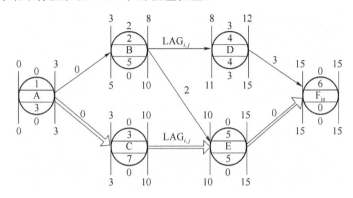

图 4-12　单代号网络计划事件参数计算结果

（6）关键作业和关键线路的确定

根据计算结果，总时差为零的作业 A、C、E 为关键作业。

从起点节点①节点开始到终点节点⑥节点均为关键作业，且所有作业之间时间间隔为零的线路：①－③－⑤－⑥为关键线路，用双箭线标示在图 4-12 中。

4.3.4　双代号时标网络计划

双代号时标网络计划（简称时标网络计划）以水平时间坐标为尺度表示作业时间。时标的时间单位根据需要可以是小时、天、周、月等。在时标网络计划中，以实箭线表示作业，箭线在横坐标上的投影长度表示该作业的持续时间；以虚箭线表示虚作业，由于虚作业的持续时间为零，所以虚箭线只能垂直画；以波形线表示作业与其紧后作业之间的时间间隔（以终点节点为完成节点的作业除外），当计划工期等于计算工期时，这些箭线中波形线的水平投影程度表示其自由时差。

1. 双代号时标网络计划的特点

（1）工序工作时间一目了然、直观易懂。

（2）可直接看出网络图的时间参数。

（3）可在网络图的下面绘制资源需要量曲线。

(4) 修改、调整较麻烦。

2. 双代号时标网络计划的绘制方法

编制时标网络计划时应先绘制无时标的双代号网络计划草图,然后确定合适的时间坐标,根据无时标的网络计划,按工序最早可能开始时间绘制带时标的网络图,步骤如下。

(1) 确定坐标线所代表的时间,绘于图的上方。

(2) 按作业最早可能开始时间确定各作业起始的节点位置。

(3) 将各作业的持续时间用实线沿起始节点后的水平方向绘出,其水平投影长度等于该作业的作业持续时间。

(4) 用水平波形线把实线部分与该作业的终点节点连接起来,波线水平投影长度是该作业的自由时差。

(5) 虚工作不占用时间,因此用虚箭线连接各相关节点以表示逻辑关系。

(6) 把时差为零的箭线从开始节点到结束节点连接起来得到关键线路。

要注意按最早开始时间编制,每个节点和作业应尽量向左靠,直至不出现从右向左的逆向箭线为止。

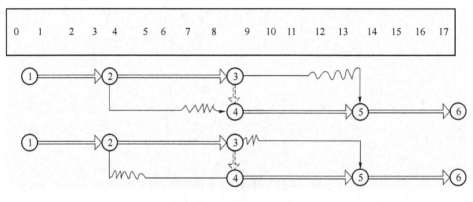

图 4-13 时标网络计划

3. 双时标网络计划中时间参数的判定

1) 关键线路和计算工期的判定

(1) 关键线路的判定

时标网络计划中的关键线路可以从网络计划的终点节点开始,逆着箭线方向进行判断。凡自始至终不出现波形线的线路即为关键线路。

(2) 计算工期的判定

网络计划的计算工期应等于终点节点所对应的时标值与起点节点所对应的时标值之差。相邻两项作业之间时间间隔的判定除以终点节点为完成节点的作业外,作业箭线中波形线的水平投影程度表示作业与其紧后作业之间的时间间隔。

2) 作业六个时间参数的判定

(1) 作业最早开始时间和最早完成时间

作业箭线左端节点中心所对应的时标值为该作业的最早开始时间。当作业箭线中不存在波形线时,其右端节点中心所对应的时标值为该作业的最早完成时间;当作业箭线中存在波形线时,作业箭线实线部分右端点所对应的时标值为该作业的最早完成时间。

(2) 作业总时差

作业总时差的判定应从网络计划的终点节点开始,逆着箭线方向依次进行。

① 以终点节点为完成节点的作业,其总时差应等于计划工期与本作业最早完成时间之差,即

$$\mathrm{TF}_{i-n} = T_{\mathrm{p}} - \mathrm{EF}_{i-n}$$

式中:TF_{i-n}——以网络计划终点节点 n 为完成节点的作业的总时差;

　　T_{p}——网络计划的计划工期;

　　EF_{i-n}——以网络计划终点节点 n 为完成节点的作业的最早完成时间。

② 其他作业的总时差等于其紧后作业的总时差加本作业与该紧后作业之间的时间间隔所得之和的最小值,即

$$\mathrm{TF}_{i-j} = \mathrm{Min}\{\mathrm{TF}_{j-k} + \mathrm{LAG}_{i-j,j-k}\}$$

式中:TF_{i-j}——作业 $i-j$ 的总时差;

　　TF_{j-k}——作业 $i-j$ 的紧后作业 $j-k$(非虚作业)的总时差;

　　$\mathrm{LAG}_{i-j,j-k}$——作业 $i-j$ 与其紧后作业 $j-k$ 之间的时间间隔。

(3) 作业自由时差

① 以终点节点为完成节点的作业,其自由时差应等于计划工期与本作业最早完成时间之差,即

$$\mathrm{FF}_{i-n} = T_{\mathrm{p}} - \mathrm{EF}_{i-n}$$

式中:FF_{i-n}——以网络计划终点节点 n 为完成节点的作业的自由时差;

　　T_{p}——网络计划的计划工期;

　　EF_{i-n}——以网络计划终点节点 n 为完成节点的作业的最早完成时间。

② 其他作业的自由时差就是该作业箭线中波形线的水平投影长度。但当作业之后只紧接虚作业时,该作业箭线上一定不存在波形线,而其紧接的虚箭线中波形线水平投影长度最短者为该作业的自由时差。

(4) 作业最迟开始时间和最迟完成时间。

① 作业的最迟开始时间等于本作业的最早开始时间与其总时差之和,即

$$\mathrm{LS}_{i-j} = \mathrm{ES}_{i-j} + \mathrm{TF}_{i-j}$$

式中:LS_{i-j}——作业 $i-j$ 的最迟开始时间;

　　ES_{i-j}——作业 $i-j$ 的最早开始时间;

　　TF_{i-j}——作业 $i-j$ 的总时差。

② 作业的最迟完成时间等于本作业的最早完成时间与其总时差之和,即

$$\mathrm{LF}_{i-j} = \mathrm{EF}_{i-j} + \mathrm{TF}_{i-j}$$

式中:LF_{i-j}——作业 $i-j$ 的最迟开始时间;

　　EF_{i-j}——作业 $i-j$ 的最早开始时间;

　　TF_{i-j}——作业 $i-j$ 的总时差。

4.3.5　多级网络计划系统

多级网络计划系统是指由处于不同层级且相互关联的若干网络计划所组成的系统。在该系统中,处于不同层级的网络计划可以进行分解,称为若干独立的网络计划;也可以进行综合,形成一个多级网络计划系统。在建设工程实施过程中,监理工程师根据进度控制工作的需要,可以对工程网络计划进行分解和综合。

1．分解网络计划的目的

分解的目的是便于不同层级的进度控制人员将精力集中于各自负责的子项目上，明确职责分工；在进度计划实施过程中，处于不同层级的进度控制人员可以相对独立地检查和监督自己所负责的子网路计划的实施情况，而不必考虑整个网络计划系统的实施情况。可以在整个网络计划系统中找出关键子网络，以便于重点监督和控制。分解网络计划可以提高网络计划时间参数的计算速度，节省时间。

2．综合网络计划的目的

综合的目的是便于掌握各个子网路之间的相互衔接和制约关系；便于进行建设过程总体进度计划的综合平衡；便于从局部和整体两个方面随时了解过程建设实施情况；能够及时分析子网络出现的进度偏差对各个不同层级进度分目标及进度总目标的影响程度；使得进度计划的调整既能考虑局部，又能保证整体。

3．多级网络计划系统图示模型

多级网路计划系统的图示模型如图 4-14 所示，该系统含有二级网络计划。这些网络计划既相互独立，又相互关联。通过总体网络计划把各个子网络计划综合起来，反映工程的整体进度概况，每个子网络计划又把各个分部工程的详细进度表达清楚，方便各级人员进行进度监控。

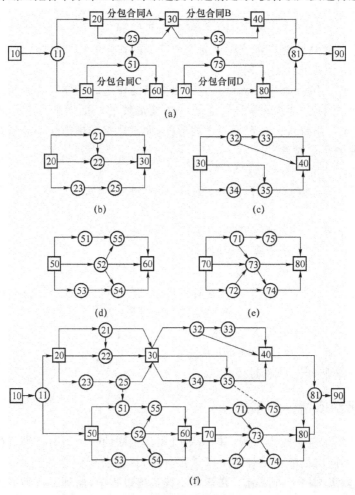

图 4-14　多级网络计划系统

4.3.6　网络计划的优化

确定关键路线后得到的是一个初始的计划方案,通常还要对初始方案进行调整和完善。

网络计划的优化就是在满足一定的约束条件下,通过对时差的调整,不断改善网络计划的初始方案,使之获得最低成本、最佳周期和对资源的最有效利用,最终确定最优的计划方案。网络计划的优化,通常包括时间优化、时间-费用优化和时间-资源优化。

1. 时间优化

时间优化,是指在人力、材料、设备、资金等资源基本有保证的情况下,调整初始网络计划以寻求最短的生产周期。进行时间优化的措施主要如下。

(1) 将串联工作调整为平行工作。例如,挖基 A、砌基备料 B、砌基 C 三工作原为串联,可调整为 A、B 平行串接 C。

(2) 将串联工作调整为交叉工作。例如,某工程三个施工段,每个施工段分 A、B、C 三道工序,原安排如图 4-15 所示。

图 4-15　工作串联进行

若要求 40 天完成,则可将原串联的三项工作交叉进行,如图 4-16 所示。

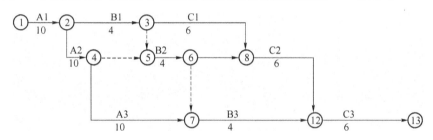

图 4-16　工作交叉进行

(3) 相应地推迟非关键工作的开始时间。例如,若某项目的原始计划安排如图 4-17 所示。

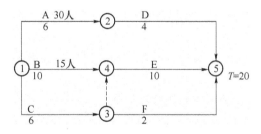

图 4-17　原始计划网络图

若图 4-17 中规定工期为 16 天,可考虑将非关键作业 A 的人员转移至 B 作业上来,使 B 作业由原来的 15 人干 10 天,变成 45 人干 4 天。而 A 作业在 B 作业之后开始,由原来的 30 人干 6 天,变成 45 人干 4 天。调整后的关键线路发生了变化,但总工期 $T=16$ 天,满足规定要求。调整后的网络图如图 4-18 所示。

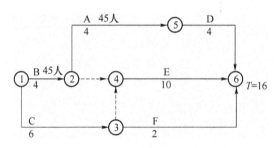

图 4-18 调整后的网络图

（4）相应地延长非关键路线中工作的工作时间。

如仍为上例,采用延长非关键路线上工序工作时间,将人力转移至关键路线上的关键工作中,以缩短总工期,满足合同规定。可将 A 工序的 30 人抽 15 人到 B 工序,使 B 工序由原来的 15 人干 10 天变成 30 人干 5 天,A 工序由原来的 30 人干 6 天变成 15 人干 12 天。调整后的网络图如图 4-19 所示。

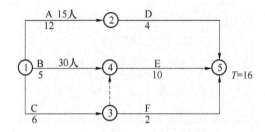

图 4-19 延长非关键线路的工作时间

（5）从计划外增加资源。可考虑从计划外另增加资源供应,以加快关键工作,缩短总工期。

（6）循环法。采用循环法有如下几个步骤:

① 确定初始网络计划的计划工期和关键路线;

② 将计划工期与指令工期比较,求出需要缩短的时间;

③ 采用适当的优化措施压缩关键路线的长度,并求出网络计划新的关键路线和工期;

④ 若调整后的工期符合规定要求,则优化结束,否则重复(3)直到符合要求为止。

2. 时间-费用优化

时间-费用优化,是指根据计划规定的期限,规划成本,或根据最低成本的要求,寻求最佳生产周期。

工程作业的成本由直接费用和间接费用组成。其中,直接费用与生产过程中各工序的延续时间有关,包括直接生产工人的工资及附加费、材料费、工具费等。要缩短生产周期,需要采取一定的技术组织措施,相应地要增加一部分直接费用。间接费用与生产过程无直接关系,主要是将与工程作业相关的管理人员工资、办公费等,按工序的作业时间长短分摊到每个工序。因此,在一定的生产规模下,工序的作业时间越短,分摊的间接费用越少。

完成工程项目的直接费用、间接费用、总费用与工程完工的关系,通常可用图 4-20 表示。

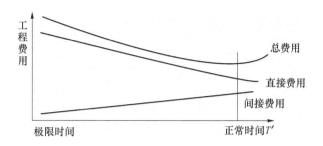

图 4-20　直接费用、间接费用、总费用与工程完工的关系

在图 4-20 中,正常时间 T' 是指在现有的生产技术水平下,由各工序的作业所构成的工程完工时间,是工程完工的最低成本日程。对应于正常时间的直接费用就是正常直接费用。极限时间是为了缩短各工序的作业时间而采取一切可能的技术组织措施后,可能达到的完成工程的最短时间。对应于极限时间的直接费用就是极限直接费用。

此时,可以计算工序直接费用变动率,即缩短每一个单位工序时间所需增加的直接费用。直接费用率的计算公式如下:

$$\Delta C_{i-j} = (\mathrm{CC}_{i-j} - \mathrm{CN}_{i-j})/(\mathrm{DN}_{i-j} - \mathrm{DC}_{i-j})$$

式中:$\Delta \mathrm{C}_{i-j}$——作业 $i-j$ 的直接费用率;

　　　CC_{i-j}——按最短持续时间完成作业 $i-j$ 时所需的直接费用;

　　　CN_{i-j}——按正常持续时间完成作业 $i-j$ 时所需要的直接费用;

　　　DN_{i-j}——作业 $i-j$ 的正常持续时间;

　　　DC_{i-j}——作业 $i-j$ 的最短持续时间。

在编制网络计划技术时,无论是以降低费用为主要目标,还是以尽量缩短工程完工时间为主要目标,关键是要计算最低成本日程,从而进行时间-费用的优化。

因此,网络计划时间-费用优化可按以下步骤进行。

(1)按正常工期编制网络计划,并计算计划的工期和完成计划的直接费用。

(2)列出构成整个计划的各项工作在正常工期和最短工期时的直接费用,以及缩短单位时间所增加的费用,即单位时间费用变化率。

(3)根据费用最小原则,找出关键工作中单位时间费用变化率最小的工序首先予以压缩,这样使直接费用增加得最少。

(4)计算加快某关键工作后,计划的总工期和直接费用,并重新确定关键路线。

(5)重复(3)、(4)的内容,直到网络计划中关键路线上的工序都达到最短持续时间不能再压缩为止。

(6)根据以上计算结果可以得到一条直接费用曲线,如果间接费用曲线已知,叠加直接费用与间接费用曲线得到总费用曲线。

(7)总费用曲线上的最低点所对应的工期,就是整个项目的最优工期。

例 4-4　已知网络计划如图 4-21 所示,箭线下方括号外数字为工作的正常持续时间,括号内数字为工作的最短持续时间;箭线上方括号外数字为正常持续时间时的直接费用,括号内数字为最短持续时间时的直接费用。费用单位为千元,时间单位为天。如果工程间接费率为 0.8 千元/天,则最低工程费用时的工期为多少天?

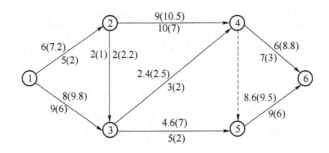

图 4-21　例 4-4 网络计划图

【解】

(1) 用标号法确定网络计划的计算工期和关键路线,如图 4-22 所示。计算工期 T_c=24 天。关键线路为 1－2－4－5－6。

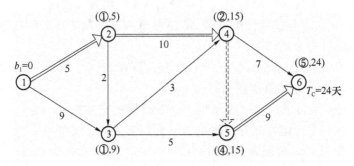

图 4-22　用标号法确定的网络计划的计算工期和关键路线

(2) 计算各项工作的直接费用:

$$\Delta C_{1-2}=\frac{7.2-6.0}{5-2}=0.4 \text{ 千元/天};\Delta C_{1-3}=\frac{9.8-8.0}{9-6}=0.6 \text{ 千元/天}$$

$$\Delta C_{2-3}=\frac{2.2-2.0}{2-1}=0.2 \text{ 千元/天};\Delta C_{2-4}=\frac{10.5-9.0}{10-7}=0.5 \text{ 千元/天}$$

$$\Delta C_{3-4}=\frac{2.5-2.4}{3-2}=0.1 \text{ 千元/天};\Delta C_{3-5}=\frac{7.0-4.6}{5-2}=0.8 \text{ 千元/天}$$

$$\Delta C_{4-6}=\frac{8.8-6.0}{7-3}=0.7 \text{ 千元/天};\Delta C_{5-6}=\frac{9.5-8.6}{9-6}=0.3 \text{ 千元/天}$$

(3) 计算工程总费用:

① 直接费总和 C_d=6.0+8.0+2.0+9.0+2.4+4.6+6.0+8.6=46.6 千元;

② 间接费总和 C_i=0.8×24=19.2 千元;

③ 工程总费用 C_t=C_d+C_i=46.6+19.2=65.8 千元。

(4) 通过压缩关键工作的持续时间进行费用优化。

① 第一次压缩

由图 4-22 可知,有以下 3 个压缩方案:

• 压缩工作 1—2,直接费用率为 0.4 千元/天;

• 压缩工作 2—4,直接费用率为 0.5 千元/天;

• 压缩工作 5—6,直接费用率为 0.3 千元/天。

上述三种压缩方案中,由于工作 5—6 的直接费用率最小,故应选择工作 5—6 作为压缩对象。将工作 5—6 的持续时间压缩 3 天,这时工作 5—6 将变成非关键工作,故将其压缩 2 天,使其恢复为关键工作。第一次压缩后的网络计划如图 4-23 所示。用标号法计算网络计划的计算工期为 $T_C = 22$ 天,图中的关键路线有两条,即 1—2—4—5—6 和 1—2—4—6。

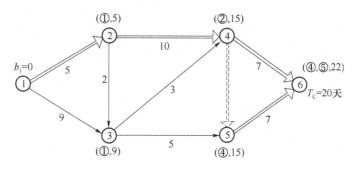

图 4-23　第一次压缩后的网络计划图

② 第二次压缩

从图 4-23 可知,有以下三种压缩方案:

- 压缩工作 1—2,直接费用率为 0.4 千元/天;
- 压缩工作 2—4,直接费用率为 0.5 千元/天;
- 同时压缩工作 4—6 和工作 5—6,组合直接费用率为 $0.7 + 0.3 = 1.0$ 千元/天。

故应选择直接费用率最小的工作 1—2 作为压缩对象。

将工作 1—2 的持续时间压缩至最短即 2 天,将会使工作 1—2 变成非关键工作,同时,将工作 1—2 的持续时间压缩至 3 天,也会使其变成非关键工作,故只能将工作 1—2 压缩 1 天。压缩后用标号法计算网络计划时间参数如图 4-24 所示,即计算工期 $T_C = 21$ 天,关键线路有三条:1—2—4—6、1—2—4—5—6 及 1—3—5—6。

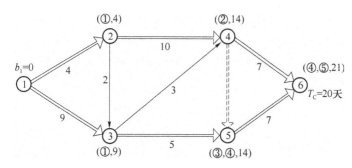

图 4-24　第二次压缩后的网络计划图

③ 第三次压缩

从图 4-24 可知,有以下 7 种方案:

- 同时压缩工作 1—2 和工作 1—3,组合直接费用率为 1.0 千元/天;
- 同时压缩工作 1—2 和工作 3—5,组合直接费用率为 1.2 千元/天;
- 同时压缩工作 1—2 和工作 5—6,组合直接费用率为 0.7 千元/天;
- 同时压缩工作 2—4 与工作 1—3,组合直接费用率为 1.1 千元/天;

- 同时压缩工作 2—4 和工作 3—5,组合直接费用率为 1.3 千元/天;
- 同时压缩工作 2—4 和工作 5—6,组合直接费用率为 0.8 千元/天;
- 同时压缩工作 4—6 和工作 5—6,组合直接费用率为 1.0 千元/天。

上述 7 种压缩方案中,同时压缩工作 1—2 和工作 5—6,组合直接费用率最小,故选择此方案。

将工作 1—2 和工作 5—6 的持续时间同时压缩 1 天,压缩后它们仍然是关键工作,故方法可行。压缩后用标号法计算网络计划时间参数如图 4-25 所示,即计算工期 $T_C = 20$ 天,关键线路有两条:1—2—4—6 和 1—3—5—6。

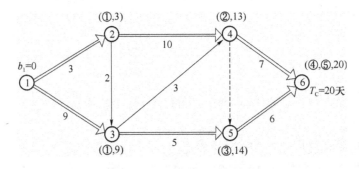

图 4-25　第三次压缩后的网络计划图

④ 第四次压缩

从图 4-25 可知,由于工作 5—6 不能再压缩,故有以下 6 种方案:

- 同时压缩工作 1—2 和工作 1—3,组合直接费用率为 1.0 千元/天;
- 同时压缩工作 1—2 和工作 3—5,组合直接费用率为 1.2 千元/天;
- 同时压缩工作 2—4 和工作 1—3,组合直接费用率为 1.1 千元/天;
- 同时压缩工作 2—4 和工作 3—5,组合直接费用率为 1.3 千元/天;
- 同时压缩工作 4—6 和工作 1—3,组合直接费用率为 1.3 千元/天;
- 同时压缩工作 4—6 和工作 3—5,组合直接费用率为 1.5 千元/天。

上述 6 种方案的组合直接费用率均大于间接费用率 0.8 千元/天,说明继续压缩会使工程总费用增加,因此优化方案已得到,优化后的网络计划如图 4-26 所示。图中箭线上方括号中数字为工作的直接费用。

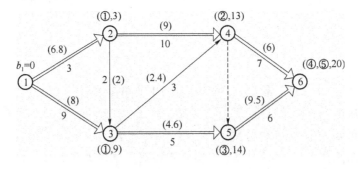

图 4-26　优化后的网络计划图

（5）计算优化后的工程总费用:

① 直接费用总和 $C_{do} = 6.8 + 9 + 8 + 2 + 2.4 + 4.6 + 9.5 + 6 = 48.3$ 千元;

② 间接费用总和 $C_{io} = 0.8 \times 20 = 16$ 千元;

③ 工程总费用 $C_{to} = C_{do} + C_{io} = 48.3 + 16.0 = 64.3$ 千元。

3. 时间-资源优化

时间-资源优化,是指在一定的工期条件下,通过平衡资源,求得工期与资源的最佳结合。时间-资源优化是一项工作量大的作业,往往难以将工程进度和资源利用都能够作出合理的安排,常常是需要进行几次综合平衡后,才能得到最后的优化结果。

时间-资源优化主要靠试算。对于比较简单的问题,可以按以下步骤进行:

(1) 根据日程进度绘制线条图;

(2) 绘制资源需要动态曲线;

(3) 依据有限资源条件和优化目标,在坐标图上利用非关键工序的时差,依次调整超过资源约束条件的工作时期内各项作业的开工时间,直到满足平衡条件为止。

资源优化的方法如下。

(1) 工期限定,资源消耗均衡。

目标:在工期限定的条件下,安排工作进度,实现资源的均衡利用,从而降低工程费用。

如图 4-27 所示的项目,规定工期 $T = 14$ 天,箭线上方数字为工作的资源强度,下方的数字为工作持续时间,进行资源均衡优化。

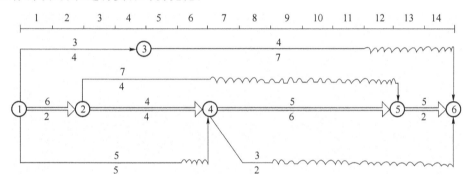

图 4-27　项目图

① 绘制资源图,见图 4-28。

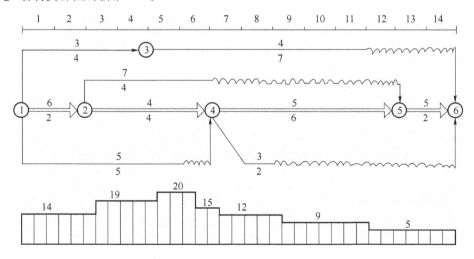

图 4-28　资源图

② 根据图 4-28 求资源高峰值 R_m、平均值 $R_{平均}$、不均衡系数 K。

$$R_m = 20$$

$$R_{平均} = 14 \times 2 + 19 \times 2 + 20 \times 2 + 12 \times 2 + 9 \times 3 + 5 \times 3 / 14 = 11.93$$

$$K = 20/11.93 = 1.68$$

③ 调整各工序的开竣工时间,使物资供应均衡。这一过程可能需要经过多次调整,才能达到目标,这个过程不再叙述,最后调整结果如下。

①—③工序调至 2～6 天完成。

③—⑥工序调至 8～14 天完成。

④—⑥工序调至 12～14 天完成。

②—⑤工序调至 6～9 天完成。根据方差值最小的优化方法进行资源的均衡,当网络中工作 k 完成时间之后的一个时间单位所对应的资源需要量 R_{j+1} 与工作 k 的资源强度 r_k 之和不超过工作 k 开始时所对应的资源需要量 R_i 时,将工作 k 右移一个时间单位能使资源需用量更加均匀。调整后的资源图见图 4-29。

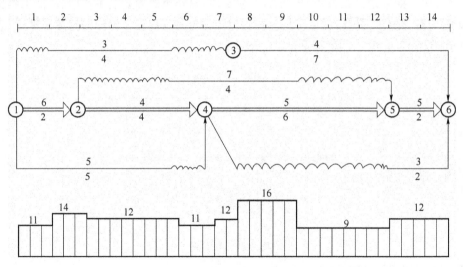

图 4-29　调整后的资源图

④ 根据图 4-29 计算调整后的资源高峰值 R_m、平均值 $R_{平均}$、不均衡系数 K。

$$R_m = 16 \qquad R_{平均} = 11.93 \qquad K = 16/11.93 = 1.34 < 1.68$$

较调整前资源消耗平衡了。

(2) 资源有限,工期最短。

目标:在资源有限的情况下,安排工作进度,力求使工期增加最少。

如图 4-30 所示,要求 $R_{max} = 12$,进行网络计划的优化。

① 从图 4-30 中看出前 5 天的资源消耗超出了规定值。应调整工序的开竣工时间,以使 $R_{max} = 12$。

②调整方案:分析超过资源限量的时段,对时段中平行作业的工作进行两两排序,得出若干个 $\Delta T_{m,n}$,选择其中最小的 $\Delta T_{m,n}$,将相应的工作 n 安排在工作 m 之后进行,以降低该时段的资源需要量,又使网络计划的工期延长最短。其中 $\Delta T_{m,n} = EF_m - LS_n$($EF_m$ 是工作 m 的最早完成时间,LS_n 是工作 n 的最迟开始时间)。

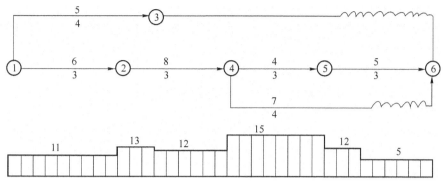

图 4-30　资源图

时段[3,4]资源冲突,将②④工序调至 4～7 天时,$R=5$,工期延长一天;时段[7,9]资源冲突,将④⑥工序调至 9～13 天时,总工期不变,而 $R_{max}=8$。最后的方案如图 4-31 所示。

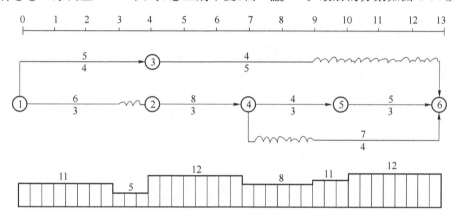

图 4-31　调整后的资源图

所以,资源调整步骤可以总结为:绘制时标网络图;绘制资源需要量图;找出超过规定值的时间;调整相关工序的开竣工时间,使满足资源限制。

4.4　施工进度计划的检查与调整

在建设工程实施过程中,监理工程师应经常地、定期地对进度计划的执行进行跟踪检查,定期收集进度报表资料,检查工程进展情况;通过定期召开现场会议与施工进度计划执行的各方进行沟通;对采集的进度数据进行加工处理,并与计划进度数据进行对比分析。发现问题后,要及时采取措施加以解决。

4.4.1　施工进度计划检查的方法

监理工程师常驻施工现场,随时检查进度计划的进展情况,将实际进度与计划进度进行比较,是通信工程建设项目监理实施过程中进行进度监控的主要环节。根据工程项目的具体情况,可采用不同的进度计划检查方法。

1. 横道图比较法

横道图比较法是指将项目施工过程中检查实际进度收集到的数据,经加工处理后直接用横道线平行绘于原计划的横道线处,进行实际进度与计划进度的比较方法。这种方法可以形象、直观地反映实际进度与计划进度的比较情况。根据工程中各项工作的进展是否匀速,又可分为匀速进展横道图比较法和非匀速进展横道图比较法两种。

1) 匀速进展横道图比较法

匀速进展是指在通信工程建设项目中,每项工作从开始到结束的整个过程在单位时间内完成的任务是相等的。这时,每项工作累计完成的任务量与时间呈线性关系。因此,可按以下步骤绘制横道图。

(1) 编制工程进度横道图计划。

(2) 在进度计划上标出检查的日期。

(3) 将收集到的实际进度数据整理后按比例用涂黑的粗线标于计划进度的下方。

(4) 分析实际进度与计划进度的偏差情况:

① 涂黑的粗线右端落在检查日期左侧——表示进度拖后;

② 涂黑的粗线右端落在检查日期右侧——表示进度超前;

③ 涂黑的粗线右端与检查日期重合——表示进度一致。

匀速进展横道图如图 4-32 所示。

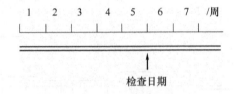

图 4-32　匀速进展横道图

2) 非匀速进展横道图比较法

非匀速进展是指工作在不同单位时间的进展速度是变化的,这时,累计完成的任务量与时间是非线性关系。在横道图上用涂黑的粗线表示工作时间实际进度的同时,还要标出其对应时刻完成任务量的累计百分比,以方便判断工作实际进度与计划进度之间的关系。其绘制步骤如下。

(1) 编制横道图进度计划。

(2) 在横道线上方标出各主要时间工作的计划完成任务量累计百分比。

(3) 在横道线下方标出相应时间工作的实际完成任务量累计百分比。

(4) 用涂黑粗线标出工作的实际进度,从开始之日标起,同时反映出工作中的连续和中断情况。

(5) 在检查日期进行工作实际进度与计划进度的比较:

① 如果横道线上方累计百分比大于横道线下方累计百分比——实际进度拖后两者之差;

② 如果横道线上方累计百分比小于横道线下方累计百分比——实际进度超前两者之差;

③ 同一时刻横道线上下的累计百分比相等——实际进度与计划进度一致。

非匀速进展横道图如图 4-33 所示。

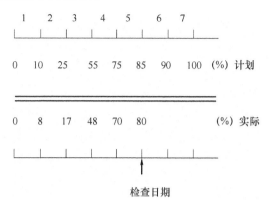

图 4-33　非匀速进展横道图

横道图中,各项工作之间的逻辑关系表达不明确,关键工作和关键线路无法确定,因而带有无法克服的局限性。一旦某些工作实际进度出现偏差时,难以预测其对后续工作和工程总工期的影响,不利于进度计划的调整。因此,横道图比较法主要用于工程项目中某些工作实际进度与计划进度的局部比较。

2. S 曲线比较法

S 曲线比较法是以横坐标表示时间,纵坐标表示累计完成任务量,绘制一条按计划时间累计完成任务量的 S 曲线,然后将工程项目实施过程中各检查时间实际累计完成任务量的 S 曲线也绘制在同一坐标系中,通过实际进度与计划进度比较,了解工程项目实际进展情况,得到工程项目实际进度超前或拖后的时间、工程项目实际超额或拖欠的任务量,同时可以对工程后期进度进行预测。

根据累计完成任务量绘制 S 曲线如图 4-34 所示。

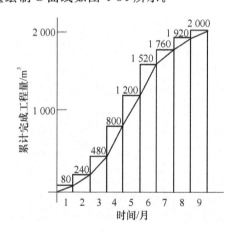

图 4-34　根据累计完成任务量绘制 S 曲线

项目实施过程中,按照规定将收集到的实际累计完成任务量绘制在原计划 S 曲线图上,得到实际进度 S 曲线,进行对比分析,如图 4-35 所示。

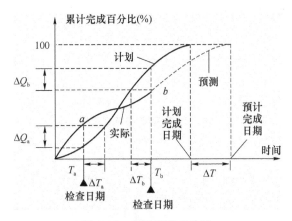

图 4-35　实际进度 S 曲线

3. 香蕉曲线比较法

香蕉曲线是由 S 曲线合成的闭合曲线。在工程项目中,工程项目累计完成的任务量与计划时间的关系可以用一条 S 曲线来表示。以各项工作最早开始时间安排进度而绘制的曲线称为 ES 曲线;以各项工作最迟开始时间安排进度而安排的曲线称为 LS 曲线。两条 S 曲线具有相同的起点和终点,形成一个封闭的包络区间。一般情况下,ES 曲线上的其余各点均落在 LS 曲线的相应点的左侧,一个合理的进度计划优化曲线应该处于香蕉曲线所包络的区域内。因此,香蕉曲线比较法可以根据每次检查收集到的实际完成任务量,绘制出实际进度 S 曲线,与计划进度进行比较,判断进度计划执行是否超前或落后,预测后期工程进展情况,合理调整安排工程项目进度计划。

香蕉曲线的绘制与 S 曲线基本相同,可按以下步骤进行。

(1) 根据工程项目的网络计划计算各项工作的最早开始时间和最迟开始时间。

(2) 分别按最早开始时间和最迟开始时间安排进度计划,确定两种情况下每项工作在各单位时间的计划任务量。

(3) 将各项工作在各单位时间计划完成的任务量累计,计算工程总任务量。

(4) 分别按最早开始时间和最迟开始时间安排进度计划,确定两种情况下每项工作在不同时间累计完成的计划任务量。

(5) 按(4)中确定的各时间累计完成任务量描绘各点,并连接各点得到 ES 和 LS 曲线构成香蕉曲线。

(6) 将检查得到的实际累计完成任务量按同样的方法在原计划香蕉曲线图上绘出实际进度曲线,进行实际进度与计划进度的对比,如图 4-36 所示。

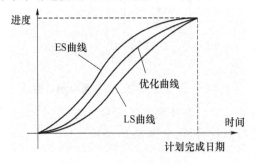

图 4-36　实际进度曲线

4. 前锋线比较法

前锋线是指在时标网络计划图上,从检查时刻的时标点出发,用点画线依次将各项工作实际进展位置点连接而成的折线。通过绘制某检查时刻工程项目实际进度前锋线,观察其与原进度计划中各工作箭线交点的位置来判断是否产生偏差及其对后续工作和总工期的影响程度。前锋线比较法主要用于工作实际进度与计划进度之间的局部比较,分析和预测工程项目整体进度情况。其实施步骤如下。

(1) 绘制工程项目时标网络计划图,在上下方各设一时间坐标。

(2) 从时标网络图上方时间坐标的检查日期开始绘制实际进度前锋线,最后与下方坐标的检查日期相连接。

(3) 根据前锋线进行实际进度与计划进度的比较:

① 工作实际进展位置点落在检查日期的左侧——实际进度拖后二者之差;

② 工作实际进展位置点落在检查日期的右侧——实际进度超前二者之差;

③ 工作实际进展位置点与检查日期重合——实际进度与计划进度一致。

(4) 根据工作的自由时差和总时差预测进度偏差对后续工作及总工期的影响。

前锋线比较图如图 4-37 所示。

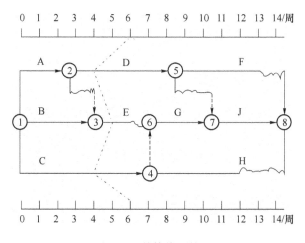

图 4-37　前锋线比较图

5. 列表比较法

当工程进度计划采用非时标网络图表示时,可采用列表法比较。这种方法是记录检查日期应该进行的工作名称及其已经作业的时间,然后列表计算有关时间参数,根据工作总时差进行实际进度与计划进度的比较。其步骤如下。

(1) 对实际进度检查日期应该进行的工作,确定其尚需作业的时间。

(2) 根据原进度计划计算检查日期应该进行的工作从检查日期到原计划最迟完成时间尚余时间。

(3) 计算工作尚有总时差,其值等于工作从检查日期到原计划最迟完成时间尚余时间与该工作尚需作业时间之差。

(4) 比较实际进度与计划进度:

① 工作尚有时差与原有总时差相等——实际进度与计划进度一致;

② 工作尚有时差大于原有总时差——实际进度超前二者之差;

③ 工作尚有时差小于原有总时差,且为非负值——实际进度拖后二者之差,但不影响总工期;

④ 工作尚有时差小于原有总时差,且为负值——实际进度拖后二者之差,此偏差将影响总工期。

(5) 根据如图 4-38 所示的进度计划,第六周检查时得到如下工程进度检查比较表,见表 4-5。

表 4-5 工程进度检查比较表

工作代号	工作名称	检查计划时尚需作业周数	到计划最迟完成时尚余周数	原有总时差	尚有总时差	情况判断
2—5	D	4	2	0	—2	拖后 2 周,影响工期 1 周
3—6	E	1	2	1	1	拖后 1 周,不影响工期
1—4	C	3	1	0	—2	拖后 2 周,影响工期 2 周

4.4.2 施工进度计划的调整

使用上述进度计划检查方法,可以对施工计划进度进行分析,根据分析结果对进度计划进行调整。

1. 进度偏差的分析

通过对采集的实际进度数据与计划进度数据的对比,可以找到产生进度偏差的具体原因,并分析对总工期产生的影响。主要从以下三个方面进行考虑。

1) 分析出现进度偏差的工作是否为关键工作

若出现偏差的工作为关键工作,则必须采取相应的调整措施;若出现偏差的工作不是关键工作,需要根据偏差值与总时差和自由时差的大小关系,确定对后续工作和总工期的影响程度。

2) 分析进度偏差是否大于总时差

若工作的进度偏差大于该工作的总时差,说明此偏差对后续工作产生影响,应采取相应的调整措施;若工作的进度偏差没超过该工作的总时差,则对总工期不产生影响,对后续工作的影响应根据偏差值与其自由时差的关系进一步分析。

3) 分析进度偏差是否大于自由偏差

若工作的进度偏差大于该工作的自由时差,说明此偏差对后续工作产生影响,应根据后续工作允许影响的程度来确定如何调整;若工作的进度偏差小于或等于该工作的自由时差,则说明此偏差对后续工作无影响,因此原进度计划可以不作调整。

2. 施工进度计划的调整方法

在对实施的施工进度计划分析的基础上,确定调整原计划的方法,主要有以下两种。

　　1）改变某些作业间的逻辑关系

　　若检查的实际施工进度产生的偏差影响了总工期，并且有关作业之间的逻辑关系允许改变，可以改变关键线路和超过计划工期的非关键线路上的有关作业之间的逻辑关系，达到缩短工期的目的。

　　2）缩短某些作业的持续时间

　　这种方法是不改变作业之间的逻辑关系，只是缩短某些作业的持续时间，而使施工进度加快，以保证实现计划工期的方法。这些被压缩持续时间的作业是位于因实际施工进度引起总工期增长的关键线路和某些非关键线路上的工作。同时，这些作业又是可压缩持续时间的工作。这种方法实际上就是网络计划优化中的工期优化方法和工期与成本优化的方法，一般有以下三种情况。

　　① 网络计划中某项作业进度拖延的时间已超过其自由时差但未超过其总时差。这时该作业不会影响总工期，但对后续作业会产生影响，需要确定其后续作业允许拖延的时间限制作为进度调整的依据。

　　② 网络计划中某项作业进度拖延的时间超过其总时差。这时该作业进度偏差对后续作业和总工期都产生了影响。因此，调整时除了要考虑总工期的限制外，还要考虑后续作业的限制条件，否则会引起工程的索赔和工作协调上的困难。

　　③ 网络计划中某项作业进度超前。某项作业进度超前可能会使资源的需求发生变化，从而打乱了原计划对人、财、物等资源的合理安排，导致后续作业时间安排的变化，给监理工程师的协调工作带来了许多麻烦，因此也要根据具体情况进行调整。

4.5　通信工程建设设计阶段的进度控制

　　设计阶段是通信工程项目建设程序中的一个重要阶段，同时也是影响工程项目建设工期的关键阶段之一。如果工程项目采用全过程监理，则监理工程师必须采取有效的措施对工程设计进度进行控制，以保证通信建设工程项目总进度目标的实现。

4.5.1　影响设计进度的因素

　　通信建设工程设计工作属于多专业协作配合的智力劳动，在工程设计过程中，影响其进度的因素很多，归纳起来主要有以下方面。

　　1. 业主建设意图及要求改变的影响

　　通信建设工程设计是根据业主的建设意图和要求进行的，所有的工程设计必然是业主意图的体现。因此，在设计过程中，如果业主改变其建设意图和要求，就会引起工程设计单位的设计变更，必然会对设计进度造成影响。

　　2. 设计审批时间的影响

　　通信建设工程设计是分阶段进行的，如果前一阶段（如初步设计）的设计文件不能顺利得到批准，必然会影响下一阶段（如施工图设计）的设计进度。因此，设计审批时间的长短在一定条件下将影响设计进度。

3. 设计各专业之间协调配合的影响

如前所述,通信建设工程设计是一个多专业、多方面协调合作的复杂过程,如果业主、设计单位、监理单位等各单位之间,以及土建、电气、通信等各专业之间没有良好的协作关系,必然会影响工程设计工作的顺利实施。

4. 工程变更的影响

当建设工程采用 CM(建筑工程管理)法实行分段设计、分段施工时,如果在已施工的部分发现一些问题而必须进行工程变更,也会影响设计工作进度。

5. 材料代用、设备选用失误的影响

材料代用、设备选用的失误将会导致原有工程设计失效而需重新进行设计,会影响设计工作进度。

4.5.2 设计阶段进度控制的目标

设计阶段进度控制的最终目标是按质、按量、按时间要求提供施工图设计文件。按照工作进展情况,设计包括了设计准备、初步设计、技术设计、施工图设计等阶段,为了确保设计进度总目标的实现,必须明确每一阶段的进度控制目标。

1. 设计准备阶段进度控制目标

设计准备阶段包括确定规划设计条件、提供设计的基础数据以及委托设计单位等工作。它们都应有明确的时间目标。

1)落实规划设计条件

建设单位要持通信建设工程项目的批文和建设用地通知书,向城市规划管理部门申请确定拟建项目的规划设计条件。

2)提供设计的基础资料

建设单位要及时向设计单位提供完整、可靠的基础设计资料,作为设计单位进行设计的主要依据。

3)选择设计单位,签订设计合同

建设单位可以通过直接指定、设计招标及设计方案竞赛等方式选择设计单位,签订通信建设工程项目设计合同。

2. 初步设计阶段进度控制目标

初步设计应根据建设单位提供的基础资料进行,根据已批准的项目可行性报告和项目估算,编制项目的总概算文件,报有关主管部门审批,作为确定建设项目投资、编制固定资产投资计划以及编制技术设计的主要依据。

3. 技术设计阶段进度控制目标

建设周期较长的工程项目一般采用三阶段设计。在已审批的初步设计基础上进行技术设计,对总概算文件进行修正,形成修正的概算文件,报有关主管部门审批,作为工程拨款和施工图设计的依据。

4. 施工图设计阶段进度控制目标

施工图设计是设计的最后一个阶段,其工作进度将直接影响通信建设工程项目的施工进度,进而影响通信建设工程总进度目标的实现。施工图设计应以批准的初步设计(或技术设计)文件为依据,根据工程总概算编制项目的预算文件,用于工程项目的招投标,指导工程项目的施工。

4.5.3　设计阶段进度控制的措施

选定设计单位后,设计工作主要由设计单位完成,设计单位本身要做好进度控制工作,制定进度控制的措施。在委托监理的情况下,监理机构也有义务和权利采取措施对设计单位的设计进度进行监控。

1. 设计单位的进度控制措施

为了履行设计合同,按期提交施工图设计文件,设计单位应采取有效措施,控制通信建设工程设计进度。

(1) 建立计划部门,负责设计单位年度计划的编制和工程项目设计进度计划的编制。

(2) 建立健全设计技术经济定额,并按定额要求进行计划的编制与考核。

(3) 实行设计工作技术经济责任制,将职工的经济利益与其完成任务的数量和质量挂钩。

(4) 制订切实可行的设计总进度计划、阶段性设计进度计划和设计进度作业计划。在编制计划时,加强与建设单位、监理单位、科研单位及承包施工单位的协作与配合,使设计进度计划积极可靠。

(5) 真正实施设计进度计划,力争设计工作有节奏、有秩序、合理搭接地进行。在执行计划时,要定期检查计划的执行情况,并及时对设计进度进行调整,使设计工作始终处于可控状态。

(6) 坚持按基本建设程序办事,尽量避免进行"边设计、边准备、边施工"的"三边"设计。

(7) 不断分析总结设计进度控制工作经验,逐步提高设计进度控制工作水平。

2. 设计阶段监理单位的进度控制工作

通信工程设计工作涉及众多因素,设计工作本身又是多专业的产物,设计的周期往往很长。因此,控制设计进度,不仅对工程建设总进度的控制有着重要的意义,同时通过确定合理的设计周期,也使工程设计的质量得到保证。监理工程师在实施设计进度控制时应重点做好以下方面的工作。

1) 确定合理的设计工期目标

在设计阶段,监理工程师设计进度控制的主要任务是根据项目总工期要求,协助建设单位确定合理的设计工期目标和设计进度控制分目标。设计工期目标包括初步设计、技术设计工期目标,施工图设计工期目标。在确定初步设计、技术设计工期目标时,除了要考虑设计工作本身及时进行设计分析和评审所花的时间外,还要考虑设计文件的报批时间。施工图设计是工程设计的最后阶段,其工作进度将直接影响工程项目的施工进度,必须合理地确定施工图设计交付时间目标,以确保工程设计进度总目标的实现。为了进行有效的设计进度控制,还应把各阶段设计进度目标具体化,将它们分解为分目标,以有利于各阶段、各专业的设计进度控制。

2) 提供设计基础资料

监理工程师应按合同要求及时、准确、完整地提供设计所需要的基础资料和数据。

3) 优选设计单位,协助建设单位签订设计合同

设计单位的选定可以采用直接指定、设计招标及设计方案竞赛等方式。优选设计单位、

签订设计合同对保证设计质量、降低设计费用、缩短设计工期有重要的意义。

4)审查设计单位设计进度计划,并监督执行

合同中应明确设计进度,进度计划应包括设计总进度控制计划、阶段性设计进度计划、设计进度作业计划。监理工程师应认真审查各种设计进度计划以及设计单位的进度控制体系和采用的控制措施,并根据设计合同规定进行监督。

5)做好协调工作

监理工程师应协调各设计单位的工作,使他们能一体化地开展工作,保证设计能按进度计划要求进行。监理工程师还应与外部有关部门协调相关事宜,保障设计工作顺利进行。

6)加强设计变更的管理

设计变更对设计进度有很大的影响,监理工程师应加强对设计变更的管理。

4.6 通信建设工程施工阶段的进度控制

施工阶段是通信建设工程实体的形成阶段,对其进度实施控制是建设工程项目进度控制的重点。做好施工进度计划与工程项目建设总进度计划的衔接,并跟踪检查施工进度计划的执行情况,在必要时对施工进度计划进行调整,对于通信建设工程项目进度控制总目标的实现具有十分重要的意义。

监理工程师施工阶段进度控制的主要任务是通过完善建设工程控制性进度计划、审查施工单位进度计划、做好各项动态控制工作、协调各单位关系、预防并处理好工期索赔,以求实现施工进度达到计划进度的要求。

4.6.1 施工进度控制的总目标

施工项目进度控制的总目标是确保通信工程施工项目的既定目标工期的实现,或者在保证施工质量和不因此而增加施工实际成本的条件下,适当缩短施工工期。

4.6.2 施工进度控制工作流程

通信建设工程施工进度控制工作从审核承包施工单位提交的施工进度计划开始,直至建设工程保修期满为止。控制工作流程如图 4-38 所示。

按照事情发生的先后顺序,施工阶段进度控制可分为事前控制、事中控制和事后控制三个阶段。各阶段的具体控制工作内容随后叙述。

4.6.3 施工阶段进度控制的事前控制

通信建设工程施工阶段进度事前控制的要点是审核承包单位的施工进度计划。这一阶段监理工程师的任务就是,在满足工程项目建设总进度目标要求的基础上,根据工程特点,确定进度目标,明确各阶段进度控制任务。

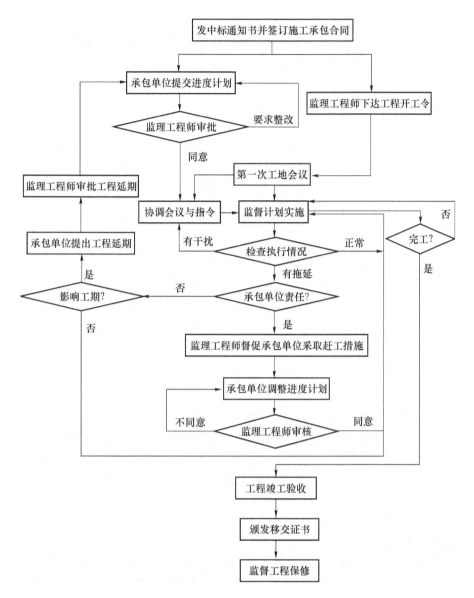

图 4-38　建设工程施工进度控制工作流程

1. 建立施工进度控制目标体系

为了保证工程项目能按期完成工程进度预期目标,需要对施工总进度目标从不同角度层层分解,形成施工进度控制目标体系,从而作为进度控制的依据。

1) 按项目组成分解,确定各单项工程开工和完工日期

各单项工程的进度目标在工程项目建设总进度计划及建设工程年度计划中都有体现,在施工阶段应进一步明确各单项工程的开工和完工日期,以确保施工总进度目标的实现。

2) 按承包单位分解,明确分工条件和承包责任

在一个单项工程中有多个承包单位参加施工时,应按承包单位将单项工程的进度目标分解,确定各分包单位的进度目标,列入分包合同,以便落实分包责任,并根据各专业工程交叉施工方案和前后衔接条件,明确不同承包单位工作面交接的条件和时间。

3) 按施工阶段分解,划定进度控制分界点

根据工程项目的特点,应将其施工分为几个阶段。每一阶段的起止时间都要有明确的标志。特别是不同单位承包的不同施工段之间,更要明确划定时间分界点,以此作为形象进度的控制标志,从而使单项工程完工目标具体化。

4) 按计划期分解,组织综合施工

将工程项目的施工进度控制目标按年度、季度、月(旬)进行分解,并用实物工程量或形象进度表示,将更有利于监理工程师明确对承包单位的进度要求。同时,还可以据此监督实施,检查完成情况。计划期越短,进度目标越细,进度检查就越及时,发生进度偏差时就越能有效采取措施予以纠正。这样,就形成一个有计划有步骤协调施工、长期目标对短期目标自上而下逐级控制、短期目标对长期目标自下而上逐级保证、逐步完成进度总目标的情况,最终达到工程项目按期竣工的目的。

2. 施工阶段进度控制事前控制的具体措施

1) 编制施工阶段进度控制工作细则

工作细则是针对具体的施工项目来编制的,是监理规划在内容上的进一步深化和补充,是施工阶段监理人员实施进度控制的一个指导性文件,由项目监理机构中进度控制部门的监理工程师负责编制。其主要内容包括:

(1) 施工进度控制目标分解图;

(2) 施工进度控制的主要工作内容和深度;

(3) 进度控制人员的职责分工;

(4) 与进度控制有关各项工作的时间安排及工作流程;

(5) 进度控制的方法(包括进度检查周期、数据采集方式、进度报表格式、统计分析方法等);

(6) 进度控制的具体措施(包括组织措施、技术措施、经济措施及合同措施等);

(7) 施工进度控制目标实现的风险分析;

(8) 尚待解决的有关问题。

2) 编制或审核施工总进度计划

为了保证建设工程的施工任务按期完成,监理工程师必须审核承包单位提交的施工进度计划。对于大型建设工程,由于单位工程较多、施工工期长,且采取分期分批发包,又没有一个负责全部工程的总承包单位,就需要监理工程师编制施工总进度计划;或者当建设工程由若干个承包单位平行承包时,监理工程师也有必要编制施工总进度计划。施工总进度计划应确定分期分批的项目组成;各批工程项目的开工、竣工顺序及时间安排;全场性准备工程,特别是首批准备工程的内容与进度安排等。

当建设工程有总承包单位时,监理工程师只需对总承包单位提交的施工总进度计划进行审核即可,要求承包单位在编制工程进度计划时,必须贯彻合同条件及技术规范,并有一个合理工期。而对于单位工程施工进度计划,监理工程师只负责审核而不需要编制。工程进度计划应表达施工中的全部活动及其他相关联系,反映施工组织及施工方法,充分使用人力和设备,预测可能出现的施工障碍和变化。

工程施工总进度计划的编制方法在本章 4.2 节中已有详细说明,这里不再叙述。监理工程师对施工进度计划审核的主要内容如下。

（1）进度安排是否符合工程项目建设总进度计划中总目标和分目标的要求，是否符合施工合同中开工、竣工日期的规定。

（2）施工总进度计划中的项目是否有遗漏，分期施工是否满足分批动用的需要和配套动用的要求。

（3）施工顺序的安排是否符合施工工艺的要求。

（4）劳动力、材料、构配件、设备及施工机具、水、电等生产要素的供应计划是否能保证施工进度计划的实现，供应是否均衡，需求高峰期是否有足够能力实现计划供应。

（5）总包、分包单位分别编制的各项单位工程施工进度计划之间是否相协调，专业分工与计划衔接是否明确合理。

（6）对于建设单位负责提供的施工条件（包括资金、施工图纸、施工场地、采供的物资等），在施工进度计划中安排得是否明确、合理，是否有造成因建设单位违约而导致工程延期和费用索赔的可能存在。

如果监理工程师在审查施工进度计划的过程中发现问题，应及时向承包单位提出书面修改意见（也称整改通知书），并协助承包单位修改。其中重大问题应及时向建设单位汇报。

应当说明的是，编制和实施施工进度计划是承包施工单位的责任。承包施工单位之所以将施工进度计划提交给监理工程师审查，是为了听取监理工程师的建设性意见。因此，监理工程师对施工进度计划的审查或批准，并不能解除承包施工单位对施工进度计划的任何责任和义务。此外，对监理工程师来讲，其审查施工进度计划的主要目的是为了防止承包施工单位计划不当，以及为承包施工单位保证实现合同规定的进度目标提供帮助。如果强制地干预承包施工单位的进度安排，或支配施工中所需要的劳动力、设备和材料，将是一种错误行为。

尽管承包施工单位向监理工程师提交施工进度计划是为了听取建设性的意见，但施工进度计划一经监理工程师确认，即应当视为合同文件的一部分，它是以后处理承包单位提出的工程延期或费用索赔的一个重要依据。

3）审核施工单位提交的施工进度计划

主要审核施工进度计划是否符合总工期控制目标的要求；审核施工进度计划与施工方案的协调性和合理性等。在按计划期编制的进度计划中，监理工程师应着重解决承包单位施工进度计划之间、施工进度计划与资源（包括资金、设备、机具、材料及劳动力）保障计划之间及外部协作条件的延伸性计划之间的综合平衡与相互衔接问题，并根据上期计划的完成情况对本期计划作必要的调整，从而作为承包单位近期执行的指令性计划。

4）审核施工单位提交的施工方案和施工总平面图

5）制订由建设单位提供的物资供应计划

物资供应进度与工程实施进度是相互衔接的，完善合理的物资供应计划是实现进度控制目标的根本保证。监理工程师必须明确物资的供应方式，编制建设单位负责供应的物资计划。

6）督促和协助合同各方做好施工准备工作

7）下达工程开工令

监理工程师应根据承包单位和建设单位双方关于工程开工的准备情况，选择合适的时机发布工程开工令。工程开工令的发布，要尽可能及时，因为从发布工程开工令之日算起，加上合同工期后即为工程竣工日期。如果开工令发布拖延，就等于推迟了竣工时间，甚至可能引起承包单位的索赔。

为了检查双方的准备情况,在一般情况下应由监理工程师组织召开有建设单位(业主)和承包单位参加的第一次工地会议。建设单位业主应按照合同规定,做好征地拆迁工作,及时提供施工用地。同时,还应当完成法律及财务方面的手续,以便能及时向承包单位支付工程预付款。承包单位应当将开工所需要的人力、材料及设备准备好,同时还要按合同规定为监理工程师提供各种条件。

4.6.4 施工阶段进度控制的事中控制

1. 施工阶段进度事中控制的要点

1)监督实施

根据总监理工程师批准的进度计划,监督承包单位组织施工。

2)检查进度

在计划执行过程中,监理工程师随时按照进度计划检查实际工程进度情况。这时可以根据实际情况,选用前面介绍的各种检查方法。

3)分析进度偏差

监理工程师将实际进度与原有进度计划进行比较,分析实际进度与计划进度两者之间偏离的原因。

4)处理措施

监理工程师针对分析出的原因,研究纠偏的对策和措施,并督促承包单位实施。

2. 施工阶段进度事中控制的措施

1)协助承包单位实施进度计划

监理工程师要随时了解施工进度计划执行过程中所存在的问题,并帮助承包单位予以解决,特别是承包单位无力解决的内外关系协调问题。建立反映工程实际进度的监理日志,逐日如实记载每日完成的无误及实物工程量,并详细记录影响工程进度的包括内部、外部、人为和自然等的各种因素,还要记载工程中发生的每个问题以及解决方法。

2)监督施工进度计划的实施

监督施工进度计划的实施是建设工程施工进度控制的经常性工作。监理工程师不仅要及时检查承包单位报送的施工进度报表和分析资料,协助施工单位实施进度计划,随时注意施工进度计划的关键控制点,了解进度实施的动态,同时还要进行必要的现场实地检查,核实所报送的已完项目的时间及工程量,杜绝虚报现象。

在对工程实际进度资料进行整理的基础上,监理工程师应将其与计划进度相比较,以判定实际进度是否出现偏差。如果出现进度偏差,监理工程师应进一步分析此偏差对进度控制目标的影响程度及其产生的原因,签发监理工程师通知单,指令承包单位采取调整措施。当实际进度严重滞后于计划进度时,应及时报总监理工程师,由总监理工程师与建设单位商定采取进一步措施,必要时调整工期目标。

3)组织现场协调会

监理工程师应每月、每周定期组织召开不同层级的现场协调会议,以解决工程施工过程中的相互协调配合问题。在每月召开的高级协调会上通报通信工程项目建设的重大变更事项,协商其后果处理,解决各个承包单位之间以及建设单位业主与承包单位之间的重大协调配合问题。在每周召开的管理层协调会上,通报各自进度状况、存在的问题及下周的安排,解决施工中的相互协调配合问题。通常包括:各承包单位之间的进度协调问题;工作面交接和阶段成品保护责任问题;场地与公用设施利用中的矛盾问题;某一方面断水、断电、断路、开挖要求对其他方面影响的协调问题以及资源保障、外协条件配合问题等。

在平行、交叉施工单位多,工序交接频繁且工期紧迫的情况下,现场协调会甚至需要每日召开。在会上通报和检查当天的工程进度,确定薄弱环节,部署当天的赶工任务,以便为次日正常施工创造条件。

对于某些未曾预料的突发变故或问题,监理工程师还可以通过发布紧急协调指令,督促有关单位采取应急措施维护施工的正常秩序。

4)签发工程进度款支付凭证

监理工程师应对承包单位申报的已完分项工程量进行核实,在质量监理人员检查验收后,签发工程进度款支付凭证。

5)审批工程延期

造成工程进度拖延的原因有两个方面:一是由于承包单位自身的原因;二是由于承包单位以外的原因。前者所造成的进度拖延称为工程延误;而后者所造成的进度拖延称为工程延期。监理工程师要根据具体情况区别处理。

(1)工程延误:当出现工期延误时,监理工程师有权要求承包单位采取有效措施加快施工进度。如果经过一段时间后,实际进度没有明显改进,仍然拖后于计划进度,而且显然影响工程按期竣工时,监理工程师应要求承包单位修改进度计划,并提交给监理工程师重新确认。

监理工程师对修改后的施工进度计划的确认,并不是对工程延期的批准,只是要求承包单位在合理的状态下施工。因此,监理工程师对进度计划的确认,并不能解除承包单位应负的一切责任,承包单位需要承担赶工的全部额外开支和误期损失赔偿。

(2)工程延期:如果由于承包单位以外的原因造成工期拖延,承包单位有权提出延长工期的申请。监理工程师应根据合同规定,审批工程延期时间。经监理工程师核实批准的工程延期时间,应纳入合同工期,作为合同工期的一部分。即新的合同工期应等于原定的合同工期加上监理工程师批准的工程延期时间。

监理工程师对于施工进度的拖延,是否批准为工程延期,对承包单位和建设单位业主都十分重要。如果承包单位得到监理工程师批准的工程延期,不仅可以不赔偿由于工期延长而支付的误期损失费,而且还要由建设单位业主承担由于工期延长所增加的费用。因此,监理工程师应按照合同的有关规定,公正地区分工程延误和工程延期,并合理地批准工程延期时间。

6)向业主提供进度报告

监理工程师应随时整理进度资料,并作好工程记录,定期向建设单位业主提交工程进度报告。

7)督促承包单位整理技术资料

监理工程师要根据工程进展情况,督促承包单位及时整理有关技术资料,以方便在工程竣工时进行资料移交。

4.6.5　施工阶段进度控制的事后控制

1. 施工进度事后控制的要点

事后控制的要点主要是对原计划中发生变化的项目进行调整和修改。

2. 施工进度事后控制的具体措施

(1) 及时组织验收工作,以保证下一阶段施工的顺利开展。当单位工程达到竣工验收条件后,承包单位在自行预验的基础上提交工程竣工报验单,申请竣工验收。监理工程师在对竣工资料及工程实体进行全面检查、验收合格后,签署工程竣工报验单,并向建设单位业主提出质量评估报告。

(2) 处理工程索赔与反索赔。监理工程师首先要查证提出索赔方依据的合同凭证,核实索赔的原因是否属实,并根据相关的标准和定额确定索赔费用的数量。

(3) 根据实际施工进度,及时修改和调整进度计划及监理工作计划,以保证下一阶段工作的顺利开展。工程进度计划的调整要注意:

① 在工程进行中,当实际进度与计划进度发生偏差时,监理工程师应协助承包单位分析产生偏离的原因,确定对后续工作的影响,并采取调整措施和方案,以保证总目标的实现;

② 承包单位如要调整进度计划,必须报总监理工程师批准;

③ 承包单位调整进度计划,必须保证进度总目标不变,若总目标变动时,需经建设单位认可。

(4) 制订保证总工期不突破的对策措施如下:

① 技术措施,如缩短工艺时间、减少技术间歇时间、实行平行流水立体交叉作业等;

② 组织措施,如增加作业队伍、增加工作人数、增加工作班次以及增加施工设备等;

③ 经济措施,如实行包干奖金、提高计件单价、提高奖金水平等;

④ 其他配套措施,如改善外部配合条件、改善劳动条件、实行强有力调度等。

审签承包单位制定的总工期突破后的补救措施。调整相应的施工计划、材料设备、资金供应计划等,在新的条件下组织新的协调和平衡。

(5) 工程进度资料的管理。在工程完工以后,监理工程师应将工程进度资料收集起来,进行归类、编目和建档,以便为今后其他类似工程项目的进度控制提供参考。

(6) 工程移交。监理工程师应督促承包单位办理工程移交手续,颁发工程移交证书。在工程移交后的保修期内,还要处理验收后质量问题的原因及责任等争议问题,并督促责任单位及时修理。当保修期结束且再无争议时,建设工程进度控制的任务即告完成。

复习题

1. 什么是双代号和单代号网络图?
2. 组成双代号网络图的三要素是什么?
3. 虚箭杆在双代号网络图中的作用是什么?
4. 双代号网络图的绘制规则是什么?
5. 单代号网络图的绘制规则是什么?
6. 单位工程施工进度计划有什么作用?编制单位工程施工进度计划的依据是什么?
7. 单代号与双代号网络图有何不同?
8. 单位工程施工组织设计的内容主要包括哪三部分?

第5章 通信建设工程施工安全管理

5.1 施工安全管理风险等级

为加强施工安全管理,需要建立长效的施工安全风险管控机制,对工程施工各环节进行风险管控,有效防范安全风险。以施工环节为管理单位,运用风险警示沟通机制,警示工程施工人员进行风险防范,提醒项目管理人员进行风险管控,主动防范安全事故发生。因此,需要对项目的风险等级作出评判,施工单位在理解风险评估报告的基础上,结合施工组织和环境,制订施工组织设计方案。在工程实施时,施工单位负责在每个施工环节前向监理单位提供环节实施的准确时点和风险信息,监理单位负责整个工程项目施工的风险监测和现场管控,审定各个环节的风险等级,确保工程实施的安全。

一般的风险等级可以分为 A、B、C、D 四级。

1. A 级

施工环节属于以下情况之一,可以定为 A 级:

(1) 施工中存在可能发生火灾、爆炸、坍塌等事故;

(2) 施工中包含有在电信枢纽机楼、核心机楼实施网络设备、业务平台、支撑系统等重要设备的割接、加电、软件升级等活动;

(3) 施工环节包含有在电信枢纽机楼实施触及在用设备、网络的工程活动;

(4) 施工环节包含有对一、二级干线光缆的割接活动;

(5) 施工环节存在一、二级光缆干线路由附近的开挖、种杆、埋地线等活动;

(6) 施工环节的网络安全风险评估值大于 320;

(7) 施工环节造成其他运营商网络中断的风险评估值大于 160;

(8) 施工环节人身安全风险评估值大于 1 000。

2. B 级

施工环节属于以下情况之一,可以定为 B 级:

(1) 施工环节包含有在电信一般机楼(片区汇接层)内实施重要系统的割接、加电、软件升级等活动;

(2) 施工环节包含有在电信核心机楼(本地汇接层)实施触及在用设备、网络的工程活动;

(3) 施工环节包含有对本地中继光缆的割接活动；

(4) 施工环节存在本地中继光缆路由附近的开挖、种杆、埋地线等活动；

(5) 施工环节的网络安全风险评估值高于160、小于320；

(6) 施工环节造成其他运营商网络中断的风险评估值高于70、小于160；

(7) 施工环节人身安全风险评估值大于320、小于1 000。

3. C 级

施工环节属于以下情况之一，可以定为 C 级：

(1) 施工环节包含有在电信接入机楼实施割接、加电、软件升级等活动；

(2) 施工环节包含有对主干光缆、电缆的割接活动；

(3) 施工环节存在接入层光缆路由附近的开挖、种杆、埋地线等活动；

(4) 在各等级机房内，存在对承载重要客户业务的资源接触的活动；

(5) 施工环节的网络安全风险评估值高于70、小于160；

(6) 施工环节存在造成其他运营商网络中断的可能，但风险评估值不高于70；

(7) 施工环节人身安全风险评估值大于70、小于320。

4. D 级

施工环节属于以下情况之一，可以定为 D 级：

(1) 施工环节存在网络安全风险，但网络安全风险评估值不高于70；

(2) 施工环节存在人身安全风险，但安全风险评估值不高于70；

(3) 其他不足被评为 A、B、C 级，但存在网络安全风险的工程活动。

5.2 管线类工程施工安全风险控制

5.2.1 管线类工程施工安全风险分析

1. 管线类通信线路作业的性质和特点

线路作业属于事故多发工种，受社会环境、自然环境等外界影响较大，不安全的因素比较多，主要有：自然环境方面，如雷电、河流、湖泊、树林、房屋、气候等；人为因素，如通信线路与电力线路的平行与交叉跨越，与电车馈电线的交叉跨越，与自来水管道、污水管道、煤气管道、地下电力电缆的交叉跨越，作业人员的不正当操作以及人为破坏等。

按照国家特种作业人员管理规定，线路作业人员属于特种作业人员（原称特殊工种），应进行安全技术培训，考核合格后方可上岗操作。近年来，由于用工制度的改革，大量使用劳务工，生产人员未经培训，不懂安全操作技术和安全知识，致使线路事故占各类事故的比重较大，不仅涉及线务人员的安全，也涉及社会人员的安全，同时，还涉及机房设备的安全。因此，线路作业安全是工程施工安全管理工作的重点。

2. 管线类通信线路作业事故风险分析及应对措施

通信线路施工中由于作业环境复杂，使用多种机械设备，存在着一定程度的不安全、不卫生因素，对从业人员的安全和健康有一定的危害，其风险包括：因机械或人为原因发生机械伤害事故；管道施工过程中有些沟壁支撑不牢固，发生局部坍塌，砸伤施工人员；立杆、拆线施工中,当杆根不牢、操作程序不当或安全防护措施不力时,容易发生高处坠落、倒杆伤人事故;在通信线过公路施工时,有些路过的机动车不服从施工现场指挥人员的指挥,强行通过施工现场将通信线拉倒,造成施工员伤亡;机动车辆拖运器材,由于人货混装,当发生交通事故时,造成人员伤亡事故;安装用户电话时,将电话线甩到供电线路上,造成触电伤亡事故等。

1) 高处坠落事故原因分析及应对措施

高处坠落事故一般由以下原因造成。

(1) 高处作业人为失误,包括不打安全带、砍树坠落、攀登建筑物失足、超出攀登物承重力。

(2) 安全带或脚扣损坏。

(3) 杆上作业时由于杆根腐朽倒杆,或外力影响造成倒杆或断杆。

(4) 高处作业触电坠落(二次)事故。

(5) 梯脚打滑或竖立过陡而倒。

(6) 脚扣与杆径不匹配或上杆动作不正确。

(7) 坐滑板(吊板)作业由于人的失误或滑板(吊板)损坏。

因此,监理单位要督促施工企业采取相应安全措施,具体如下。

(1) 上杆前检查脚扣和安全带的安全性能,并要正确使用。

(2) 砍(修剪)树木时要找好位置,站或坐要稳,必要时也可使用脚扣、安全带,砍树姿势要掌握平衡顺手,用力不可过猛。

(3) 登上建筑物(站台)前,要先查看建筑物(构件)的承重能力,承重能力达不到的不要盲目攀登,待采取措施后再攀登。在建筑物(站台)上站稳后再作业,不能用力过猛。

(4) 上线杆前要检查杆根的腐朽及损毁情况,腐朽或损毁严重的不能上杆。上梯子作业前,要检查梯子的牢固程度、绝缘性能和防滑措施。

(5) 注意外力影响造成倒杆,如剪线时要防止张力失去平衡把线杆拉倒。要注意过往车辆挂线把线杆挂倒。

(6) 防止触电后二次事故坠落。作业前要先验电,证明通信线、钢绞线、拉线等无电后再作业。在建筑物(站台)、树上作业应观察周围有无电力线,作业时不能触及电力线,并保持安全距离。

(7) 用脚扣上杆时,选用脚扣的大小应与杆径相匹配。上杆应小步,身体与电杆保持适当距离。

2) 触电事故原因分析及应对措施

线路作业环境复杂,触电的原因多种多样,主要包括以下方面。

(1) 立杆时,由于电杆距离电力线近,立电杆过程中电杆失控,碰触电力线或高压线放电而造成触电,这种情况易造成多人触电。

(2) 线路施工中,在放线或紧线时钢绞线碰触电力线,因为施工人多,也容易造成多人触电。

(3) 雷雨天进行线路施工或维护,线路遭雷击或产生感应电,而造成人员触电。

(4) 高压线附近作业,由于高压放电或感应电压而造成触电。

(5) 电力线断落搭到通信线造成施工人员触电。如果电力线断落在地面上,存在跨步电压也会使施工人员触电。

(6) 电力线接触树木或其他导体,使树木或其他导体带电,线务员碰到树木或其他带电体,造成间接触电,甚至会发生二次事故。

(7) 在低压(380/220 V)电气线路(包括电车馈电线路)附近作业,人或工具失误碰到电气线路。

(8) 低压电气线路电线断落在水塘里,线务员下水作业也可能造成触电。

(9) 线务员使用手持电动工具或电动机械设备、行灯、电动抽水机、卷扬机、搅拌机等设备漏电,也有可能发生触电。

因此,施工单位平时要做好相应的防护措施,主要内容如下。

(1) 教育员工了解和掌握有关安全用电的基本知识,如电的性能、雷电知识、高压放电、跨步电压等,能够妥善处理施工中遇到的具体问题,掌握自我保护的本领。

(2) 增加安全意识,克服麻痹思想,遵守操作规程。作业前要观察周围环境,验证有无带电导体,确保安全距离,对用电器具要加装漏电保护装置,经常进行检查,确保其安全性能良好。线务员应使用触电预警器、双重绝缘或安全电压的手持电动工具。通信线路与电力线、广播电视线交越处要安装"三线交叉保护管"。

(3) 线路施工、维护人员要正确穿戴和使用安全帽、绝缘手套、绝缘鞋、试电笔、绝缘梯等劳动防护用品。

3) 有毒有害气体中毒和可燃气体爆燃事故

施工单位要做好通用的安全技术措施,主要内容如下。

(1) 遵守操作规程,进入通信管道人孔(井)作业之前必须先进行通风和检测,确认没有可燃、有害气体或其浓度在安全值以内时再下井作业。

(2) 可燃、有害气体检测与下井作业的间隔时间不能太长(一般不应超过 30 分钟)。每次作业前和井下污水排放后,都要重新进行检测。观察有害、可燃气体是否随着时间推移和污水减少经过电缆管道继续流入。

(3) 在下井作业过程中,要保持持续通风。同时,井上要有人监护,监护人员应掌握应急抢救方法。

(4) 不准在通信管道人孔内抽烟和使用明火照明。确须动用明火的,要认真检测可燃气体浓度,进行机械强制通风。

一旦发生中毒窒息事故,绝不能盲目进入救人,应先通风后再戴上氧气呼吸器进入施救,若现场周围缺乏通风设备或氧气呼吸器,应立即报警等待救援。

5.2.2 管线类工程施工安全风险控制

1. 施工作业环境安全

在街巷拐角、道路转弯处,有碍行人或车辆通行处,需要车辆临时停止通行处,挖掘的坑、洞、沟处,架空线缆接续处,已揭开盖的人(手)孔处等,必须设置安全标志,白天用红色标志,晚间用红灯,以便引起行人和各种车辆的注意,必要时应设围栏,请交通民警协助维护交通以保证安全。在铁路、桥梁及有船只航行的河道附近,不得使用红旗或红灯,以免引起误会造成事故,应使用市政有关规定的标志。在城镇道路上进行测量作业时,应动作迅速,分段丈量。携带较长的测量器材和设备时,应防止触碰行人、车辆。手持标杆杆尖应向下,肩扛标杆杆尖应向上,传递标杆严禁抛、掷。安全警示标志和防护设施应随作业地点的变动而转移,作业完毕应迅速撤除。

另外,凡需要阻断公路或街道通行时,应事先取得当地有关单位批准。在工作进行时,应制止一切非工作人员,尤其是儿童,走近工作地区。

1) 道路和街道上施工安全措施

在道路和街道上挖沟、坑、洞时,除须设立安全警示标志外,必要时应用坚固的盖板盖好或搭临时便桥,并派人指挥车辆和行人。

在高速公路附近作业时,必须将施工的具体地点、时间和施工方案报高速公路管理部门,经批准后方可作业。若跨越高速公路作业时,必须在距离作业点 500 m 处设置安全警示标志;夜间作业人员必须穿着带有反光条的工作服。

电力线路附近作业时,在作业过程中遇有不明用途的线条,一律按电力线对待,不准随意剪断。在高压线下方或附近进行作业时,距高压线最小间距:1～35 kV 线路为2.5 m;35 kV 以上的线路为 4 m。遇有电力线在电信线杆顶上方交越且间距较小的特殊情况时,必须停电后作业,且所用的工具与材料不准接近电力线及其附属设施,作业人员的头部禁止超过杆顶。

2) 在电力线缆附近施工安全措施

在高压电力线下方架设线缆,应在高压线与缆线交越的上方做保护装置,防止在敷设线缆或紧线时线缆弹起,触及高压电力线。当电信线与电力线接触或电力线落在地上时,除指定专人采取措施排除事故外,其他人员必须立即停止作业,保护现场,禁止行人进入危险地带。不准用导电物体触动钢绞线或电力线。事故未排除前,禁止恢复作业。

在地下线缆与电力电缆交叉或平行埋设的地区进行施工时,必须反复核对位置,确认无误后方可进行作业。在带有金属顶棚的建筑物上作业前,应戴好绝缘手套,并对顶棚进行验电,接好地线。拆除地线时,身体必须离开地线,再行拆除。作业现场临时用电,必须使用电源接线盘,在供电部门或用户同意下指派专人接线,使用的导线、工具必须保证绝缘良好。

3) 在铁路及江河岸边施工安全措施

在铁路沿线及江河岸边作业时,严禁在铁路路基或桥梁上休息,严禁在铁轨上或双轨中间行走,携带较长的工具、材料在铁路沿线行走时应注意避让。跨越铁路时,必须注意铁路的信号和来往的火车。遇有河流,在未弄清河水深浅时,不准过河。在船只或木排上作业时,作业人员必须熟悉水性,并穿好救生用具,听从统一指挥。在铁路、桥梁及有船只航行的河道附近作业,不准使用红旗或红灯。遇有火车、船只通过时,须将测量使用的大标旗放倒或收起,以免引起误会而发生意外。

4) 在山区野外施工安全措施

在野外作业时,勘测线路,应对线路沿线的环境进行调查,掌握深沟、陡坎、涵洞及毒植物或毒蛇等情况,并告知作业人员,采取必要的防护措施。遇有地势高低不平的地方,禁止跳跃,以防跌撞扎伤;当地面被积雪覆盖时,应用棍棒试探前行。

进入山区和草原作业时,在山岭上攀登,不准站在裂缝松动的土方和不牢固的石块的边缘上。在林区、草原或荒山等地区作业,严禁烟火。确须动用明火时,应征得相关部门同意,并制订严密的防范措施。在已知野兽出没的地方行走和住宿时,应特别注意防止野兽的侵害。夜晚查修线路障碍时,不准单独出行,不准吃食不知名的野果或野菜,不准喝生水。

禁止在有塌方、山洪和泥石流危害的地方架设帐篷。在水田和泥沼地带长时间作业时,必须穿长筒胶靴,防止蚂蟥、血吸虫等叮咬。野外作业应备有防毒及解毒药品。遇有六级以上强风或暴雨、大雪、浓雾、雷电、冰雹、沙尘暴等恶劣气象条件时,应停止露天作业。不准在电杆、铁塔、大树、广告牌底下躲避。

2. 器材储运安全

1)一般安全规定

(1)搬运器材,必须检查担、杠、绳、链、撬棍、滚筒、滑车、抬钩、绞车、跳板等能承担足够的负荷;破损、腐蚀、腐朽的,不准使用。

(2)人工挑、扛、抬等作业时,每人负载一般不超过 50 kg,抬起 50 kg 以上物体时,应以蹲姿起立,不宜弯腰起立,另外物体捆绑要牢靠,着力点应放在物体允许处,受剪切力的位置应加保护。需要抬电杆或笨重物体时,应佩戴垫肩;抬杆时要顺肩抬,脚步一致,同时换肩;过坎、越沟或遇泥泞路面时,前者要向后者打招呼,抬起和放下时互相照应。

2)短距离采用滚筒等撬运、拉运笨重器材时应遵守的规定

(1)物体下方所垫滚筒(滚杠)须保持两根以上;如遇软土,滚筒下应垫木板或铁板,以免下陷。

(2)撬拉点应放在物体允许承力位置,滚移时要保持左右平衡,上下坡应注意用三角枕木等随时支垫或用绳拉住物体。

(3)注意滚筒和物体移动方向,作业人员不准站在滚筒运行的前方。

(4)使用铲车搬运器材时,要叉牢器材,离地不宜过高。

3)使用起重设备(吊车、电动葫芦)应遵守的规定

(1)起吊前必须检查周围环境,注意避开电力线和变压器。

(2)起吊的物件重量不准超过设备额定负荷。

(3)禁止在起吊物件时急剧起降。

(4)吊装物件时,严禁有人在吊臂下停留和行走。如要改变物件搁置方向,必须待物件接近地面或车厢时再由人力慢慢移动。

(5)严禁利用吊车拖拉物件或车辆。若吊装不明重量物件时,应试吊可靠后再起吊。

(6)吊装有锐利、棱角、易滑物件时,必须加上保护绳索。一次吊装多个物件时,应妥善处理后再行吊装。

(7)吊装物件应找准重心,垂直起吊,不准斜吊。

(8)严禁人员乘坐在吊装物品上。吊装物品挂起其他物件时,应立即停车,落下吊臂,取下挂物。

(9)吊装大型管件或铺管时,地面上、下作业人员必须注意吊车动向,随时离开起重臂下。

(10)在架空电力线附近进行起重作业时,起重机具和被吊物件与电力线最小距离如下:电压 1 kV 以下,1.5 m;电压 6~10 kV,2 m;电压 35~110 kV,4 m;电压 220 kV 以上,6 m。

4)装运杆材应遵守的规定

(1)机动车装运杆材时,杆材平放在车厢内的,应根向前、梢向后。

(2)装运较长电杆时,车上应装有支架,尽量使杆料重心落在车厢中部,用两只捆杆器

将前后车架一并拴住,并悬挂警示标志;严禁杆杠超出车厢两侧。

(3) 用非机动车装运杆材,应先垫好支架,随时调整车辆前后重量的平衡,逐杆架起,用绳捆绑撬紧。

(4) 卸车时应用三角木枕塞住车轮前后,以防车辆滑动。松捆时,应逐一进行,防止电杆从车厢两边滚下。

(5) 堆放杆材应使梢、根颠倒放置,排列整齐,杆堆两侧应用短木或石块塞住,垒放不能超过两层,并用铁线捆牢。

5) 搬运线缆时应遵守的规定

(1) 用人工装卸时,不准将缆盘直接从车上推下,应用粗细适合的绳索绕在盘上或中心孔的铁轴上,用绞车、滑车或足够的人力控制线缆,使其慢慢从跳板(槽钢)上滚下,作业人员应远离跳板两侧,3 m 以内不准有人。

(2) 线缆装车后,应用绳索将缆盘绑固在车身铁架上,若车上无线缆盘座架时,必须垫以三角木枕。运输途中,禁止作业人员坐立在缆盘的前后方及缆盘上。

(3) 滚运线缆时,推轴人员不准站在缆盘前方。缆盘上、下坡时,应采用在缆盘轴中心孔穿铁管,在铁管上拴绳拉放,平稳、缓行。缆盘停顿时,将绳拉紧,及时制动。

(4) 人力滚动缆盘路面坡度不宜超过 15°。

3. 登高作业安全

1) 一般安全规定

(1) 患有心脏病、贫血、高血压、癫痫病和其他不适宜高处作业以及患病期间的人员,不准从事高处作业。

(2) 登高作业时,作业人员必须正确穿戴个人防护用品。

(3) 高处作业人员与地面人员之间不准扔抛工具和材料。

(4) 作业时,先进行验电,发现有电应立即停止作业,并沿线检查与电力线接触情况,妥善处理后再进行作业。

(5) 夜间在高处作业光线不足时,应设置照明。

2) 梯(凳)上作业的规定

(1) 必须使用绝缘梯、高凳。

(2) 使用梯子前必须检查,确保安全可靠。梯子的根部应采取防滑措施,不准垫高使用。

(3) 架设梯子时,应选择平整、坚固的地面,梯子靠在墙上、吊线上使用,立梯角度以 75°±5° 为宜。梯子靠在吊线时,其顶端至少应高出吊线 0.5 m(梯子顶部装有钩的除外),梯子与吊线搭靠处必须用绳索捆扎牢固,防止梯子滑动、摔倒。

(4) 上、下梯子时,应面向梯子,不准携带笨重的工具、材料,需用时应用绳索上下吊放,梯子上不准站有两人同时作业。

(5) 站在梯上作业时,必须用力均匀,不准一脚踩在梯上、另一脚踩在其他物体上,不准用脚移动梯子。

(6) 在架空电力线下或有其他障碍物的地方,不准高举梯子移动,应放倒后再移动。梯子不用时,应随时倒放,妥善保管。折叠梯、伸缩梯在使用前要认真检查接口,确认牢固后再使用。

3）杆线上作业

（1）上杆前必须认真检查杆根有无折断危险，并应观察周围有无电力线或其他障碍物等情况。

（2）作业人员到达杆顶后，安全带放置位置应在距杆梢 0.5 m 下面的安全可靠处，扣环扣牢，然后才能探身和后仰。

（3）杆上有人作业时，距杆半径 3 m 内不得有人。在同一根杆上不准两人同时上下。对架空线缆进行接线、封焊时，应在接头下悬挂适当的盛器，盛接溶液。

4）使用脚扣、脚钉安全

（1）使用前必须仔细检查脚扣、脚扣带、脚钉，确保完好。脚扣踏板与钩处必须铆固。

（2）使用时先把脚扣卡在离地面约 0.3 m 的电杆上，一脚悬起，一脚用力蹬踏，确保稳固后方可使用。

（3）脚扣的大小要适合电杆的粗细。

（4）脚扣上的胶管和胶垫必须保持完好，破裂或露出胶里线时应更换。

（5）严禁将脚扣挂在杆上或吊线上。

5）使用安全带（绳）安全

（1）使用前必须严格检查，确保安全可靠。如有折断痕迹、弹簧扣不灵活、扣不牢、皮带眼孔裂缝、安全带（绳）磨损和断头超过 1/10 的，禁止使用。

（2）使用时，带扣必须扣紧，不准扭曲，带头穿过小圈；安全带的绳索严禁有接头。

（3）不准用安全带吊装物件，以免损坏。

（4）严禁用一般绳索或皮带替代安全带。

（5）安全带（绳）不准与酸性物、锋刃工具一起堆放和保管，不准放在火炉、暖气片或潮湿处，以免损坏。

（6）安全带（绳）使用或存放一段时间，应进行可靠性试验。检测办法：可将 200 kg 重物穿过安全带（绳套）中，悬空挂起，无裂痕、折断才能使用。

4. 通信施工维护的工具使用安全

1）一般安全规定

（1）工作时必须选择合适的工具，正确使用，不得任意代替。

（2）有锋刃的各种工具（如刨、钻、凿、斧及各种刀类等），不准插入腰带上或放置在衣服口袋内；运输或存放时，锋刃口不可朝上向外，以免伤人。

（3）使用手锤、榔头不允许戴手套，双人操作时不可对面站立，应斜对面站立。

（4）传递工具时，不准上扔下掷。

（5）工具、器械的安装应牢固、松紧适当，防止使用过程中脱落或断裂，发生危险。

（6）使用钢锯，锯条要装牢固、松紧适中，使用时用力要均匀，不要左右摆动，以免钢锯条折断伤人。

（7）使用扳手、钳子时，应进行检查，活动部件损坏或活动不自如，不准使用，不要用力过猛，不准相互替代，不准加长扳手的把柄。

（8）使用滑车、紧线器，应定期注油，保持活动部位活动自如。不准以小代大或以大代小。紧线器钥匙（手柄）不准加装套管或接长。

2）滑车及绳索使用安全

（1）各种滑车应经常检查注油,保持良好,如有损坏迹象或缺少零件不应使用。

（2）使用滑车拉起或放下任何重物时,切勿骤然动作。

3）喷灯使用安全

（1）不得使用漏油、漏气的喷灯,加油不可太满,气压不可过高。不得将喷灯放在火炉上加热,以免发生危险。

（2）不准在任何易燃物附近点燃和修理喷灯。在高空使用喷灯时,必须用绳子吊上或吊下。

（3）点燃着的喷灯不准倒放。

（4）点燃着的喷灯不许加油,在加油时必须将火焰熄灭,稍冷之后,再加油。

（5）使用喷灯,一定要用规定的油类,不得随意代用,避免发生危险。

（6）喷灯用完之后,及时放气,并开关一次油门,避免喷灯堵塞。

5. 架空线路作业安全

1）勘测作业安全

（1）勘查时,应对拟定的通信线路所经过的沿线环境进行详细调查,如有毒植物、毒蛇、血吸虫、猛兽和狩猎器具、陷阱等,应告知测量和施工人员,采取预防措施。

（2）凡遇到河流、深沟、陡坎等,要小心通过,不能盲目泅渡和贸然跳跃。

（3）传递标杆,禁止抛掷,并不得耍弄标杆,以免伤人。移动大标旗或指挥旗时,遇有火车行驶,须将旗放倒或收起,以免引起火车驾驶人的误会。

（4）雨季测量,要注意仪器的防雨。

2）打洞作业安全

（1）在市区打洞时,应先了解打洞地区是否有煤气管、自来水管或电力光(电)缆等地下设备。如有上述地下设备时,应在挖到 40 cm 深后,改用铁铲往下掘,切勿使用钢钎或铁镐硬凿。

（2）在靠近墙根打洞时,应注意是否会使墙壁倒塌,如有此种危险,应采取安全加固措施。

（3）在土质松软或流沙地区,打长方形或 H 杆洞有坍塌危险时,洞深在 1 m 以上时,必须加护土板支撑。

3）立杆、拆杆、换杆作业安全

（1）立杆前检查立杆工具是否齐全牢固,参加立杆人员听从统一指挥,各司其责。

（2）立杆时,非工作人员一律不准进入工作场地。在房屋附近立杆时,不要碰触屋檐,以免砖、瓦、石块落下伤人。在铁路、公路、厂矿附近及人烟稠密的地区,要有专人维持现场,确保安全。立起的电杆未回土夯实前,不准上杆工作。

（3）上杆解线和拆担前,应首先检查电杆根部是否牢固,如发现危险电杆时,必须用临时拉线或杆叉支稳妥后,才可上杆工作。

4）过河飞线作业安全

架设过河飞线,最好在汛前水浅时施工,如在汛期内施工,须注意水位涨落和水流速度,避免发生危险,各种工具在使用前须详细检查与配置,注意绳,滑车、绞车等之粗细、大小、拉力、载重等是否安全。

5）在供电线及高压输电线附近工作

(1) 在高、低压电力线下方或附近作业,必须严防与电力线接触。在进行架线、紧线和打拉线等作业时,应保证最小空中距离如下:35 kV 以下线路为 2.5 m;35 kV 以上的线路为 4 m。

(2) 在通信线路附近有其他线条时,没有辨明清楚该线使用性质时,一律按电力线处理。不得随意剪断。

(3) 在拆除跨越电力线的通信线条时,必须事先与供电部门联系停止送电,拉闸断电后,须设专人看闸,作业前应验证经确属停电后,才能开始工作。

(4) 开始上杆前,应沿电杆检查架空线条、光(电)缆及其吊线,确知其不与供电线接触,方可上杆。

(5) 上杆后,先用试电笔检查该电杆上附挂的线条、光(电)缆、吊线,确知没有电后再进行工作。如发现有电,应立即下杆,并沿线检查与供电线接触之处,妥善处理。

6. 地下及水底光(电)缆

1) 地下室内作业安全

(1) 进入地下电缆室或无人站工作时,须先进行通风。

(2) 进入无人站增音站工作时,应至少有两人在场,在增音站内用木炭烘干去潮时,站内不准留人。

(3) 地下室、人孔、无人站、水线房内,不得熬、配制电缆堵塞剂或绝缘混合物。

2) 启闭人孔盖作业

(1) 开闭人孔盖应用钥匙,以免伤手。

(2) 人孔揭盖进行工作时,应设置市政规定的标志,必要时派人值守。

(3) 工作完毕后,待盖好孔盖,方可撤除栅栏和标志。

3) 人孔内工作安全

(1) 打开人孔后必须立即通风。

(2) 下人孔时必须使用小梯,不得踩蹬电缆或电缆托板。

(3) 在人孔工作时,如感觉头晕、呼吸困难,必须离开人孔,采取通风措施。

(4) 在人孔内抽水时,抽水机的排气管不得靠近人孔口,应放在人孔的下风方向。

(5) 在人(手)孔内工作时,必须事先在井口处设置井围、红旗,夜间设红灯,上面设专人看守。不准在人孔内点燃喷灯。

4) 地下光(电)缆敷设作业

(1) 敷设光(电)缆,千斤顶须放置平稳,千斤顶的活动丝杆顶心露出部分,不可超出全丝杆的五分之三。若电缆搁在汽车上施放,千斤顶必须打拉线,使其稳固。

(2) 放光(电)缆前,盘上折下的护板、钉子必须砸平收放妥当,盘两侧内外壁上的钩钉应拔除,以免刺伤人和缆皮。

7. 通信管道作业安全

1) 一般措施

(1) 工具和材料不得随意堆放在沟边或挖出的土坡上,以免落入地沟伤害人体。

(2) 在有挡土板的沟坑中作业时,应随时注意挡土板的支撑是否稳固,以免碰伤人员。

(3) 在沟深 1 m 以上的沟坑内工作时,必须头戴安全帽,以保安全。

2) 测量作业安全

（1）测量仪器的放设地点，以不妨碍交通为原则。

（2）在十字路口和公路上测量时，应注意行人和各种车辆，必要时应与变通警联系，取得协助。

（3）穿越马路测量，使用地链皮尺时，应注意行人和自行车，不要影响车辆通行。

3）土方作业安全

（1）施工前，按照正式批准的设计位置，与有关部门办好挖掘手续，并做好施工安全宣传工作。

（2）在开始挖土时，须在两端放设标志，以免发生危险。人工挖沟时，相邻的工人须有2 m 距离。流砂、疏松土壤在沟深超过 1 m 时，均应装置护土板。一般结实土壤，某侧壁与沟底面所成夹角小于115°者，须装置护土板。

（3）沟坑深在 1.5 m 以上者，须有专人在上面清土，清除的土应堆在距离沟、坑边沿60 cm 以外之处。

（4）挖掘土方石块，应该从上而下施工，禁止采用挖空底脚的方法，在雨季施工时应该做好排水措施。

（5）在靠近建筑物旁挖土方的时候，应该视挖掘深度，做好必要的安全措施。如采取支撑办法无法解决时，应拆除容易倒塌的房屋。

5.3　设备类工程施工安全风险控制

5.3.1　通信电源设备工程施工安全风险控制

1. 电源系统割接作业安全

电源系统割接，不停电操作引发人身触电安全事故。安全控制点应放在核对需要割接设备的电源线缆，核对供电情况，做好防护措施。

做好现场安全技术交底，确定作业总指挥，确定作业的准确时间点。割接前，割接方案必须得到维护部门书面审核批准。割接人员必须持证上岗，要指定经验丰富的专人操作，操作时必须有维护人员及监理人员现场监督，做好防护措施。

（1）割接时，电源列柜、设备前的关键部位必须指派专人旁边监督，按主备路电源顺序分开间隔加电，操作一路确认一路。

（2）如出现触电事故应立即停止加电，对触电人员实施抢救。

（3）如出现设备损坏情况，现场组织或协助相关部门抢修处理。

2. 保护接地作业

接地故障会引起设备金属外壳电位升高，导致人身触电安全事故。漏电流过大引起电线过热，烧毁电缆塑料防护外套，引起短路而烧毁设备，导致通信中断。因此安全控制点应放在设备接地点，地线排接线端子。

（1）设备加电前检查设备接地是否良好，是否有短路、断路。

（2）设备接地是否符合设备厂商规范。

3. 电气连接作业

错误接线会烧坏设备,导致中断通信。电气连接作业的安全控制点在设备安装和电缆接头。

(1) 作业施工前应仔细全面检查设备内部有无金属丝等杂物,确保设备内部干净,检查有无施工遗留的工器具。

(2) 设备上严禁放置手机、钥匙及其他物品。

(3) 设备内部及周围在加电前必须清理干净,使用专用的工器具做好绝缘保护后的操作,采用绝缘胶布做两层绝缘包扎(螺丝刀等绝缘到只留刀头部分、扳手等应完全绝缘处理),操作人员穿绝缘鞋、牛仔布的衣服(不要让身体能碰到设备、铜排等)。

(4) 施工时查看清楚标签正确后必须以先连接保护地、再连接正极、后连接负极的顺序来连接电缆。

4. 制冷空调设备安装作业

空调系统因施工原因关闭时间过长,导致机房升温,会引发在用设备故障或自动关闭,导致通信中断。因此在施工期间应密切观察机房内温度、湿度变化。

(1) 注意支承设备的楼板或基础的荷载是否足够,否则引发建筑垮塌。

(2) 高空安装空调设备须用绳索将其套牢,需要有专人拉住绳索,并适当收缩控制好绳索。

(3) 细小的工具需用帆布包装好,并挂在施工人员身上防止坠落。

(4) 在施工区域布放施工警示牌。现场安全员须现场监护。

5. 电源设备拆旧作业

(1) 电力电缆布放/拆除必须两人以上操作施工,以免线缆另一端碰到其他设备,线端头必须作好多层绝缘密封处理。

(2) 电池电缆拆除,必须先将熔断器断开,再把电池端负极、正极顺序拆除,并把线耳用绝缘胶布缠好,再将整流器/直流屏端电缆按正、负顺序拆除并用绝缘胶布缠好。

(3) 剪接电源线时,要做好保护措施,防止金属丝落入运行的设备内造成短路事故。使用专用绝缘工具。采用绝缘胶布进行两层绝缘包扎(螺丝刀等绝缘到只留刀头部分、扳手等应完全绝缘处理)。操作人员穿绝缘鞋、牛仔布的衣服(不要让身体能碰到设备、铜排等)。

5.3.2　通信机房作业安全风险管控

1. 通信机房内作业,务必防范在用系统的阻断

在通信核心机房内接近重要通信系统或接近一干二干光缆、关键客户光电缆等,虽然并非直接对重要系统作业,但容易碰触到在网数据网线或尾纤,导致通信或业务中断。因此,在机房施工时,应做好现场安全技术交底,进入核心机房内施工必须办好施工许可证,严禁无证施工,接近重要通信系统的操作应由熟练技工实施,并由施工负责人、随工旁站监督。

2. 通信机房线缆布放,重点做好对原有线缆的防护

在通信机房施工,搬运时发生设备碰撞或线缆拉扯现象,会造成通信中断;施工作业踩(拉)断邻近电缆、光纤,会造成供电或通信系统中断;布放电源线未做好绝缘和防护措施,会导致碰触电源系统带电部位;机架安装或线缆布放拉断在用通信中继通道造成系统中断。因此监理必须到现场监督施工单位作业,攀高时必须用人字梯,尽量避免触碰和踩踏现有线缆,同时对现有线缆、设备用保护材料进行必要的包裹保护。

3. 通信设备设备软、硬件安装,须严格遵守安全生产操作规范

此过程安全控制点应放在需要操作的设备的保护地、工作地连接情况。设备接电、接地错误会损坏设备,造成通信中断。加电前必须检查设备接地是否良好,查看是否有短路、断路情况,是否符合设备厂商规范。如果没有核实电源负荷,或未核实新增设备的极性和负载阻抗,会导致加电后通信网络断电。插拔电路板未戴防静电手腕,终端、板卡安装错误,可能会产生静电造成单板烧坏,损坏设备而造成通信中断。因此,必须严格按照设计施工,遵守安全操作规范,核实电源负荷并作好记录,作好现场安全技术交底,经业主方确认后方可作业。

4. 设备调试作业实施前要仔细确认和核查

开始调测之前,要了解清楚本次调测内容,检查现网运行情况,发现现网告警必须搞清楚告警的原因及对调测有无影响。严格审核数据,确保数据配置无误,并做好现网业务数据备份,严格按照调测步骤进行。安排经验丰富的调测工程师执行操作,项目经理旁站监督。出现异常,立即停止操作,检查板卡和数据设置情况。数据配置时,可能会出现网络配置文件不生效,路由丢失,数据库瘫痪,不能正常与应用建立连接等现象。因此,现网业务加载与卸载一定要制作详细操作方案,并递交对口部门审核,对现网业务操作一定要在晚上 12:00以后并经客户同意后方可操作,以降低工程施工风险。未经申请及许可,严禁私自插拔中继通道作联网测试,如果需要联网测试,则应在调测前做好测试方案,提前提交申请,待业主发文批准后实行。

日常操作要求制度化,工程人员要保持长期检查、监控系统运行的工作习惯。如出现异常,应采取以下措施:立即停止操作,查找事故原因,恢复备份数据。按照应急预案抢修,现场组织或配合维护部门抢修处理。

5. 通信设备系统割接安全

割接时可能会中断其他重要系统,无能力及时恢复,因此需要制订完整可行性高的割接方案。方案必须包含可操作性的应急预案,应急预案必须包含可操作的回退方案。割接方案须通过会审,审批流程齐全。割接方案会审时,割接所涉及的各相关单位实施人必须参与。

6. 通信设备退网(断电、拆除)作业

断电作业必须认真确认,核对被剪线缆是否带电。剪线前再次确认被拆线缆,避免误操作剪断在用电力线,设备掉电阻断通信。

断电作业所采取的防范措施包括以下方面。

(1)作好现场安全技术交底,确定作业总指挥,确定作业的准确时间点。

(2)电力电缆布放/拆除必须两人以上操作施工,以免线缆另一端碰到其他设备,线端头必须作好多层绝缘密封处理。

(3)电池电缆拆除,必须先将熔断器断开,再把电池端负极、正极顺序拆除,并把线耳用绝缘胶布缠好,再将整流器/直流屏端电缆按正、负顺序拆除并用绝缘胶布缠好。

(4)剪电源线时,要做好保护措施,防止金属丝落入运行的设备内造成短路事故。

第6章 通信建设工程合同管理

通信建设工程项目从招标、投标、设计、施工到竣工验收交付使用，涉及建设单位、设计单位、施工单位、监理单位以及通信设备供应商、通信设备集成商等众多企业。怎样才能把工程项目建设各有关单位有机地联系起来，使之相互协调，密切配合，共同实现工程项目建设进度目标、质量目标和投资目标，一个重要的措施就是利用合同手段，运用经济和法律相结合的方法，将建设工程项目所涉及的各个单位在平等合理的基础上建立起相互的权利义务关系，以保障工程建设项目目标的顺利实现。

合同管理是通信建设监理的重要内容之一，它贯穿于工程项目建设的全过程，是确保合同正常履行，维护合同双方的正当权益，全面实现建设工程项目建设目标的关键性工作。因此，建设单位、施工单位、监理单位三方必须树立强烈的合同意识，严格履行合同，按合同约定做好建设工程项目的一切工作。

6.1 通信建设工程合同管理的内容

6.1.1 合同管理的概念

1. 合同的定义

合同，又称契约，它是平等主体的自然人、法人、其他组织之间设立、变更、终止民事权利义务关系的协议。合同作为一种法律手段，是法律规范在具体问题中的应用方式，签订合同属于一种法律行为，依法签订的合同具有法律约束力。因此，在人们的社会生活中，合同是普遍存在的。在市场经济条件下，合同又是用来维系社会各类经济组织或商品经营者之间的经济关系的重要纽带。如果没有合同，就无法维护当事人的合法权益，也就无法维护社会正常的经济秩序。

建设工程合同是承包人进行工程建设，发包人支付价款的合同。双方当事人应当在合同中明确各自的权利义务，但主要是承包人进行工程建设、发包人支付工程款项的义务。建设工程合同是一种义务、有偿合同，当事人双方在合同中都有各自的权利和义务，在享有权利的同时必须履行义务。

2. 建设工程合同管理的目标

建设工程合同管理直接为项目总目标和企业总目标服务，保证它们的顺利实现。所以，合同管理不仅是工程项目管理的一部分,而且是企业管理的一部分,主要实现以下目标。

(1) 保证项目建设三大目标的实现,使整个工程在预定的成本(投资)、预定的工期范围内完成,达到预定的质量和功能要求。

由于合同中包括了进度要求、质量标准、工程价格以及双方的责权利关系,所以它贯穿了实现项目三大目标的整个过程。在一个建设工程项目中,有几份、十几份甚至几十份互相联系、互相影响的合同,一份合同至少涉及两个独立的项目参与者。通过合同管理可以保证各方都圆满地履行责任,进而保证工程项目的顺利实施。最终,业主按计划获得一个合格的工程,实现投资目的,而承包商获得合理的价格和利润。

(2) 通过合同管理,合同各方面能互相协调,合同争执较少,使工程结束时多方都感到满意。业主对工程、对承包商、对双方的合作感到满意;而承包商不但取得了利润,而且赢得了信誉,建立了双方友好合作关系。工程问题的解决公平合理,符合惯例。这是企业经营管理和发展战略对合同管理的要求。

在工程中要能同时达到上述目标是十分困难的。人们曾总结许多国际上成功的案例,将项目成功的因素进行分析,发现其中最重要的因素是通过合同明确项目目标,合同双方能在对合同统一认识、正确理解的基础上就项目的总目标达成共识。

6.1.2　合同管理的作用

1. 发展和完善通信建设领域市场经济秩序

我国《宪法》规定,"国家实行社会主义市场经济","国家加强经济立法,完善宏观调控"。因此,我国经济体制改革的目标是建立社会主义市场经济,以利于进一步解放和发展生产力,增强经济实力,参与国际大市场经济活动。通信建设是通信事业的重要组成部分,通信建设市场和规范管理对通信网的正常运行和通信业务的正常开展起着至关重要的作用。因此,培育和发展通信建设市场,是通信行业系统建立社会主义市场经济体制的一项十分重要的工作。

从市场管理的角度来说,通信领域中存在着三个市场,包括通信运营市场、通信设备市场和通信建设市场。通信建设市场秩序的好坏直接影响通信工程质量,进而影响通信运营服务的质量。就三个市场的关系来说,运营市场是核心,建设市场和设备市场是支撑,三者之间相互关联、密不可分。因此,首先要加强建设市场的法制建设,健全建设市场法规体系,以保证整个市场的有效、有序进行。要达到此目的,必须加强对工程建设合同的法律调整和管理,贯彻落实《合同法》、《电信建设管理办法》、《通信工程质量监督管理规定》、《通信建设项目招投标管理实施细则》等有关法律、行政法规,以及推行《建设工程施工合同文本》等有关部委的合同范本,以保证建设工程合同订立的合法性、全面性、正确性和完整性,依法严格地履行合同,并强化工程项目承发包双方及有关第三方的合同法律意识,认真做好建设工程合同管理工作。

2. 建立现代企业制度

党的十五届四中全会的《决定》明确指出,建立现代企业制度,是发展社会化大生产和市场经济的必然要求,是公有制与市场经济相结合的有效途径,是国有企业改革的方向。自1998 年以来,我国先后对通信企业进行了政企分开、邮电分营、电信重组、企业脱钩等一系列改革,打破了垄断,引入了竞争。通过通信领域的深化改革,全国通信建设市场的格局发生了较大的变化,原有的以通信运营企业和其直属的通信建设企业为主体的通信建设市场格局被打破了,形成了一个以各大运营公司为主要电信建设单位、众多从事通信建设的企业共同参与建设的通信建设市场新格局。原各邮电企业直属的设计、施工等企业随着现代企业制度的建立,正逐步发展为与通信运营企业相对独立的市场主体。通信建设企业与通信运营企业之间的关系由原来的隶属关系逐步发展为承发包关系,市场行为方式由原来直接下达任务逐步发展为在通信建设市场中进行公平竞争的招投标方式。党在十四届三中全会决定和十五大报告关于建立现代企业制度的论述中,针对深化国有企业改革提出了"产权清晰、权责明确、政企分开、管理科学"的要求。因此,现代企业制度的建立,对企业提出了新的要求,企业应当依据《公司法》的规定,遵循"自主经营、自负盈亏、自我发展、自我约束"的原则,这就促使通信企业必须认真地、更多地考虑市场的需求变化,调整企业发展方向和工程经营承包方式,通过工程招标投标及签订建设工程合同以求实现与其他企业、经济组织在工程项目建设活动中的协作与竞争。

建设工程合同,是项目法人单位与通信建设企业进行工程承发包的主要法律文件,是进行工程施工、监理和验收的主要法律依据,是通信建设企业走上市场的桥梁和纽带。订立和履行建设工程合同,直接关系到建设单位和建设企业的根本利益。因此,加强建设工程合同管理,已成为推行现代企业制度的重要内容。

3. 规范建设市场主体、市场价格和市场交易

建立完善的通信建设市场体系和有形的通信建设市场,是一项经济法制建设工程。它要求对通信建设市场主体、市场价格和市场交易等方面的经济关系加以法律调整。

1) 市场主体

通信建设市场主体进入建设市场进行交易,其目的就是为了开展和实现工程项目承发包活动,也即是为了要建立工程建设项目合同法律关系。欲达到此目的,有关各方面主体必须具备和符合法定主体资格,也即具有订立建设工程合同的权利能力和行为能力,方可订立建设工程承包合同。

2) 市场价格

通信建设活动中的产品价格,是一种市场经济中的特殊商品价格。我国正在逐步建立"政府宏观指导,企业自主报价,竞争形成价格,加强动态管理"的市场价格机制。因此,市场主体必须依据有关规定,通过招标投标竞争;运用合同形式,调整彼此之间的产品价格关系。

3) 市场交易

通信建设市场中的交易,是指建设活动产品的交易通过工程建设项目招标投标的市场竞争活动,最后采用订立建设工程合同的法定形式来确定,在此过程中,市场主体应当依据《招标投标法》和《合同法》的规定行事,方能形成有效的建设工程合同法律关系。

4. 加强合同管理,提高通信建设工程合同履约率

牢固树立合同法制的概念,加强通信工程建设项目合同管理,必须从项目法人做起,从项目经理做起和从监理工程师做起,坚决执行《合同法》和建设工程合同行政法规以及合同示范文本制度。严格按照法定程序签订建设工程项目合同,防止论证不足、资金不足、"豆腐渣工程"合同和转包合同等违法违规现象的出现,通信建设市场主体各方面要全面履行工程建设项目合同的各项条款,就可以大大提高通信工程建设项目合同的履约率。

在建设工程合同文本中,对当事人各方的权利、义务和责任作了明确、完善的规定和约定,可操作性强,从而防止当事人主观上的疏漏和外来因素的干扰,有利于合同的正常履行,预防违约现象的出现,防止纠纷的发生,从而保证工程建设项目的顺利建成。

5. 全面提高工程建设管理水平

在我国社会主义市场经济中,通信建设市场经济是其重要组成部分,培育和发展建设市场经济,是一项艰巨和复杂的经济活动。通信建设市场行政管理关系、通信建设市场主体地位关系、通信建设市场商品交易关系、通信建设市场主体行为关系等都直接决定着通信建设市场经济关系的健康发展和壮大。

通信建设市场经济中最活跃的因素就是竞争机制。如何保护竞争、防止不正当竞争,需要做好全方位的法制工作。

从宏观角度看,首先是转换政府职能,由直接管理企业变为直接管理市场,实行宏观调控,也就是要依靠合同约束主体之间的行为;其次是推行项目法人责任制,由项目法人对项目的策划、资金筹措、建设实施、生产经营、债务偿还和资产的保值增值,实行全过程负责。项目法人参与市场经济活动,必须以各种合同加以规范。再从微观角度看,首先是工程建设项目,可行性研究、勘察设计、招标投标、建设施工、材料设备采购等各种经济关系,都要以合同形式加以确立;其次是为了促进建设市场的繁荣和发展,建设经济领域中的第三产业——工程咨询公司、工程监理公司、招标代理公司、估算公司、专业律师事务所等中介组织已经在工程建设大舞台上扮演着重要角色。这些建设市场中介组织都是以签订委托合同的形式形成一定的法律关系来参与经济活动的。

6. 加强通信建设工程合同管理,努力开拓国际市场

加入 WTO 后,随着外国资本和外国企业的逐步进入,我国通信市场的竞争会更加激烈。在通信建设市场领域中,这种变化表现为国际工程市场日益扩大,要求我们在合同管理上与国际接轨。这就为我国通信建设行业进入国际工程承包市场和开放国内工程发包市场提出了新的课题。

工程合同管理的目的是为了加强建设活动的监督管理,维护通信建设市场秩序,保证建设工程质量和安全,促进通信建设行业的健康发展,为进一步向国际标准化迈进提供了保障。

综上所述,培育和发展通信建设行业市场经济,是一项综合的系统工程,其中合同管理只是一项子工程。但是,建设工程合同管理是通信建设行业科学管理的重要组成部分,它贯穿于通信建设市场交易活动全过程,众多的建设工程合同的全面履行,是建立一个完善的建设市场的基本条件和法定保护措施。

6.1.3　通信建设工程合同管理是控制工程质量、进度和造价的依据

通信建设工程合同管理,是对工程建设项目有关的各类合同,从条件的拟定、协商、签署、履行情况的检查和分析等环节进行的科学管理工作,以期通过合同管理实现工程项目"三大控制"的任务要求,维护当事人双方的合法权益。

工程建设项目的"三大控制",强调由监理工程师依据合同实施管理。

1. 合同管理中的质量控制

监理工程师运用科学管理方法和质量保证措施,严格约束承包人按照施工图和技术规范中写明的试验项目、材料性能、施工要求和允许精度等有关规定进行施工,消除隐患,防止

事故发生,严格把好质量关,依据合同条款的有关规定对工程质量进行监督和控制。

2. 合同管理中的进度控制

监理工程师接到承包人提交的工程施工进度计划后,将对进度计划进行认真的审核,检查承包人所制订的进度计划是否合理,审查承包人提交的工程施工总进度计划是否符合工程建设项目的合同工期规定。

3. 合同管理中的投资控制

投资控制是建设监理的核心,以最小的资耗取得建设项目最大的投资效益是项目管理的宗旨。在规定工期内确保工程质量是必须实现的目标,但这绝非不计经济代价,盲目追求工期越短和质量越高,而是要以达到必要的功效为标准。所以建设项目成效,归根结底是项目有效的、最优的实现。

项目投资控制是贯穿于工程建设的各个阶段及监理工作的各个环节的,监理工程师作为工程费用的监控主体,处于工程计划与支付环节的关键位置,除了加强对合同中所规定的工程量、工程费用的计算与支付的管理外,还将对合同中所规定的其他费用加强监督和管理。此外,还应根据合同条款,制定工程量与支付程序,使工程费用监督与管理科学化、规范化。

工程费用的支付,必须严格按照合同规定的支付时间、支付范围、支付方法、支付程序等进行各种款项的支付。

建设工程合同的订立,确立了当事人双方对工程项目管理的责任和经济法律关系,也是双方实施工程管理,享有权利和承担义务的法律依据。因此,工程项目建设单位和承建单位,在做好合同管理机构建设和规章建设之后,应当充分重视工程建设项目的招标、投标和合同签订与履行工作。

建设工程合同条款内容是工程建设项目当事人实施工程管理的法定依据。双方签订建设工程合同时,对工程合同的性质、工程范围的内容、工期、物资供应、付款和结算方式、工程质量标准和验收、安全生产、工程保修、奖罚条款、双方的责任等条款进行认真研究、推敲,力求条款完善、用词严密、内容合法、程序合法、权利和义务明确。合法和有效的合同,有利于当事人认真履行,可以防止纠纷的发生;即使发生纠纷,当事人可以依据有关合同条款或双方协议,请求仲裁机构或人民法院依据合同保护其合法权益。

6.1.4 通信工程建设合同管理的主要内容

1. 建设工程合同管理的范围

建设工程合同管理的范围主要体现在以下三个方面。

1) 通信工程建设活动中的行政管理关系

通信工程建设活动是社会经济发展中的重大活动,同社会发展息息相关。国家对此类活动必然要进行严格而有效的管理。由于机构改革、政企分开以后,通信行业主管部门的政府职能有所转变,由原来的对邮电系统的管理转变为对全社会的通信行业的管理,实行宏观调控。原信息产业部和通信管理局与通信企业的关系由原来直属单位、上下级的关系转变为行业管理关系,由原来的多层次、逐级管理转变为针对法人单位的直接管理,由原来只对邮电系统的企业进行管理转变为对参与通信建设的所有企业进行行业管理。在法制经济建设过程中,政府部门依法行政的意识更须增强,树立依法行政的观念,通信建设市场管理方式必须从原来以行政管理为主的管理方式转变为以依法管理为主、行政管理为辅的管理方式。参与通信建设的各方主体包括建设单位、设计、施工、监理、咨询、系统集成、招投标代理单位,均应根据国家有关法律法规及各项规章制度的规定和要求,积极主动地接受通信管理机构的行业管理。

2) 建设活动中的经济协作关系

在各项通信工程建设活动中,各种经济主体为了自身的生产和生活需要,或为了实现一定的经济利益、目的,必然寻求协作伙伴,随即发生相互间的协作经济关系。参与通信建设的各方面主体,如投资主体(建设单位)同勘察设计单位、建设施工单位、工程监理公司、工程咨询公司、系统集成公司、招标投标代理单位等发生的各种关系。

3) 建设活动中的民事关系

这种关系是指因从事通信工程建设活动而产生的国家、单位法人、公民之间的民事权利、义务关系,主要包括在通信工程建设活动中发生的有关自然人的损害、侵权、赔偿关系,土地征用、房屋拆迁导致的拆迁安置关系等。通信工程建设活动中的民事关系既涉及国家社会利益,又关系个人的利益和自由,因此必须按照民法和建设法规中的民事法律规范予以调整。

2. 建设工程合同体系

在一个工程建设项目中,其相关的合同可能有几份、几十份、几百份甚至几千份,由于这些合同都是为了完成项目目标,定义项目的活动,因此,它们之间有十分复杂的内部联系,形成了项目的合同体系。

业主作为工程(或服务)的买方,是工程的所有者,其可能是政府、企业、其他投资者,或几个企业的组合,或政府与企业的组合(如合资项目)。他投资一个项目,通常委派一个代理人(或代表)以业主的身份进行工程项目的经营管理。

业主根据对工程的需求,确定工程项目的整体目标。这个目标是所有相关工程合同的核心。要实现工程目标,业主必须将工程的勘察设计、各专业工程施工、设备和材料等工作委托出去,必须与有关单位签订如下各种合同。

(1) 咨询(监理)合同,即业主与咨询(监理)公司签订的合同。咨询(监理)公司负责工程的可行性研究、设计监理、招标和在施工阶段进行监理等工作。

(2) 勘察设计合同,即业主与勘察设计单位签订的合同。勘察设计单位负责工程的地质勘察和技术设计工作。

(3) 供应(采购)合同。对由业主负责提供的材料和设备,业主必须与有关的材料和设备供应单位签订供应(采购)合同。

(4) 工程施工合同,即业主与工程承包商签订的工程施工合同。一个或几个承包商承包或分别承包土建、机械安装、电气安装、装饰、通信等工程施工。

(5) 贷款合同,即业主与金融机构签订的合同。后者向业主提供资金保证。按照资金来源不同,有贷款合同、合资合同或 BOT 合同等。

6.2 建设工程施工合同的主要内容

6.2.1 建设工程施工合同的概念

建设工程施工合同,是发包人和承包人为完成商定的建设工程任务,明确相互权利、义务关系的协议。这一协议所涉及的权利和义务,主要是承包人应完成一定的建设工程任务,发包人应提供必要的施工条件并支付工程价款。因此从合同理论上说,建设工程施工合同是广义的承揽合同的一种,也是承包人按照发包人的要求完成工作(工程建设),交付工作成果(竣工工程),发包人给付报酬的合同。但是由于建设工程施工合同在经济活动、社会活动中的重要作用,以及在国家管理、合同标的等方面均有别于一般的承揽合同,我国一直将建设工程施工合同列为单独的一类重要合同。

建设工程施工合同是建设工程的主要合同,是合同双方进行建设工程质量管理、进度管理、费用管理的主要依据之一。

6.2.2 建设工程施工合同的特点

1. 建设施工合同标的的特殊性

施工合同的标的是各类建设工程项目。对任何一个建设工程都必须单独设计和施工,即使重复利用标准设计或重复使用图纸,也应采取必要的设计修改才能施工,而施工中的情况又各不相同,这就决定了建设工程施工合同标的的特殊性。

2. 建设工程施工合同履行期限的长期性

建设工程施工由于结构复杂、体积庞大、建设材料类型多、工作量大等特点,使得工期都较长,而合同履行期限肯定要比施工工期长,因为,建设工程施工活动应当在合同签订之后开始,且需加上施工准备时间、办理竣工结算及工程保修的时间。另外,在建设工程施工过程中,还可能因为不可抗力、工程变更、材料供应不及时等原因而导致工期顺延。因此,施工合同的履行期限具有长期性。

3. 建设工程施工合同内容的综合性

建设工程施工合同除了应当具备合同的一般内容外,还应对安全施工、专利技术使用、发现地下障碍和文物、工程分包、不可抗力、工程设计变更、材料设备的供应、验收等内容作出规定。在施工合同的履行过程中,除承包人与发包人的合同关系外,还涉及与劳务人员的劳动关系、与保险公司的保险关系、与材料设备供应商单位的买卖关系等。因此,施工合同的内容具有综合性的特点。

4. 建设工程施工合同监督的严格性

由于建设工程施工合同的履行对国家的经济发展、公民的工作和生活都有重大的影响,因此,国家对施工合同的监督是十分严格的。对施工合同监督的严格性主要体现在对合同主体的监督、对合同订立的监督、对合同履行的监督几个方面。

6.2.3　建设工程施工合同的订立

1. 订立施工合同应具备的条件

（1）初步设计已经批准。

（2）工程项目已经列入年度建设计划。

（3）有能够满足施工需要的设计文件和有关技术资格。

（4）建设资金和主要建设材料设备来源已经落实。

（5）招投标工程,中标通知书已经下达。

2. 订立施工合同应当遵守的原则

1）遵守国家法律、法规和国家计划的原则

订立建设工程施工合同,必须遵守国家法律、行政法规的规定,也应遵守国家的建设计划。建设工程施工对经济发展、社会生活有多方面的影响,国家有许多强制性的管理规定,施工合同当事人都必须遵守。

2）自愿、公平的原则

订立施工合同当事人双方具有平等的法律地位,任何一方都不得强迫对方接受不平等的合同条件。当事人有权利决定是否订立施工合同和施工合同的内容;合同内容应当是双方当事人真实意思的体现。

3）诚实守信的原则

订立建设工程施工合同时,双方当事人要诚实,应当如实将自身和工程的情况介绍给对方,不得有欺诈行为。

3. 订立建设工程施工合同的程序

建设工程施工合同作为合同的一种,其订立也应经过要约和承诺两个阶段。其订立方式有直接发包和招标发包两种。如果没有特殊情况,建设工程的施工活动都应通过招标投标确定施工单位。

中标通知书发出后,中标的施工单位应当与建设单位及时签订合同。依据《招投标法》的规定,中标通知书发出 30 天内,中标单位应与建设单位依据招标文件、投标书等签订建设工程施工合同。签订合同的必须是中标的施工企业,投标书中已确定的条款在签订合同时不得更改,合同价格应与中标价一致。如果中标的施工单位拒绝与建设单位签订合同,则建设单位将不再返还其投标保证金（如果是由银行等金融机构出具投标保函的,则投标保函出具者应当承担相应的保证责任）,建设行政主管部门或其授权机构还可给予一定的行政处罚。

6.2.4　建设工程施工合同的主要内容

1. 施工合同双方的一般权利和义务

1）发包人

发包人一方,可以是具备法人资格的国家机关、事业单位、国有企业、集体企业、私营企业、经济联合体和社会团体,也可以是依法登记的个人合伙、个体经营户或个人,即一切以协议、法院判决或其他合法完备手续取得发包人的资格,承认全部合同文件,能够而且愿意履行合同规定义务的合同当事人。与发包人合并的单位、兼并发包人的单位、购买发包人合同和接受发包人出让的单位和人员(即发包人的合法继承人),均可成为发包人,从而履行合同规定的义务,享受合同规定的权利。发包人既可以是建设单位(业主),也可以是取得建设项目总承包资格的项目总承包单位。

(1) 发包人应按照合同约定的期限和方式向承包人支付合同价款及应支付的其他款项。

(2) 发包人应按专用条款约定的内容和时间完成以下工作。

① 办理土地征用、拆迁补偿、平整施工现场等工作,使施工场地具备施工条件。在开工后继续解决相关的遗留问题。

② 将施工所需水、电、电信线路接至专用条款约定地点,并保证施工期间的需要。

③ 开通施工场地与城乡公共道路的通道以及由专用条款约定的施工场地内的主要交通干道,满足施工运输的需要,并保证施工期间的畅通。

④ 向承包人提供施工场地的工程地质和地下管网线路资料,对资料的正确性负责。

⑤ 办理施工许可证及其他施工所需的证件、批件和临时用地、停水、停电、中断交通、爆破作业等申请批准手续(证明承包人资质的证件除外)。

⑥ 确定水准点与坐标控制点,以书面形式交给承包人,并进行现场交验。

⑦ 组织承包人和设计单位进行图纸会审,向承包人进行设计交底。

⑧ 协调处理施工现场周围地下管线和邻近建筑物、构筑物(包括文物、保护建筑)、古树名木的保护工作,并承担有关费用。

⑨ 由专用条款约定的其他应由发包人负责的工作。

发包人可以将上述这些工作委托承包人办理,双方在专用条款内约定,其

费用由发包人承担。发包人未能履行上述各项义务,导致工期延误或给承包人造成损失的,发包人赔偿承包人有关损失,顺延延误的工期。

(3) 发包人应对其在施工现场的工作人员的安全负责;发包人不得要求承包人违反安全管理的规定进行施工。因发包人原因导致安全事故,由发包人承担相应的责任。

(4) 发包人要求使用专利技术或特殊工艺,须负责办理相应的申报手续,承担申报、试验、使用等费用。承包人必须按照发包人要求使用,并负责试验等有关工作。

(5) 发包人可以与承包人协商,建议调换其认为不称职的承包人代表。

2) 承包人

承包人一方,应是具备与工程相应资质和法人资格的,并被发包人接受的合同当事人及其合法继承人。但承包人不能将工程转包或出让,如进行分包,应在合同签订前提出并征得发包人同意。承包人是施工单位,负责工程的施工,是施工合同的实施者。

(1) 承包人按照合同规定进行施工、竣工并完成工程质量保修责任。承包人的工程范围由合同协议书约定。

(2) 承包人应按专用条款约定的内容和时间完成以下工作。

① 根据发包人的委托,在其设计资质允许的范围内,完成施工图设计或与工程配套的设计,经监理工程师确认后使用,发生的费用由发包人承担。

② 向监理工程师提供年、季、月度工程进度计划及相应进度统计报表。

③ 按工程需要提供和维修夜间施工使用的照明设备、围栏设施,并负责安全保卫。

④ 按专用条款约定的数量和要求,向发包人提供施工现场办公和生活的房屋及设施,费用由发包人承担。

⑤ 遵守有关部门对施工场地交通、施工噪声以及环境保护和安全审查等的管理规定,按管理规定办理有关手续,并以书面形式通知发包人。发包人承担由此发生的费用,因承包人责任造成的罚款除外。

⑥ 已竣工工程在未交付发包人之前,承包人按专用条款约定负责保护工作。保护期间发生损坏,承包人自费予以修复。

⑦ 按专用条款的约定做好施工现场地下管线和邻近建筑物、构筑物(包括文物、保护建筑)、古树名木的保护工作。

⑧ 保证施工现场清洁符合环境卫生管理的有关规定,交工前清理现场达到专用条款约定的要求,承担因自身原因违反有关规定造成的损失和罚款。

⑨ 在专用条款中约定的其他工作。

承包人未能履行上述各项义务,造成发包人损失得,承包人赔偿发包人有关损失。

(3) 如果承包人提出使用专利技术或特殊工艺,必须报监理工程师认可后实施,承包人负责办理申报手续并承担有关费用。

(4) 承包人安全施工的责任。

① 承包人应遵守有关安全生产的规定,严格按照安全标准组织施工,采取严格的安全防护措施。由于承包人安全措施不力造成事故,其责任由承包人承担。

② 承包人在动力设备、高电压线路、地下管道、易燃易爆地段以及临街交通要道附近施工时,施工开始前应向监理工程师提出安全保护措施,经监理工程师认可后实施,防护措施费用由发包人承担。

③ 实施爆破作业,在放射、毒害性环境中施工(含储存、运输、使用)及使用毒害性、腐蚀性物品施工时,承包人应在施工前 14 天以书面形式通知监理工程师,并提出相应的安全保护措施,经监理工程师认可后实施,安全保护措施费用由发包人承担。

④ 发生重大伤亡及其他安全事故,承包人应按有关规定立即上报有关部门并通知监理工程师,同时按政府有关部门要求处理,所需的费用由事故责任方承担。若双方对事故有争议,应按照政府有关部门的认定处理。

(5) 工程分包。

① 承包人按专用条款的约定分包部分工程。非经发包人同意,承包人不得将承包工程的任何部分分包出去。

② 承包人不得将其承包的全部工程转包给他人,也不得将其承包的全部工程肢解后以分包的名义分别转包给他人。

③ 工程分包不能解除承包人任何责任与义务。分包单位的任何违约行为、安全事故或疏忽导致工程损害或给发包人造成其他损失,承包人承担责任。

④ 分包工程价款由承包人与分包单位结算。未经承包人同意发包人不得以任何名义向分包单位支付各种款项。

(6) 承包人对文物和地下障碍物的处理。

① 在施工中发现古墓、古建筑遗址、钱币等文物及化石或其他有考古、地质研究等价值的物品时,承包人应立即保护好现场并于 4 小时内以书面形式通知监理工程师,监理工程师

应于收到书面通知后 24 小时内报告当地文物管理部门,合同双方按有关管理部门要求采取妥善保护措施。发包人承担由此发生的费用,延误的工期相应顺延。

如发现后隐瞒不报,致使文物遭受破坏,责任者承担相应责任。

② 施工中发现影响施工的地下障碍物时,承包人应于 8 小时内以书面形式通知监理工程师,同时提出处置方案,监理工程师收到处置方案后 24 小时内予以认可或提出修正方案。发包人承担由此发生的费用,延误的工期相应顺延。

3) 监理工程师

在建设工程施工合同中,实行的是以监理工程师为核心的管理体系(虽然监理工程师不是施工合同的当事人)。施工合同中的监理工程师是指监理单位委派的总监理工程师或发包人指定的履行合同的负责人,其具体身份和职权由双方在合同中约定。

发包人可以委托监理单位,全部或者部分负责合同的履行。监理单位应具有相应工程监理资质等级证书。工程施工监理应当依照法律、行政法规及有关的技术标准、设计文件和建设工程施工合同,对承包人在施工质量、建设工期和建设资金使用等方面,代表发包人实施监督。发包人应将委托的监理单位名称、监理内容及监理权限以书面形式通知承包人。

2. 施工合同的进度控制条款

进度控制,是施工合同管理的重要组成部分。合同当事人应当在合同规定的工期内完成施工任务,发包人应当按时做好准备工作,承包人应当按照施工进度计划组织施工。为此,监理工程师应当落实进度控制部门的人员、具体的控制任务和管理职能分工;承包人也应当落实具体的进度控制人员,并且编制合理的施工进度计划并控制其执行,即在工程进展全过程中,进行计划进度与实际进度的比较,对出现的偏差及时采取措施。

施工合同的进度控制可以分为施工准备阶段、施工阶段和竣工验收阶段的进度控制。

1) 工程准备阶段的进度控制

施工准备阶段的许多工作都对施工的开始和进度有直接的影响,包括双方对合同工期的约定、承包人提交进度计划、设计图的提供、材料设备的采购、延期开工的处理等。

2) 施工阶段的进度控制

工期开工后,合同履行即进入施工阶段,直至工程竣工。这一阶段进行进度控制的任务是控制施工任务在协议书规定的合同工期内完成。开工后,项目经理必须按照监理工程师确认的进度计划组织施工,接受监理工程师对进度的检查、监督,这是监理工程师进行进度控制的一项日常性工作,检查、监督的依据是已经确认的进度计划。一般情况下,监理工程师每月检查一次承包人的进度计划执行情况,由承包人提交一份上月的进度计划实际执行情况和本月的施工计划。同时,监理工程师还应进行必要的现场实地检查。

工程实际进度和计划进度不符时,承包人应当按照监理工程师的要求提出改进措施,经监理工程师确认后执行。但是,对于因承包人自身的原因造成工程实际进度与经确认的进度计划不符的,所有的后果都应由承包商自行承担,监理工程师也不对改进措施的效果负责。如果采用改进措施后,经过一段时间,工程实际进展赶上了进度计划,则仍可按原进度计划执行。如果采用改进措施一段时间后,工程实际进度仍明显与进度计划不符,则监理工程师可以要求承包人修改原进度计划,并经监理工程师确认。但是,这种确认并不是监理工程师对工程延期的批准,而仅仅是要求承包人在合理的状态下施工。因此,如果修改后的进度计划不能按期完工,承包人仍应承担相应的违约责任。

监理工程师应当随时了解施工进度计划执行过程中所有存在的问题,并帮助承包人予以解决,特别是承包人无力解决的内外关系协调问题。

3）竣工验收阶段的进度控制

竣工验收,是发包人对工程的全面检验,是保修期外的最后阶段。

工程应当按期竣工。工程按期竣工有承包人按照协议书约定的竣工日期或者监理工程师同意顺延的工期竣工两种情况。工程如果不能按期竣工,承包人应当承担违约责任。

3. 施工合同的质量控制条款

工程施工的质量控制是合同履行中的重要环节。施工合同的质量控制涉及许多方面的因素,任何一个方面的缺陷和疏漏,都会使工程质量无法达到预期的标准。

1）标准、规范和施工图

按照《标准化法》的规定,为保障人体健康、人身财产安全的标准属于强制性标准。建设工程施工的技术要求和方法都属于强制性标准,施工合同当事人必须执行。建设工程施工的质量必须符合国家有关建设工程安全标准的要求,施工中必须使用国家标准、规范。没有国家标准、规范但有行业标准、规范的,使用行业标准、规范,没有国家和行业标准、规范的,则使用工程所在地的地方标准、规范。双方应当在专用条款中约定适用标准、规范的名称。发包人应当按照专用条款约定的时间向承包人提供一式两份约定的标准、规范。

国内没有相应的标准、规范时,可以由合同当事人约定工程适用的标准。首先,应由发包人按照约定的时间向承包人提出施工技术要求,承包人按照约定的时间和要求施工工艺,经发包人认可后执行;若发包人要求工程使用国外标准、规范时,发包人应当提供中文译本。购买、翻译和制定标准、规范或制定施工工艺的费用,由发包人承担。

建设工程施工应当按照施工图进行。在施工合同管理中的施工图是指由发包人提供或者由承包人提供、经监理工程师批准、满足承包人施工需要的所有施工图样。按时、按质、按量提供施工所需的施工图,也是保证工程施工质量的重要方面。

2）材料设备供应的质量控制

工程建设的材料设备供应的质量控制,是整个工程质量控制的基础。材料设备供应单位对其生产或者供应的产品质量负责,而材料设备的需方则应根据买卖合同的规定进行质量验收。

监理工程师发现材料、设备不符合设计或者标准要求时,应要求承包方负责修复、拆除或者重新采购,并承担发生的费用,由此造成工期延误不予顺延。

3）施工企业的质量管理

施工企业的质量管理是监理工程师进行质量控制的出发点和落脚点。建设工程施工企业的项目经理,要对本企业的工程质量负责,并建立有效的质量保证体系。施工企业应当逐级建立质量责任制。项目经理要对本施工现场内所有单位工程的质量负责;生产班组要对分项工程质量负责。现场施工员、工长、质量检验员和关键工种工人必须经过考核取得岗位证书后,方可上岗。企业内各级职责部门必须按企业规定对各自的工作质量负责。

施工企业必须设立质量检查、测试机构,并由经理直接领导,企业专职质量检查员应抽调有实践检验和独立工作能力的人员担任。任何人不得设置障碍,干预质量检测人员依章行使职权。

用于工程的材料、设备,必须经检验、试车,并经相关负责人签字认可后,方可使用。

实行总分包的工程,分包单位要对分包工程的质量负责,总包单位对承包的全部工程质量负责。

国家对从事建设活动的单位推行质量体系认证制度。施工企业根据自身原则可以向国务院产品质量监督管理部门或者其授权部门认可的认证机构申请质量体系认证。

4) 工程质量的验收

工程验收是一项以确认工程是否符合施工合同规定目的的行为,是质量控制的最终环节。

工程质量应当达到协议书约定的质量标准,质量标准的评定以国家或者行业的质量检验评定标准为依据。发包人对部分或者全部工程质量有特殊要求的,应支付由此增加的追加合同价款,对工期有影响的应给予相应顺延。

达不到约定标准的工程部分,监理工程师一经发现,可要求承包人返工,承包人应当按照监理工程师的要求返工,直到符合约定标准。因承包人的原因达不到约定标准的,由承包人承担返工费用,工期不予顺延。因发包人的原因达不到约定标准的,由发包人承担返工的追加合同价款,工期相应顺延。因双方原因达不到约定标准的,责任由双方分别承担。

双方对工程质量有争议,由专用条款约定的工程质量监督部门鉴定,所需费用及因此造成的损失由责任方承担。双方均有责任的,由双方根据其责任分别承担。

建设工程办理完交工验收手续后,在规定的期限内,因勘察、设计、施工、材料等原因造成的质量缺陷,应当由施工单位负责维修。

4. 施工合同的造价管理条款

1) 施工合同价款及调整

施工合同价款,按有关规定和合同条款约定的各种取费标准计算,用以支付承包方按照合同要求完成工程内容的价款总额。合同价款是合同双方关心的核心问题之一,招标等工作主要是围绕合同价款展开的。合同价款应依据中标通知书中的中标价格或非招标工程的工程预算书确定。合同价款在协议书内约定后,任何一方不得擅自改变。合同价款可以按照总价合同、单价合同和成本补偿合同三种方式约定。

2) 工程预付款

双方应当在专用条款内约定发包人向承包人预付工程款的时间和数额,开工后按约定的时间和比例逐次扣回。预付时间应不迟于约定的开工日期前7天。发包人不按时预付,承包人在约定预付时间7天后向发包人发出要求预付的通知,发包人收到通知后仍不能按要求预付,承包人可在发出通知后7天停止施工,发包人应从约定预付之日起向承包方支付预付款的贷款利息,并承担违约责任。

3) 工程款(进度款)支付

对承包人已完成工程量的核实确认,是发包人支付工程款的前提。承包人应按专用条款约定的时间,向监理工程师提交已完成工程量的报告。该报告应当由《完成工程量报审表》和作为其附件的《完成工程量统计报表》组成。承包人应当写明项目名称、申报工程量及简要说明。监理工程师接到报告后7天内按设计图核实已完工程量,作为工程价款支付的依据。

6.2.5　《建设工程施工合同》示范文本

1.《建设工程施工合同》示范文本(GF—1999—0201)的组成

工程施工合同一般由以下文件组成:

(1) 本合同协议书;

(2) 中标通知书;

(3) 投标书及其附件;

(4) 本合同专用条款;

(5) 本合同通用条款;

(6) 标准、规范及有关技术文件;

(7) 图纸;

(8) 工程量清单;

(9) 工程报价单或预算书。

此外,双方有关本工程的洽商、变更等书面协议或文件均视为本合同的组成部分。

《建设工程施工合同》(示范文本 GF—1999—0201)由四部分组成:第一部分是合同协议书;第二部分是合同通用条款;第三部分是合同专用条款;第四部分主要是附件。

1) 第一部分:合同协议书

协议书是工程发包人与承包人在平等、自愿、公平和诚实信用的原则下,双方就本建设工程施工事项协商一致后,订立的合同。主要描述工程概况、工程承包范围,对合同工期、质量标准、合同价款进行约定。

2) 第二部分:通用条款

通用条款是本施工合同的主体,总共 11 项 47 条,每条有若干款,个别款中尚有细目作进一步说明。通用条款包罗全面、完整,并借鉴了国际上一些通行的施工合同文本,故又俗称为中国的 FIDIC。

通用条款是建设工程施工中必须遵照执行的国家法规。故无论发包人、承包人、监理人及其他相关的人员,必须认真学习、坚决贯彻。

3) 第三部分:专用条款

专用条款是发包人与承包人签订施工合同时对通用条款 11 项分部中的某些条款或细目,由双方达成一致后所作的补充,或对具体时间、金额的详细说明。填写后的专用条款作为本合同组成文件,双方共同遵守执行。故双方在填写专用条款时应认真、严肃,并反复校核,不得有丝毫差错。

4) 第四部分:附件

本示范文本尚有以下三个附件:

(1) 承包人承揽工程项目一览表(附件 1);

(2) 发包人供应材料设备一览表(附件 2);

(3) 工程质量保修书(附件 3)。

附件也是合同的组成文件,具有法律效力。

6.3 监理机构合同管理的职责

6.3.1 监理机构在合同管理中的作用

1. 协助、参与业主确定本建设项目的合同结构

合同结构是指合同的框架、主要部分和条款构成,包括:勘察合同、设计合同、施工合同、加工合同、材料和设备订购合同、运输合同等。

2. 协助业主起草合同及参与合同谈判

参加上述建设合同在签订前的谈判和拟定合同初稿,提供业主决策。在订立合同的过程中要按条款逐条分析,如果发现有对本方产生风险较大的条款,要相应增加抵御的条款。要详细分析哪些条款与业主有关、与总包有关、与分包有关、与工程检查有关、与工期有关等,分门别类分析各自责任和相互关系,做到一清二楚、心中有数。

3. 合同的实施管理和检查

在建设项目实施阶段,对上述合同的履行进行监控、检查和管理。建立合同数据档案,把合同条款分门别类地归纳起来,将它们存放在计算机中,以便于检索。通过图表使合同中的各个程序具体化,包括试验数据、质量控制、工程移交手续等,使当事人清晰明白合同特殊条款的各方职责。把合同中的时间、工作、成本(投资)用网络形式表达,形成合同网络系统,使合同的时间概念、逻辑关系更明确,便于监督实施。检查解释双方来往的信函与文件,以及会议记录、业主指示等,因为这些内容对合同管理是非常重要的。

4. 处理合同纠纷和索赔

协助业主和秉公处理建设工程各阶段中产生的索赔;参与协商、调解、仲裁甚至法院解决合同的纠纷。

6.3.2 合同争议的调解

1. 合同争议的定义

合同争议是指合同当事人在合同履行过程中所产生的有关权利义务纠纷。在合同履行过程中,由于各种原因,在当事人之间产生争议是不可避免的。争议产生后如不及时解决,当事人订立合同的目的就无法实现。因此,任何选择适当的解决方式及时解决争议,对维护当事人的合法权益和正常的社会经济秩序,避免损失的扩大,具有重要的意义。

2. 合同争议的解决方式

合同争议的解决方式有和解、调解、仲裁、诉讼四种。

1) 和解解决

和解是指合同纠纷当事人在自愿、平等基础上,互相沟通、互相谅解,从而解决纠纷的一种方式。自愿、平等、合法是和解解决争议的基本原则。和解的特点在于简便易行,能够在没有第三人参加的情况下及时解决当事人之间的纠纷,有利于当事人双方的进一步合作。但这种争议的解决方式也有一定的局限性,当当事人之间的纠纷分歧较大,如就违约金、赔偿金数额不能达成一致时,或者当事人故意违约,根本没有解决问题的诚意时,这种方法就不能解决问题。

2）调解解决

调解是指合同当事人对合同所约定的权利、义务发生争议,经过协商后,不能达成和解协议时,在第三方的主持下,通过对当事人进行协调,促使双方互相作出适当的让步,平息争端,自愿达成协议,以求解决合同纠纷的方法。

3）仲裁解决

仲裁是指当事人双方在争议发生前或争议发生后达成协议,自愿将争议交给第三者作出裁决,并负有自动履行义务的一种解决争议的方式。《仲裁法》规定,仲裁庭的组成可以采取以下两种方式:当事人约定由三名仲裁员组成仲裁庭或当事人约定由一名仲裁员组成仲裁庭。由三名仲裁员组成仲裁庭的,当事人双方应当各自选定或者各自委托仲裁委员会主任指定一名仲裁员,第三名仲裁员由当事人共同选定或者共同委托仲裁委员会主任指定。仲裁庭的裁决作出后,当事人应当履行。当一方当事人不履行仲裁裁决时,另一方当事人可以依照民事诉讼法的有关规定向人民法院申请执行。

4）诉讼解决

诉讼是指合同当事人依法请求人民法院行使审判权,审理双方之间发生的合同争议,作出由国家强制保证实现其合法权益,从而解决纠纷的审判活动。合同双方当事人如果未约定仲裁协议,则只能以诉讼作为解决争议的最终方式。

3. 监理机构的合同争议调解工作

监理机构接到合同争议的调解要求后应进行以下工作。

（1）及时指派监理人员了解合同争议的全部情况,包括进行调查和取证。

（2）及时与合同争议的双方进行磋商。

（3）提出调解方案,由总监理工程师组织双方进行争议调解;在总监理工程师签发合同争议处理意见后,建设单位或承包单位在施工合同规定的期限内未对合同争议处理决定提出异议,在符合施工合同的前提下,此意见成为最后的决定,双方必须执行。

（4）当调解未能达成一致时,总监理工程师应在施工合同规定的期限内提出处理该合同争议的意见。

（5）在合同争议的仲裁或诉讼过程中,项目监理机构接到仲裁机关或法院要求提供有关证据的通知后,应公正地向仲裁机关或法院提供与争议有关的证据。

在争议调解过程中,除已达到了施工合同规定的暂停履行合同的条件之外,项目监理机构应要求合同的双方继续履行施工合同。

发生争议后,在一般情况下,双方都应继续履行合同,保持施工连续,保护好已完工程。只有出现下列情况时,当事人方可停止履行合同:

① 单方违约导致合同确已无法履行,双方协议停止履行合同;

② 调解要求停止履行合同,且为双方接受;

③ 仲裁机关要求停止履行合同;

④ 法院要求停止履行合同。

6.3.3 合同违约处理

1. 合同解除的定义

合同解除是指对已经发生法律效力，但尚未履行或者尚未完全履行的合同，因当事人一方的意思表示或者双方的协议而使债权债务关系提前归于消灭的行为。合同解除可分为约定解除和法定解除两类。

1）约定解除

指当事人通过行使约定的解除权或者双方协商决定而进行的合同解除，即合同的协商解除。

2）法定解除

解除条件直接由法律规定的合同解除。当法律规定的解除条件具备时，当事人可以解除合同。它与合同约定解除权的解除都是具备一定解除条件时，由一方行使解除权，区别在于解除条件的来源不同。有下列情形之一的，当事人可以解除合同：

（1）因不可抗力致使不能实现合同目的；

（2）在履行期限届满之前，当事人一方明确表示或者以自己的行为表明不履行主要债务；

（3）当事人一方延迟履行主要债务，经催告后在合理的期限内仍未履行；

（4）当事人一方延迟履行债务或有其他违法行为，致使不能实现合同目的；

（5）法律规定的其他情形。

2. 违约责任

1）违约责任的定义

违约责任是指当事人任何一方不能履行或者履行合同不符合约定而应当承担的法律责任。违约行为的表现形式包括不履行和不适当履行。对于逾期违约的，当事人也应当承担违约责任。当事人一方明确表示或者以自己的行为表明不履行合同的义务，对方可以在履行期限届满之前要求其承担违约责任。

2）违约责任的承担方式

（1）继续履行

继续履行是指违反合同的当事人不论是否承担了赔偿金或者违约金责任，都必须根据对方的要求，在自己能够履行的条件下，对合同未履行的部分继续履行。但有下列情形之一的除外：

① 法律上或者事实上不能履行；

② 债务的标的不适于强制履行或者履行费用过高；

③ 债权人在合理期限内未要求履行。

（2）补救措施

所谓补救措施是指我国《民法通则》和《合同法》中所确定的，在当事人违反合同的事实发生后，为防止损失发生或者过大，而由违反合同一方依照法律规定或者约定采取的修理、更换、重新制作、退货、降低价格或者较少报酬等措施，以给权利人弥补或者挽回损失的责任形式。采取补救措施的责任形式，主要发生在质量不符合约定的情况下。

（3）赔偿损失

当事人一方不履行合同义务或者履行合同义务不符合约定，给对方组成损失的，应当赔偿对方的损失。损失赔偿额应当相当于因违约所造成的损失,包括合同履行后可以获得的利益,但不得超过违反合同一方订立合同时预见或应当预见的因违反合同可能造成的损失。

（4）支付违约金

当事人可以约定一方违约时应当根据违约情况向对方支付一定数额的违约金,也可以约定因违约产生的损失额的赔偿办法。约定违约金低于造成损失的,当事人可以请求人民法院或仲裁机构予以增加;约定违约金过分高于造成损失的,当事人可以请求人民法院或仲裁机构予以适当减少。

（5）定金罚则

当事人可以约定一方向对方给付定金作为债权的担保。债务人履行债务后,定金应当抵作价款或收回。给付定金的一方不履行约定债务的,无权要求返还定金;收受定金的一方不履行约定债务的,应当双倍返还定金。

当事人既约定违约金,又约定定金的,一方违约时,对方可以选择适用违约金或定金条款。但是,这两种违约责任不能合并使用。

3. 监理机构在合同违约处理中的主要工作

1）建设单位违约情况

当建设单位违约导致施工合同最终解除时,项目监理机构应就承包单位按施工合同规定应得到的款项与建设单位和承包单位进行协商,并应按施工合同的规定从下列应得的款项中确定承包单位应得到的全部款项,并书面通知建设单位和承包单位:

（1）承包单位已完成的工程量表中所列的各项工作所应得的款项;

（2）按批准的采购计划订购工程材料、设备、构配件的款项;

（3）承包单位撤离施工设备至原基地或其他目的地的合理费用;

（4）承包单位所有人员的合理遣返费用;

（5）合理的利润补偿;

（6）施工合同规定的建设单位应支付的违约金。

2）承包单位违约情况

由于承包单位违约导致施工合同最终解除时,项目监理机构应按下列程序清理承包单位的应得款项,或偿还建设单位的相关款项,并书面通知建设单位和承包单位:

（1）施工合同终止时,清理承包单位已按施工合同规定实际完成的工作所应得的款项和已经得到支付的款项;

（2）施工现场余留的材料、设备及临时工程的价值;

（3）对已完工程进行检查和验收,移交工程资料、该部分工程的清理、质量缺陷修复等所需的费用;

（4）施工合同规定的承包单位应支付的违约金;

（5）总监理工程师按照施工合同的规定,在与建设单位和承包单位协商后,书面提交承包单位应得款项或偿还建设单位款项的证明。

3）其他

由于不可抗力或非建设单位、承包单位原因导致施工合同终止时,项目监理机构应按施工合同规定处理合同解除后的有关事宜。

复习题

1. 什么是建设工程合同？什么是合同管理？
2. 建设工程施工合同有哪些主要内容？
3. 《建设工程施工合同》示范文本由哪些部分组成？
4. 合同发生争议时有哪些解决方式？
5. 什么是违约责任？承担违约责任的方式有哪些？

第7章　通信工程建设监理信息管理

通信工程建设监理资料是在工程实施过程中产生的信息。工程的工期越长,规模越大,技术越复杂,监理资料就越多。这些信息的产生、流动和处理直接影响工程的实施过程,管理好这些信息是监理工作的重要内容,也是监理工程师对工程项目进行动态控制的重要手段。

7.1　通信工程建设监理资料

监理资料是监理工作的原始记录,是评定监理工作、界定监理责任的证据。按照《建设工程监理规范》的规定,施工阶段的监理文件档案应包括以下 28 项内容:

(1) 施工合同文件及委托监理合同;

(2) 勘察设计文件;

(3) 监理规划;

(4) 监理实施细则;

(5) 分包单位资格报审表;

(6) 设计交底与图纸会审会议纪要;

(7) 施工组织设计方案报审表;

(8) 工程开工/复工报审表及工程暂停令;

(9) 测量核验资料;

(10) 工程进度计划;

(11) 工程材料、构配件、设备的质量证明文件;

(12) 检查测试资料;

(13) 工程变更资料;

(14) 隐蔽工程验收资料;

(15) 工程计量单和工程款支付证书;

(16) 监理工程师通知单;

(17) 监理工作联系单;

(18) 报验申请单;

(19) 会议纪要;

(20) 来往函件;

（21）监理日记；

（22）监理（周）月报；

（23）质量缺陷与事故的处理文件；

（24）总工程、单项工程、单位工程等验收资料；

（25）索赔文件资料；

（26）竣工结算审核意见书；

（27）工程项目施工阶段质量评估报告等专题报告；

（28）监理工作总结。

以下根据《建设工程监理规范》，对监理单位在工程实施时需要准备的主要监理文件的要求进行叙述，其他监理文档读者可自己查阅《建设工程监理规范》。

7.1.1 监理规划

监理单位在签订委托监理合同，收到施工合同、施工组织设计技术方案、设计图纸文件后一个月内，由总监理工程师组织相关人员完成该工程项目的监理规划工作，经监理单位技术负责人审核批准后，在监理交底会前报送建设单位。监理规划的内容必须包括《建设工程监理规范》规定的 12 款要求。为加强读者对规划内容的认知，以下列举了一个监理规划案例的目录信息供参考。

监理规划内容目录

第 1 章　工程项目概况

第 2 章　监理工作范围

第 3 章　监理工作内容

第 4 章　监理工作目标

第 5 章　监理工作依据

第 6 章　项目监理机构的组织形式

第 7 章　监理机构人员配备计划及岗位职责

7.1　监理人员配置计划

7.2　各级人员的职责与权限

第 8 章　监理工作程序

8.1　监理工作总体流程

8.2　质量控制操作流程

8.3　工程设计变更监理操作流程

第 9 章　监理工作方法及措施

9.1　进度控制

9.2　质量控制

9.3　投资控制

9.4　安全管理

9.5　协调工作

9.6　信息管理

9.7　合同管理

7.1.2　监理实施细则

监理实施细则应符合监理规划的要求,并结合专业特点,做到详细、具体、具有可操作性,是监理规划的细化。细则的主要内容包括专业工作的特点、监理工作的流程、监理工作控制的要点及目标、监理工作方法及措施,根据实际情况的变化可以进行修改、补充和完善。

7.1.3　监理日记

监理日记由监理工程师和监理员负责书写,是反映工程施工过程的实录。认真、及时、真实、全面地做好监理日记,对日后发现问题、解决问题,甚至仲裁、起诉都有作用。

监理日记有不同的记录角度,总监理工程师可以指定一名监理工程师对项目每天总的情况进行记录,称为项目监理日志;专业监理工程师可以从专业的角度进行记录;监理员可以从负责的单位工程、分部工程、分项工程的具体部位施工情况进行记录,侧重点不同,记录的内容、范围也不同。

项目监理日志的内容一般包括:

(1)当日材料、构配件、设备、人员变化情况;

(2)当日施工的相关保卫、工序的质量、进度情况,材料的使用情况,抽检、复检情况;

(3)施工程序执行情况,人员、设备安排情况;

(4)当日监理工程师发现的问题及处理情况;

(5)当日进度执行情况,索赔情况,安全施工情况;

(6)有争议的问题,各方的相同和不同意见,协调情况;

(7)天气、温度情况及对某些工序的影响和采取的措施;

(8)承包单位提出的问题,监理人员的答复等。

部分监理企业将日志内容格式化,以表格形式呈现,便于书写。见表 7-1。

表 7-1　监理日志

工程名称：		建设单位：		
施工单位：		施工负责人：　　施工地点：		
日期：　　年　月　日		气象情况：　晴[　]　雨[　]　阴[　]		
序号	施工内容	完成工作量	质量情况	备注
1				
2				
3				
4				
5				
6				
7				
8				
9				
10				

存在问题(包括材料、进度、质量、设计变更、影响施工实施等)

问题处理情况(处理方法、过程、效果及实施人)

问题汇报情况(向上级及相关单位、部门汇报情况及联系人)

其他情况(包括安全施工、停工、复工说明或上级指示等)

施工监理员：

7.1.4　监理例会会议纪要

监理例会是履约各方沟通情况、交流信息、协商解决合同履行过程中存在问题的主要协调方式。会议纪要由项目监理机构根据会议记录整理,经总监理工程师审阅,与会各方代表会签后,发至合同有关各方。记录的主要内容包括:

(1) 会议地点及时间;

(2) 会议主持人;

(3) 与会人员姓名、单位、职务;

（4）会议主要内容,决议事项及其负责落实单位、负责人和时限要求；

（5）其他事项（没达成共识的各方主要观点、意见等）。

会议纪要具有固定的书写格式,见表7-2。

表 7-2　工程启动会议记录

会议时间：	会议地点：
主持人：	记录人：
参加人员：	
会议议题：	
主要内容：	

7.1.5　监理月报

监理单位在收到承包单位报送的工程进度,汇总了当月已完成工程量和计划完成工程量的工程量表、工程款支付申请表等相关资料后,由项目总监理工程师组织编写监理月报,总监理工程师签认后,报送建设单位和本监理单位。根据工程规模的大小,监理月报汇总信息的详细程度有所不同,一般包括以下七个方面内容。

（1）工程概况：本月工程概况及施工基本情况。

（2）本月工程形象进度。

（3）工程进度：本月实际完成进度与计划进度比较；对进度完成情况及采取措施效果的分析。

（4）工程质量：本月工程质量分析；本月采取的工程质量措施及效果。

（5）工程计量与工程款支付：工程量审核情况；工程款审批情况及支付情况；工程款支付情况分析；本月采取的措施及效果。

（6）合同其他事项的处理情况：工程变更,工程延期,费用索赔。

（7）本月监理工作小结：本月进度、质量、工程款支付等方面情况的综合评价；本月监理工作情况；有关本工程的建议和意见；下月监理工作的重点。

监理月报案例分享

1. 工程名称：××公司 平台扩容工程

2. 月报时间：2010 年 7 月 1 日至 2010 年 7 月 31 日

3. 参建单位

　　建设单位：××分公司

　　设计单位：××电信规划设计院有限公司

　　施工单位：××电信工程公司

　　监理单位：××通信建设监理有限公司

　　设备厂家：××公司、yy 公司

4. 工程建设规模

（1）新视通系统：本期西湾路节点新增 2 台华为 MCU8660、1 台华为 9306 交换机，对 xx 节点原有新视通系统网络容量进行扩容，对组网结构进行优化调整。在 zz 节点新增 2 台华为 9306 交换机、2 台华为 Eudemon 1000E 防火墙，对 xx 节点原有新视通系统网络结构进行优化调整。

（2）0 号系统平台：在中心节点新增 1 台迪威 MCU8000 及其配套的 23 个广播级解码器组成的多画面图像台和 2 台多画面分割器，对 xx 节点原有新视通系统网络容量进行扩容。

　　0 号系统分会场：本期工程在 0 号系统（党政专网）各个分会场进行 8 M 高清终端的双流改造，共计配置 42 台双流盒（迪威 FOCUS100）。

　　工程计划总投资：××万元。

5. 形象进度及描述：（总体形象进度：99％）

　　　　华为平台部分：

　　　　　　全部完工。

　　　　迪威部分：

　　　　（1）所有硬件全部完成；

　　　　（2）完成单点调试及联调工作。

6. 本月工程完成情况

　　（1）协调迪威在用系统故障的处理。

　　（2）整理验收资料。

7. 下月工程计划

　　（1）跟进存在问题的处理。

　　（2）准备工程初验。

8. 存在问题及解决情况

因迪威在用系统近年存在的故障一直没有解决，会议中心提出本期工程新增的迪威 MCU 设备，须在上述故障排解之后，才能级联并网。鉴于此故障非本工程范围，提请工程管理中心协调处理。

7.1.6　监理工作总结

监理总结有工程竣工总结、专题总结、月报总结三类，按照《建设工程文件归档整理规范》要求，三类总结在建设单位都属于要长期保存的归档文件，专题总结和月报总结在监理

单位是短期保存的归档文件,而工程竣工总结属于要报送城建档案管理部门的监理归档文件。工程竣工的监理总结包括以下内容:

(1) 工程概况;

(2) 监理组织结构、监理人员和投入的监理设施;

(3) 监理合同履行情况;

(4) 监理工作成效;

(5) 施工过程中出现的问题及其处理情况和建议。

监理总结案例分享

受××分公司工程管理中心的委托,广东××通信建设监理有限公司对××公司××平台扩容工程的施工阶段进行了全过程的监理工作。现将本工程实施过程的情况作如下总结。

一、工程概况

本期工程建设内容:

1. xx 系统:在 xx 节点新增 2 台华为 MCU8660、1 台华为 9306 交换机,对节点原有 xx 系统网络容量进行扩容,对组网结构进行优化调整。

2. 0 号系统平台:在省中心节点新增 1 台迪威 MCU8000 及其配套的 23 个广播级解码器组成的多画面图像台和 2 台多画面分割器,对 xx 节点原有 xx 系统网络容量进行扩容。

0 号系统分会场:本期工程在 0 号系统各个分会场进行 8 M 高清终端的双流改造,共计配置 42 台双流盒(迪威 FOCUS100)。

本工程总投资:×× 万元。

本工程的设计单位为 ×× 电信规划设计院有限公司,施工单位为 ×× 电信工程公司,设备厂家为深圳华为公司、迪威公司,监理单位为 ×× 通信建设监理有限公司。

二、工程总体实施进度

本工程从 2009 年 9 月 7 日正式开工,2010 年 6 月 30 日基本完工。其中,由于处理在用党政专网原有故障,本期新增的迪威 MCU 设备级联工作于 2011 年 7 月 23 日完成。

三、工程实施期间的主要问题及处理情况

本工程的实施过程中,监理人员认真做好"三控、三管、一协调"工作,随时掌握工程的各种情况,积极主动、尽力协调解决工程实施中出现的各种问题,主要情况如下。

1. 设备到货情况

大部分设备、材料的到货能满足施工进度要求。部分材料(如同轴线)由于设计疏漏、数量不足,补充部分到货较迟,影响进度。

2. 工程中的问题

工程存在问题	解决办法
1. 会议中心机楼因用电紧张,正在进行市电变压器扩容,本工程用电暂未批复。影响新视通(华为)部分的进度。	1. 由于该节点是关键节点,对工程进度影响较大,经工程主管协调有关部门,尽量批准本工程用电(总功率约 4 kW)。
2. 场西 14F 机房的本期工程原设计所涉及的直流列柜需更换空气开关,由于所需规格的空气开关已经停产,无法更换。	2. 经协调,设计单位重新调整方案(减少电源单元负载,新增交换机直接从列柜取电),并出具新的施工图纸,无须更换空气开关,需新增电源线。

四、本期工程的监理工作情况

在接到本工程的监理任务后,我公司及时成立了工程项目监理机构,根据监理大纲和监理合同的要求,明确监理工作的总目标、监理的内容和任务,认真审查施工单位提交的施工组织方案和施工进度计划,认真审查施工单位的安全生产承诺和措施,根据工程的实际情况及业主的要求,调整工作进度安排,合理地安排监理人员全面开展监理工作。

为了做好工程的具体实施,我们根据本工程的具体情况,采取统筹与灵活协调相结合的方法,解决在实施过程中遇到、出现的问题,努力做好安全生产控制、进度控制、质量控制、投资控制,使工程建设顺利进行,为工程主管人员减轻压力。我们在开展监理工作的同时也得到了××公司建设单位及相关部门的大力配合与支持,使我们的监理工作更加顺利有效。

监理人员在工程实施前做好设备到货验货的计划,设备用电资料的核实,及时向有关部门了解批复情况,并经常与有关部门联系,跟进资源落实的情况,对批复的资料及时提供给施工、集成负责人,便于工程的实施。为了使修正设计能更好地指导工程施工,监理人员积极协助设计单位对设计中不明确或有疑问的地方进行落实、确认。

在工程实施的各个环节:设备的点验、硬件安装、设备加电、设备测试、系统调试都有监理人员在实施现场进行监督、协调以及跟进问题的解决。

在本工程中,监理项目组成员都恪尽职责,严格按"三控、三管、一协调"开展工作。

安全生产监督:做好项目安全风险评估工作,开工前与施工单位、设备厂家就安全生产具体事项统一意见,签署了安全监理通知书。结合本公司及上级部门关于安全生产工作的指示,做好每周风险预控及短信预警工作,对级别较高的环节,进行旁站监控,保障新装设备及在用设备的安全运行,杜绝因工程施工引发的通信安全事故,把对施工安全的监理工作放在首要的位置。

质量控制方面:各节点的施工采用关键部位进行旁站监理,严格把好工程质量关,作好详细的施工情况记录。施工队进场施工前,必须先对现场条件进行检查,核对设计文件,及时纠正设计中出现的错漏。施工中,对于重要的工序,监理人员都进行旁站监理,如主设备安装、线缆布放、设备加电、设备测试、系统调试,都有详细的监理工作记录。

进度控制方面:严格按照本工程制订的总体施工进度计划实施,如遇施工条件暂时不具备而无法施工,主动与业主及参建单位负责人进行沟通,重新调整施工计划。

投资控制方面:做到全面详细了解工程情况,协助工程主管进行合理的资源利用、资源调配,避免了重复投资,节省成本。

合同资料管理方面:监理人员认真核实、总结到货情况,收集、整理主设备和配套设备的到货签收单、验货单,以便对设备的结算工作进行核查。

信息管理方面:监理人员保持与××企业各相关部门的沟通,充分了解资源情况,提前申请工程需要的资源,及时跟进资源批复情况,确保工程的顺利进行。

工程协调方面:积极主动协调各参建单位之间的关系,充分调动各参建单位的积极性。遇到问题组织协调、合理调配人力物力进行施工;组织召开工程例会,解决工程中存在的各种问题,保证工程的顺利开展。对于工程实施期间陆续出现的问题,监理人员积极主动协助工程主管尽快解决问题,及时调整施工进度计划,合理安排各参建单位人员到现场开展工作。

工程完工后,本项目监理机构组织有关单位人员对安装的设备进行了验收前的检查,施工单位能按照设计的要求进行施工,完成的工作量与设计相符;设备安装牢固;电源线、尾纤、网线、同轴线等的布放及端接整齐、紧固,符合规范要求;设备及各种缆线标签清楚美观;测试项目齐全、测试结果符合设计及行业标准要求;备件及余料交接清楚;施工安全及文明生产措施落实良好。做好资产转固表、资源录入的核对工作,并协调相关部门完成其确认工作。

在工程验收的前期,我公司的监理人员认真审核施工单位提交的施工交工文件:交工资料规范、齐全,符合建设单位的要求。对交工文件中存在的各种问题及时提出,并督促其更改,确保了工程交工文件的准确性和完整性。

在××公司有关部门以及各参建单位的共同努力下,本工程具备初步验收条件。在此,感谢建设单位各相关部门对我们工作的关心和支持,感谢其他参建单位的大力配合。

7.2　通信工程建设监理资料的管理

《建设工程监理规范》明确提出总监理工程师负责制,并在第7.4.2条写明"监理资料的管理由总监理工程师负责"。监理资料必须及时整理、真实完整、分类有序,总监理工程师应指定专人具体实施监理资料的管理,在各阶段监理工作结束后及时整理归档。按照委托监理合同的约定,在设计阶段,监理工程师要对勘察、测绘、设计单位的工程文件的形成、积累和立卷归档进行监督、检查;在施工阶段,则要对施工单位的工程文件的形成、积累、立卷归档进行监督、检查。

7.2.1　通信工程建设监理资料管理的要点

监理资料是监理工作的真实记录,项目监理机构必须从始至终做好资料的管理工作。

1. 建立监理机构内部责任制和工作制度

监理资料是在工程监理过程中逐步形成的。而整个工程监理过程环节繁杂,专业各异,不论是总监理工程师,还是专职资料员,仅仅依靠个人的力量是无法做好这项工作的。根据监理资料产生于监理过程的特点,要实行"谁监理、验收,谁负责"的监理资料管理原则。专业监理工程师负责本专业的原材料、分项工程的验收及有关监理资料(含附件)的收集、汇总及整理,分部工程验收完毕,即应将完整、真实的监理资料交资料员验收归档。资料员负责监理资料的验收、分类整理。为了保证监理资料管理工作的有序进行,项目监理机构还应建立内部工作制度,确定工作程序、内部会议制度、工作检查、汇报制度及监理人员轮休工作替代制度,保证岗位不缺人,工作有人做,资料有人管,监理日记有人记,确保监理资料的连续性、完整性。

2. 重视对施工资料的监理

监理资料管理要做到及时、真实、有序,在施工监理的全过程中,还必须重视对施工资料的监理。施工资料是施工过程的记录,是每一工序、分项、分部工程的实体质量合格文件。监理工程师对工程的验收就是在审核施工资料的基础上,对工程实体进行检查,以验证施工资料的真实性。施工资料不符合要求,则工程实体质量就无从谈起。我们对工程实体的质量控制是从工序、分项、分部工程依次做起,同样对施工资料的质量控制也应从工序、分项、分部工程做起。对施工资料的监理是监理工程师的一项重要的工作内容。

施工资料也是日后施工单位质量责任的证据。施工单位有义务做好施工资料的管理。为了促使施工单位对施工资料管理的重视,在第一次工地例会上就要强调施工资料的重要性,要交代有关施工报验工作的程序和基本条件。特别在施工准备阶段一定要严格把关,坚持报验必须资料先行,各项施工资料必须真实、合格的原则。

3. 加强与建设单位业主的沟通,争取业主的理解和支持

监理资料管理工作与其他监理工作一样,需要加强与建设单位(业主)的沟通,争取业主的理解和支持。监理资料中的施工合同文件、勘察设计文件、施工图纸、设计变更、工程定位及标高资料、地下障碍物资料等,都由业主提供。平时工作的来往信函、会议纪要、监理工作联系单等也和业主有关。工程计量和工程款支付、工期的延期、费用索赔等工作也要与业主沟通。对施工资料的严格要求需要争取业主的理解和支持,否则工作很难开展,监理资料的管理工作就难以落实。

4. 充分发挥监理日记的作用

监理日记是逐日记录监理工作和施工活动的重要资料,内容涉及工程建设的方方面面,时间的连续性强,是总监理工程师检查监理工作和监理资料的重要线索。

总监理工程师应每天签阅监理日记,这样既检查了监理人员的工作,又熟悉了监理情况。对于监理日记的检查,总监理工程师可根据监理人员的职责和施工进度,检查监理日记是否有漏记部分。例如,工程施工已到基础验收阶段,工程项目某单元的土建:专业的监理日记中应有该单元的施工方案报验、材料报验、测量放线报验、基础隐蔽工程报验等事项;如期间内有召开工程例会、质量问题处理等事项也应有记录;以这些记录为依据,可再进一步检查该监理人员负责的监理资料是否完整、及时、分类有序;还可以根据有关监理资料来核查监理日记,如根据某一份原材料报验单的日期,检查该天的监理日记是否有记录等,这样不但检查了专业监理工程师所负责的监理资料,也同时检查了监理工作的质量。监理日记审阅后,总监理工程师应签字留下记录。对于监理日记的缺陷,总监理工程师应及时检查,督促改正。这样,总监理工程师通过监理日记的核查,既能掌握每个监理人员的工作情况,又可以督促监理人员按规范要求作好监理工作。

7.2.2 通信工程建设监理资料的整理

1. 监理资料的分类

通信工程监理中具体的资料分类原则应根据工程特点制定,监理单位的技术管理部门可以提出本单位资料管理的基本原则,以体现出本单位的特色。

1) 按监理工作的阶段划分

(1) 工程设计阶段;

(2) 设备采购阶段;

(3) 设备监造阶段;

(4) 施工准备阶段;

(5) 施工阶段;

(6) 质量保修阶段。

2) 按监理工作的目标划分

（1）进度控制资料；

（2）质量控制资料；

（3）投资控制资料；

（4）合同管理及工程协调等相关资料。

3）按资料产生的来源划分

（1）建设单位提供的资料；

（2）承包单位报送的资料；

（3）项目监理机构在监理过程中形成的资料。

4）按资料的作用划分

（1）监理工作依据资料，如委托监理合同、施工承包合同、建设单位与第三方签订的与本工程有关的合同、勘察设计文件；

（2）监理工作法规，如各种工程定额、技术规范、工程有关的合同法、招投标法等法律、法规；

（3）监理工作中形成的资料，如各方来往函件、会议纪要，工程质量检验、调测报表，项目监理机构的各种工作制度、监理工程师通知、隐蔽工程检查签认、质量检验评定资料、计量及支付资料、索赔及过程变更资料等。

以上分类取决于不同的用途，实际工作中，一般是几种分类的组合。例如，先按时间分成大类，每一大类再按控制目标分项，每一项内按资料作用分成子项，每一子项按资料来源分成子目。

2. 监理资料的质量要求和立卷编号

监理资料的整理和组卷应遵循《建设工程文件归档整理规范》（GB/T50328—2001）国家标准，涉及的技术资料和图纸还要按照《科学技术档案案卷构成的一般要求》（GB/T11822—2000）、《技术制图复制图的折叠方法》（GB10609.3—89），同时还要参照《城市建设档案案卷质量规定》以及各地方相应的规范执行。

1）归档的监理资料质量要求

（1）归档的监理资料文档一般应是原件。

（2）监理资料文档的内容及其深度必须符合国家有关工程勘察、设计、施工、监理等方面的技术规范、标准和规程。

（3）监理资料文档的内容必须真实、准确，与工程实际相符合。

（4）监理资料文档应使用耐久性强的书写材料，如碳素墨水、蓝黑墨水，不得使用易退色的书写材料。

（5）监理资料文档应字迹清楚，图样清晰，图表整洁，签字盖章手续完备。

（6）监理资料文档中文字材料幅面尺寸为 A4 幅面，图纸应采用国家标准图幅。

（7）不同图幅的图纸统一折叠成 A4 幅面，图标栏露在外面。

（8）监理资料文档中的照片及声像材料，要求图像清晰，声音清楚。

2）监理资料的立卷编号

监理资料的立卷应按照文件自然形成的规律，一个工程由多个单位工程组成时，按单位工程、分部工程组卷，或按专业、分阶段组卷；不同载体的文件应该分别组卷，案卷内不应有重份文件。一般采用的方法如下。

(1) 资料文件的编号

资料文件按有书写内容的页面编号,单页书写的文字在右下角,双面书写的,正面在右下角,背面在左下角。折叠的图纸一律在右下角。

(2) 资料文件的排列

① 每卷按封面、卷内目录、卷内文件、卷内备考表装订。

② 文字材料按事项、专业顺序排列。同一事项的请示与批复,同一文件的印本与定稿,主件与附件不能分开,并按批复在前、请示在后,印本在前、定稿在后,主件在前、附件在后的顺序排列。

③ 既有文字材料又有图纸的案卷,文字材料排在前面,图纸排在后面。

④ 图纸按专业排列,同专业图纸按图号排列。

3. 监理资料的移交

监理资料的移交一般应在委托监理合同中约定。施工合同文件、勘察设计文件是施工阶段监理工作的依据,由建设单位无偿提供给监理单位在监理过程中使用,监理工作结束时交回建设单位;在监理工作过程中,与工程质量有关的隐蔽工程检查验收资料、工程项目质量评定资料、材料设备的试验测试资料,承包单位报送监理工程师签字确认后随时提交给建设单位;监理单位对工程控制的资料,如监理通知、协调纪要、重大事件处理、监理周/月/年报也应该按时报送建设单位;监理工作结束后,监理单位向建设单位提交监理工作总结。

7.3 监理工作实务

7.3.1 监理工作的基本表式

通信工程建设监理在施工阶段的基本表式按照《建设工程监理规范》附录执行。主要有三大类表:

(1) A 类表 10 个(A1~A10),是承包单位与监理单位之间联系用表,由承包单位填写,向监理单位提交申请或回复。

(2) B 类表 6 个(B1~B6),是监理单位与承包单位之间联系用表,由监理单位填写,向承包单位发出指令或批复。

(3) C 类表 2 个(C1~C2),是工程项目监理单位、承包单位、建设单位等各方通用的联系表。

以上表格格式收录在本书的附录 C。

7.3.2 监理工作表格的填写

1. A 类表的填写

1) 工程开工/复工报审表(A1)

本表由总监理工程师签发,用于工程项目开工及停工后恢复施工。承包单位认为具备相关条件后,连同相关资料一起向监理单位报审。如整个项目一次开工,只填报一次;如工程项目涉及多个单项工程,且开工时间不同,则每个单项工程开工时都应填报一次,这时要将表头及表中的"复工"两个字划掉。因各种原因工程暂停,承包单位申请复工时,则将表头、表中的"开工"两个字划掉。

2) 施工组织设计(方案)报审表(A2)

本表由监理工程师和总监理工程师签发,用于承包单位向监理单位报送施工组织设计方案。施工过程中,如经批准的施工组织设计方案发生变化,监理单位要求承包单位将变更的方案报送时,也采用此表。要求承包单位对重点工序、关键工艺的施工方案、新工艺、新材料、新施工方法的报审,也都可以采用此表。总监理工程师应组织审查并在约定的时间内核准,同时报送建设单位。

3) 分包单位资格报审表(A3)

本表由承包单位报送监理单位,专业监理工程师和总监理工程师分别签署意见,审查批准后,分包单位有资格完成相应的施工任务。分包单位要附上专职管理人员和特种作业人员的资格证、上岗证。

4) _____报验申请表(A4)

本表是通用性较强的表,主要用于工程质量检查验收申报。用于隐蔽工程验收申报时,承包单位必须完成自检,提交相应工序和部位的工程质量检查证,提请监理人员确认。用于设备划线定位报验申请时,应附有承包单位的设备划线定位图;用于单项、单位工程质量检验评定报审时,应附有相关的质量检验的评定标准要求的资料及施工验收技术规范规定的表;用于其他方面的报验申请时,应附相关证明资料。

5) 工程款支付申请表(A5)

本表用于承包单位完成的工程质量经过监理工程师认可后,相关工程款的支付申请。表中附件是指和付款申请有关的证明文件和资料,其中,工程量清单是指本次付款申请中已完成合格工程的工程量清单。专业监理工程师对本表和附件进行审核,注明应付的款额和计算方法,报总监理工程师审批,审批结果以"工程款支付证书"批复给施工单位并通知建设单位。如不同意要注明理由。

6) 监理工程师通知回复单(A6)

本表用于对"监理工程师通知单"的回应。表中应对监理工程师通知单中所提的问题产生的原因、整改经过和今后预防同类问题准备采取的措施进行详细说明。承包单位在完成了监理工程师通知单上的工作后,报请监理单位核查,签署意见。监理工程师通知回复单一般由专业监理工程师签认,重大问题由总监理工程师签认。

7) 工程临时延期申请表(A7)

当发生工程延期事件时,承包单位填写本表向工程监理单位申请工程临时延期,表中应详细说明工程延期的依据、工期计算、申请延长竣工日期,并附有证明材料。工程延期事件结束后,承包单位也使用本表向监理单位最终申请工程延期的天数和延期后的竣工日期,这时,要将表头上的"临时"改为"最终"。

8) 费用索赔申请表(A8)

本表用于承包单位向监理单位提出费用索赔申请。费用索赔事件结束后,承包单位要在本表中详细说明索赔事件的经过、索赔理由、索赔金额的计算方法等,并附上必要的证明材料,由工程项目经理签字后提交监理单位审核。

9) 工程材料/构配件/设备报审表(A9)

进入施工现场的工程材料/构配件/设备经自检（大中型设备要会同监理单位共同开箱验收）合格后，由承包单位工程项目经理签字，通过本表向项目监理单位申请验收。随表同时报送工程材料/构配件/设备数量清单、质量证明文件（产品出厂合格证、材质化验单、厂家质量检验报告、厂家质量保证书、进口商品海关报验证书、商检证等）以及自检报告。监理工程师签认后移交给施工承包单位，如不签认，则应清退出场。

10）工程竣工报验单（A10）

单位工程竣工，承包单位自检合格后，备齐用于证明工程已按合同约定完成并符合竣工验收要求的资料，承包单位以此表向监理单位申请竣工验收。总监理工程师应组织各专业监理工程师对竣工资料和工程质量进行检查，合格后签署本表，向建设单位提出质量评估报告，完成竣工预验收。否则要督促承包单位整改。

2. B 类表的填写

B 类表是监理单位用表，共 6 个，主要用于施工阶段。

1）监理工程师通知单（B1）

本表为重要的监理用表。在监理工作中，监理单位按委托监理合同授予的权限，对承包单位所发出的指令、提出的要求，均使用本表。监理工程师现场发出的口头指令及要求，事后也应使用此表予以确认。本表一般由专业监理工程师签发，但发出前必须经过总监理工程师同意，重大问题由总监理工程师签发监理工程师通知单。

2）工程暂停令（B2）

在建设单位要求且工程需要暂停施工；出现工程质量问题，必须停工处理；出现质量或安全隐患，为避免造成工程质量损失或危及人身安全而需要停工；承包单位未经许可擅自施工或拒绝项目监理机构管理；发生了必须暂停施工的紧急事件。以上五种情况之一发生时，总监理工程师与建设单位协商一致后可签发本表，要求承包单位暂停施工。表内必须注明工程暂停的原因、范围、停工期间应进行的工作及责任人、复工条件等。

3）工程款支付证明书（B3）

本表是监理单位对承包单位报送的"工程款支付申请表"的批复用表。"工程款支付申请表"经总监理工程师审核签认后，通过填写"工程款支付证明书"批复给承包单位，随表应附承包单位报送的"工程款支付申请表"及其附件。

4）工程临时延期审批表（B4）

本表用于对"工程临时延期申请表（A7）"的批复，由总监理工程师签发，如同意，还要征求建设单位的意见才能签发。表中应注明同意或不同意工程临时延期的理由和依据，以及在工程延期间承包单位应向监理单位补充的信息和资料。

5）工程最终延期审批表（B5）

本表同样是对"工程临时延期申请表（A7）"的批复，适用于工程延期事件结束，收到承包单位补充的有关资料后，向承包单位下达的最终是否同意工程延期日数的批复。由总监理工程师签发，但事先应征求建设单位的同意。

6）费用索赔审批表（B6）

本表用于对承包单位报送的"费用索赔申请表"的回复。表中应详细注明同意或不同意此项索赔的理由，同意索赔时支付的金额和计算方法，同时要附上相关的资料。专业监理工程师审核后，由总监理工程师与建设单位、承包单位协商一致以后才签发。

3. C 类表的填写

C 类表是参与工程各方工作通用表格，包括 C1、C2 两张表。

1）监理工作联系表(C1)

本表是在施工实施过程中与施工合同有关各方进行工作联系用表。当合同附录中有专用表时,应采用专用表,否则,采用本表。有权签发本表的人员是:建设单位的现场代表、承包单位的项目经理、设计单位的本工程设计负责人、本工程的监理工程师以及负责本工程监督的政府质量监督部门监督师。

2）工程变更单(C2)

参与工程建设的建设、施工、设计、监理各方在提出工程变更时使用本表。表中的附件应包括工程变更的提出单位作的变更依据、详细内容、对工程造价及工期影响程度、对工程项目功能和安全的影响分析及必要的图示。总监理工程师收到"工程变更单",要指派专业监理工程师收集资料,与相关各方协商一致后,由建设单位代表、设计单位代表和总监理工程师共同签字确认,工程变更才生效。

除了以上三类表格外,在实际工作中,各监理企业根据自身情况,从方便工作和规范运作出发,制定了部分工作用表,见表 7-3 至表 7-9。

表 7-3　工程遗留问题跟踪表

工程名称:

施工单位:　　　　　　　　　　　　　　　　　　　　建设单位:

致: 　　建设单位已于　　　年　　　月　　　日组织了本工程的验收工作,根据验收小组意见,本工程尚有以下问题需处理完善:			
序号	存在问题	处理意见	处理时限
1			
2			
3			
4			
5			
6			
7			
请贵公司尽快安排相关人员对以上问题进行处理并把处理结果报我公司。 　　　　　　　　　　　　　　　　　　　　　　　　　　监 理 工 程 师: 　　　　　　　　　　　　　　　　　　　　　　　　　　（或代表） 　　　　　　　　　　　　　　　　　　　　　　　　　　年　月　日			
施工单位处理结果及有关说明: 　　　　　　　　　　　　　　　　　　　　　　　　　　项目负责人签名: 　　　　　　　　　　　　　　　　　　　　　　　　　　年　月　日			
监理公司复核: 　　　　　　　　　　　　　　　　　　　　　　　　　　监 理 人 员: 　　　　　　　　　　　　　　　　　　　　　　　　　　年　月　日			

本表一式三份,建设单位、监理单位、施工单位各一份。

表7-4 割接/升级方案审核意见表

工程名称:		
施工单位:		
监理工程师:	收到时间:	发出时间:
监理工程师审核意见:		
		年 月 日

表7-5 设备配置清单审核意见表

工程名称:	
设计单位:	编制人:
建设单位:	监理工程师(代表):
监理工程师审查意见:	
	年 月 日

表7-6 资源申请表

工程名称: 单项工程:

致_____:
  本工程需要以下_____资源:

序号	局向/路由	速率/容量	类型	数量	备 注
1					
2					
3					

请贵单位尽快向相关部门申请以上所需资源。

  联系人:
  联系电话:

监 理 工 程 师:
(监理工程师代表)
年 月 日

抄送:

表 7-7　旁站记录

日期及气候：	工程地点：
旁站监理的部位或工序：	
旁站监理开始时间：	旁站监理结束时间：
施工情况：	
监理情况：	
发现情况：	
处理意见：	
备注：	
施工企业：＿＿＿＿＿＿＿＿＿＿ 项目经理部：＿＿＿＿＿＿＿＿＿＿ 质检员(签字)：＿＿＿＿＿＿＿＿＿＿ 　　　年　月　日	监理企业：＿＿＿＿＿＿＿＿＿＿ 项目监理机构：＿＿＿＿＿＿＿＿＿＿ 旁站监理人员(签字)：＿＿＿＿＿＿＿＿＿＿ 　　　年　月　日

表 7-8　现场勘察及记录表

年　　月　　日

基站名称			机房编号			
基站性质	□新建		□扩建		□改造	□搬迁
基站地址						
联系人/联系电话						
勘察内容	现场情况/工作要求/业主提出必须作出让步内容					
暂定平面示意图及相应简要说明或图片：						
建设单位人员签字		设计单位人员签字		监理单位人员签字		施工单位人员签字

表 7-9 割接记录确认表

工程名称：

割接单位：

节点名称： 割接开始时间： 割接完成时间：

序号	项目		检查结果	备注
1	相关手续 是否齐全	进入机房申请单		单号:09211
		割接批复		编号:
2	人员到 位情况	是否有随工,如果有,记录下姓名和工号		姓名： 工号：
		检查割接配合人员是否全部到位		
3	割接前 条件检查	施工单位割接相关工器具是否带齐		
		施工单位有无对机房现场有安全隐患的设备 和线路进行保护和隔离		
		割接操作是否会影响其他设备		
		割接需要资源是否到位		
		加查数据是否备份		
4	割接过 程检查	通知监控中心,记录下监控人员的工号		监控工号： 时间：
		割接人员是否按照割接步骤进行操作		
		是否出现异常情况		
		如有异常,应立即上报监控、项目负责人、总监 和建设单位主管		
		对异常进行处理		
		是否在割接批复的时间内完成割接操作		
		如仍未完成,是否申请延长时间或者终止割 接,倒回原来状态		
5	割接结束	设备运行是否正常		
		确认割接涉及业务是否正常		
		割接与监控确认告警情况		工号 确认时间

割接测试情况：

会签：

复习题

1. 施工阶段监理文件档案的主要内容是什么？
2. 监理日记的主要内容是什么？
3. 如何对通信工程建设监理资料进行管理？
4. 归档的监理资料有哪些质量要求？
5. 通信工程建设监理在施工阶段使用的基本表式有哪些？

第8章 通信建设工程协调

监理目标的实现,需要监理工程师扎实的专业知识和对监理程序的有效执行,通过组织协调,使工程各方能协同一致,实现预定目标。

8.1 概述

8.1.1 工程协调是监理工作的重要环节

通信建设工程协调包括工程外部协调和内部协调两大部分。所谓外部协调指工程的参与者与那些不直接参与工程建设但却与工程建设相关的单位和个人进行协调。所谓内部协调是指直接参与工程建设的单位和个人之间的协调工作。

通信建设工程点多、线长,全程全网统一。在工程实施过程中,工程的外部协调和内部协调工作涉及面广,贯穿于建设的全过程,直接影响工程的进度、质量和投资。因此,理顺协调工作的关系,明确协调工作的分工和责任,控制协调工作的进展,是通信工程监理工作重要环节,是监理六大任务之一。

8.1.2 工程协调是工程管理的重要手段

通信工程建设的工程协调是通信工程管理重要手段之一,在通信工程的实施中,有许多单位和部门直接参与建设,还有许多单位和部门的直接利益被涉及和牵连,同时整个建设活动还涉及国家和地方的建设法律、法规和方针政策。通信工程协调就是要把参与建设的单位组织管理好,分工合作,协调一致,把工程建设好。同时,还要处理协调好方方面面的关系,使所涉及单位和个人利益得到保障或赔偿,使国家和地方的法律法规得到执行。因此,工程协调是工程管理的主要任务之一。

8.1.3 通信建设工程协调的依据

通信建设工程协调的依据主要涉及工程建设的各种合同、协议和有关国家法规及文件。监理工程师在对合同、法规和技术规范等文本充分理解的基础上,围绕工程建设的总目标,强调工程中各方利益的一致性,进行有效的协调工作。

8.1.4 工程协调必须掌握公共关系学知识

协调不仅是方法、技术问题,更多的是语言艺术、情感交流和用权适度的问题。在通信工程的协调工作中,监理工程师除专业知识外,应具有较高的理论和政策水平,应掌握组织召开会议、双边谈判的技巧,善于寻找双赢的平衡点;处理问题要讲究效率;语言表达能力强、重点清楚明白;编写文件要论述全面,条理清楚,重点突出,简明干练;与人交往要文明礼貌,平易近人,既要坚持原则,又要有灵活性。有时,尽管协调的意见是正确的,但由于方法或表达不妥,反而会激化矛盾。而高超的协调能力则往往会起到事半功倍的效果。所以,协调工作要求做监理工作要有组织能力、公关能力和个人的良好素质,因此要掌握一定的公关学知识。

8.1.5 通信工程协调的难点

通信工程点多、线长、面广,统一性强,涉及社会上单位、集体、个人的利益多,因此,工程外协调工作也多,但每次协调所涉及的工程量却相对较小。许多通信工程的质量、造价、工期难以控制,其主要原因是外部协调工作没有做好。

目前,许多通信运营商即建设单位都把外部协调工作直接交给承包单位,而承包单位往往远道而来,人生地不熟,加之承包金额过少,造成外部协调困难重重。因此,监理工程师必须在工程准备阶段就充分注意外部协调的控制工作,加强与业主的沟通。

8.2 通信建设工程的外部协调

8.2.1 外部协调的主要工作内容

(1)办理通信建设工程的各种批件,如可行性研究报告、工程立项审批、工程设计审批以及工程实施过程中有关当地公安、消防、交通、土地、环保、文物等政府主管部门的批件等。

(2)办理与外部相关单位的协议、合同等文件。例如,为满足工程建设的线路路由、局站地址、使用动力、穿越道路河流、桥梁等条件,必须与铁路、公路、水利、电力等单位和个人签订协议、合同,才能取得使用权或所有权。

(3)办理承包单位各种许可证,如监理许可证、施工许可证、工程用机械和汽车通行证等。

(4)办理施工所需的仓库、驻地、运输等的协议、合同等。

(5)办理线路施工青苗、破路等赔补。

8.2.2 外部协调的责任分工

(1)涉及产权所有或使用权的外部协调工作,一般由建设单位负责办理。建设单位也可委托监理单位或承包单位办理,但建设单位必须给予支持和协助。

(2)涉及现场施工的外部协调工作,应由承包单位负责办理,但建设单位也应给予支持与协助。

8.2.3 监理工程师对外部协调的主要职责

(1) 监理工程师应对工程的外部协调进行督促,并根据外部的协调信息,及时控制工程进度计划和质量保证措施。

(2) 对外部协调的负责人,应按合同条款规定签认有关奖惩的监理通知。

(3) 对建设单位已委托监理办理的外部协调工作,应积极认真地做好委托办理的事宜。

8.3 通信建设工程的内部协调

内部协调是监理工程师的重要职责。监理工程师应以诚信、公正、科学的工作态度,按照工程建设的有关规范、标准、法律和规章制度以及监理程序准确地进行各种内部协调。

8.3.1 内部协调的主要工作内容

(1) 工程进度协调。影响工程进度的因素错综复杂,因而进度问题的协调工作也十分复杂。监理工程师应作好计划进度的审核工作,充分利用工程的开/停工令、进度协调会等手段进行计划进度的调整等协调工作。

(2) 工程质量协调。例如,各承包单位质量措施的审核、各种材料(设备)的进出场和检验、各施工工序的安排和质量、各专业单项工程之间的质量衔接、各施工队伍之间的质量衔接等。

(3) 工程造价协调。例如,工程款项的审核签认、工程索赔的核实签认、工程风险的预报等。

(4) 通信建设工程的合同管理协调。例如,未履行合同条款、错误理解合同条款、对合同条款有争议的处理、对合同纠纷的处理、未签订合同而参与工程建设等合同违约事宜都应及时协调相关方。

(5) 通信建设工程的信息管理协调。例如,对监理文件的编制,对口头的、会议的、协商的工程信息应实现规范化、文字化、表格化;对工程存档文件的内容格式、装订要求,都应及时协调各方,统一格式,统一要求,做到资料完整、准确、符合存档要求等。

8.3.2 内部协调的责任分工

(1) 通信工程项目监理机构的总监理工程师应对工程内部协调工作负全面责任,重要的内部协调工作应亲自参加,如工程的总进度协调、工程第一次协调会、重大质量问题的协调处理、工程款的审核签证、工程索赔处理、工程预验及验收工程的协调、工程合同纠纷的协调处理、工程信息内容格式的协调统一等,都应由总监理工程师亲自参加协调。

(2) 通信工程项目监理机构的监理工程师可根据专业特长,按质量控制监理工程师、进度控制监理工程师、造价监理工程师、合同及信息管理工程师进行分工;也可以按单项工程分为××单项工程监理工程师。对大型综合性通信工程一般采用先按专业再按单项工程的分工方法,对于中小型通信工程或按专业或按单项工程进行分工。

（3）通信工程监理工作中,由于多数监理工程师都是独立工作,一个监理工程师往往负责一个中继段线路工程或几个局站的设备安装工程,各种协调工作都集于一身。这种分工方式是通信工程的特点,但应注意在项目监理机构内仍应该有明确分工。

8.4　通信建设工程的协调方法

8.4.1　工程协调会

1．第一次工程协调会

第一次工程协调会应由建设单位召开和主持,参加人员是建设单位、承包单位、分包单位和监理单位(必要时有设计单位)等承担本工程建设的主要负责人、专业技术人员、管理人员。其主要内容如下。

（1）建设单位简介工程概况,如组网方案、规格容量、总工程量、工期时限等。

（2）建设单位、承包单位和监理单位分别介绍各自驻现场的组织机构、人员分工、驻地及联系方式。

（3）根据委托监理合同宣布对监理工程师的授权,如监理范围及权限。

（4）建设单位介绍工程开工条件的准备情况,如外部协调取证、设计文件、所提供的材料供货情况等。

（5）施工单位介绍施工准备情况,如施工队驻地、材料集屯点、人员调遣、机具仪表到场、各种施工许可证、通行证及施工赔补取证等情况。

（6）建设单位和总监理工程师对施工准备情况提出意见和要求。

（7）总监理工程师介绍监理规划的主要内容。

（8）研究确定各方参加今后协调会的主要人员及主要议题。

第一次参加工程协调会各方均应有文字发言稿,并提交会议。会议纪要应由项目监理机构负责起草,并经会议各方代表会签。

2．工地例会(第二次工程协调会及以后的协调会)

在施工过程中,总监理工程师应定期主持召开工地例会。可召集建设单位代表、承包单位代表及技术管理人员、监理人员参加,项目监理机构应起草例会纪要,并会签。

工地例会的宗旨是总结、协调施工情况。其主要内容如下。

（1）检查上次例会议定事项的落实情况,分析未完项原因;

（2）检查分析进度计划完成情况,提出下步进度目标及措施;

（3）检查分析质量状况,提出质量改进措施;

（4）检查工程量核定及工程款支付;

（5）解决需要协调的事宜;

（6）其他有关的事宜。

3．专题会议

总监或监理工程师可召开各种专题会议协调解决专项问题,并写出专题报告送建设单位。

工程协调会如发生会议费用,以节约为原则,各方协调解决。

8.4.2　监理通知单

监理工程师在工程监理范围和权限内,对工程进度、质量、投资、合同管理、信息管理等工作的意见,都可以使用监理通知单进行协调。监理通知应写明发送单位、事由、内容、处理意见等,并签署落款、日期等。监理工程师在工地现场下达的口头通知,也应该在 24 小时内补发书面监理通知单。

8.4.3　监理工作联系单

作为日常工作协调的一般手段,监理工作联系单,是工程建设其他方发给项目监理机构的工作联系函件,函件上应该注明具体的事由和内容,并签署落款和日期。对工作联系单,项目监理机构应按合同要求时间及时作出书面答复。

8.4.4　监理指令

监理指令是监理工程师进行工程协调工作的重要工具,包括:开工令、暂停令、复工令、现场指令等。

1. 开工令

工程开工令由总监理工程师签发。但在签发前应审核承包单位的"开工报审表",当条件满足时,首先在开工报审表上签署同意开工。待向建设单位报告并征得同意,再签发"开工令",写明开工日期,签署落款、日期。不满足条件,则不能签发,促使工程相关责任方按时完成合同规定的工作。

2. 暂停令和复工令

工程中出现质量事故或存在安全隐患等异常情况时,由总监理工程师或专业监理工程师下达工程暂时停工令。导致停工的因素消除后,总监理工程师可颁发复工令。由此监理工程师可以协调质量和进度控制等工作,这是一种强有力的协调手段。

3. 现场指令

现场指令是专业监理工程师现场处理问题的及时手段。当现场施工的组织管理、施工操作程序和工艺不符合合同要求,且直接影响工程进度和质量或直接造成浪费时,专业监理工程师可以立即下达现场口头或文字整改指令,要求承包单位立即整改。对口头指令,监理工程师事后应补发书面指令。

8.4.5　通信工程验收协调工作

通信工程验收阶段划分为:初步验收(初验)和竣工验收(终验)两个阶段。工程结束后半个月内进行初验;完成试运行(不少于三个月)后必须及时组织终验。

1. 初验

1) 初验条件

(1) 承包单位已按施工合同或设计(包括变更单)完成工程量,并自检合格。

(2) 承包单位已按施工合同和规范要求整理出竣工技术资料并监理审核签认。

（3）承包单位已按合同约定做出工程初步结算报告，并经监理签认。

（4）承包单位已向监理报送工程竣工报验单。

（5）项目监理机构已组织专业监理工程师会同承包单位（也可联系建设单位参加）对工程质量进行了预验收；承包单位对预验收存在的缺陷进行了整改，并将整改情况报送项目监理机构查证；在此基础上项目监理机构提出工程质量评估的报告。

（6）项目总监理工程师应签署承包单位的工程竣工报验单，并连同工程质量评估报告一起报送建设单位。

2）初验程序

（1）初验由建设单位主持和组织，在收到总监理签署的工程竣工报验单和工程质量评估报告后 15 天内应组织初验工作，并书面通知项目监理机构和承包单位初验日期和安排。当建设单位因故不能如期组织初验时，也应书面通知项目监理机构，说明原因，指明推迟时间。

（2）初验组应由建设单位、承包单位、监理单位参加。

（3）初验组应设置领导小组。一般情况下，建设单位担任组长，项目经理和总监担任副组长。下设资料小组、工艺小组、测试小组。

（4）初验方案和内容，应由验收组确定，一般由总监理工程师提出草案，验收会议讨论决定。

（5）按初验组制定验收方案进行验收，各专业组收集整理验收表格和数据，写出初验意见报领导小组。

（6）初验领导小组召开初验总结会，会签初验意见及初验证书。

（7）初验后 15 日内，由建设单位编制初验报告并报上级主管部门。

2. 试运行

（1）试运行是检验通信工程质量的关键阶段；应对通信设备（或线路）性能、工程设计质量、施工质量以及系统指标等进行全面考核。

（2）试运行应从通信系统开通之日计算，时间不少于三个月；接入设备容量应大于20%或通信电路加负载联网运行。

（3）试运行期间如果主要指标不符合要求，则应从次月开始重新进行三个月；如果总障碍率合格，但其中有某个月障碍率不合格，则应追加一个月，直到合格为止。

（4）试运行期间的监测工作由建设单位组织并主持，以建设单位（维护营运部门）为主，承包单位和技术人员配合作好指标监测和记录；同时承包单位应对初验所提出的遗留问题进行整改；项目监理机构应对监测和整改进行现场检验和见证。

（5）试运行期间，如发现存在施工质量缺陷，由承包单位负责免费返修。

（6）试运行结束后，建设单位编写试运行报告，承包单位编写初验遗留问题整改报告，报送监理审核签认。监理单位应出具"工程质量评定意见"。

3. 终验

（1）终验时间要求：当试运行结束后，在建设单位收到监理的工程质量评定意见和签认的试运行报告及初验遗留问题整改报告后 15 日内应组织终验工作，并书面通知项目监理机构终验日期和安排。当建设单位因故不能如期终验时，也应书面通知项目监理机构和承包单位，说明原因，指明推迟时间。

（2）终验由建设单位组织和主持。参加单位：监理单位、承包单位、设计单位、建设单位质检、审计、财务、管理、维护等部门。还应邀请政府管理和审计部门等参加。可设置终验领导组，由其组织终验，终验方法和内容由终验组确定；一般采用审查资料、现场抽查、大会总结等步骤进行终验，作出终验结论，颁发验收证书。

（3）竣工终验报告由建设单位编制竣工终验报告，报主管部门或国家行政部门。

4. 工程移交和工程结算

（1）工程资料移交：由承包单位和监理单位向建设单位移交竣工资料和监理资料。

（2）工程余料移交：由承包单位收集清点存储工程剩余材料并编制工余料清单（仅含建设单位提供的设备和材料）报监理审核签证后，按清单移交建设单位。

（3）工程竣工结算由承包单位编制，报监理审核签证后，与建设单位结算。

（4）工程竣工结算后三个月内，建设单位应编制单项工程竣工决算和项目总决算，办理资产交付使用的转账手续。

5. 保修阶段监理工作

（1）保修期内监理工作的时间、范围、内容应在监理委托合同中约定。

（2）在保修期内监理应对建设单位提出的工程质量缺陷进行检查和记录，对承包单位修复后的工程质量进行验收签认。

（3）监理应对工程质量缺陷原因进行调查分析，以确定责任归属；对非承包单位原因造成的工程质量标准缺陷，其修复费用经监理核实，应签署工程款支付证书，报建设单位。

6. 验收报告内容格式

验收报告由建设单位组织编制（包括初验和终验）。

1）初验报告的主要内容格式

（1）初验的依据。

（2）初验工作的组织情况。

（3）初验时间、范围、方法和主要过程。

（4）初验检查的质量指标（应附初验测试指标记录）与评定意见，对施工中重大事故处理后的审查意见。

（5）对实际的建设规模、生产能力、投资和建设工期的检查意见（如与原批准的计划不符，应提出处理意见）。

（6）对工程技术档案与原有技术的检查意见。

（7）关于工程中贯彻国家建设方针及财务规定的检查意见。

（8）对存在问题的落实解决办法。

（9）对于下一步安排试运营、编写竣工终验报告及竣工决算的意见。

2）竣工报告的主要内容形式

（1）建设依据：简要说明项目可行性研究批复和初步设计的批准单位及批准文号，批准的建设投资和工程概算（包括修正概算），规定的建设规模和生产能力，建设项目责任制主要内容。

（2）工程概况：工程前期工作及实施情况；设计、施工、总承包、建设监理等单位；各单项工程的开工及竣工日期；完成工作量及形成的生产能力（详细说明工期提前或推迟的原因，生产能力与原计划有出入的原因，以及建设中为保证原计划实施所采取的对策）等。

（3）初验与试运营情况：初验时间、初验的主要结论以及试运行情况（应附初验报告及试运行主要测试治疗），竣工决算概况。

（4）概算（修正概算）、预算执行情况与初步决算情况，并填写工程初步决算表。

（5）工程技术档案的整理情况：工程施工中的大事记载，各单项工程竣工资料、工程监理资料、隐蔽工程随工验收资料、设计文件和图纸、主设备订货合同、主要设备、器材技术资料以及工程建设中的来往文件等整理归档的情况。

（6）投产准备工作情况：运行维护部门的组织机构，生产人员配备情况，培训情况及建立运行规章制度。

（7）收尾工程的处理意见。

（8）对工程投产的初步意见。

（9）经济技术分析：包括主要技术指标测试值；工程质量分析，对质量事故处理后的情况说明；建设成本分析和主要经济指标，以及采用新技术、新设备、新材料、新工艺所获得的投资效益；投资效益分析，形成固定资产占投资的比例，企业直接收益，投资回收年限分析，盈亏平衡分析；工程建设的经验、教训及对今后工作的建议。

7. 验收证书内容格式

验收证书由验收组主持编写，内容格式如下：

（1）对竣工终验报告的审查意见（该说明实际的建设工期、生产能力、造价指标是否符合原定计划）；

（2）对工程质量的评价；

（3）对工程技术档案、竣工资料检查意见；

（4）对初步决算审查的意见；

（5）对试运行检查意见；

（6）工程总评价与投产使用意见。

8.4.6　通信工程竣工技术文件审核协调

验收阶段监理工程的重点之一是监督并审查承包单位整理、编制工程竣工技术资料。项目监理机构应对承包单位报送的工程技术文件进行审核，并向建设单位提出书面审查报告。

1. 竣工技术文件编制装订要求

（1）承包单位应签订的施工承包合同要求编制和装订；一般情况下要求按承包合同编制总册，按所承担单项工程编制分册（通信线路工程长途线路以中继段，市内线路以主干区、交换配线区；通信设备安装工程以电源、传输、交换、铁塔、天线等为单位单独装订分册）。

（2）各分册应内容齐全，数据准确，分册之间相互对应。

（3）装订应符合建设单位和地方行政管理单位的归档要求。

2. 竣工技术文件的内容格式要求

（1）工程说明（概况、工期、工程量、其他事项）。

（2）完成工程量总表（以预算表所列项目，编制实际完成的单位和数量以及实际耗费的人工工日）。

（3）已安装的设备、器材明细表。

(4) 施工过程中监理签认的文件(18种表格)。

(5) 竣工图纸(可单独成分册,但应有前4项相关内容)。

(6) 测试记录(可单独成分册,但应有前4项相关内容)。

3. 竣工技术文件的审核要点

(1) 总册、分册、内容格式及装订符合要求。

(2) 工程量及安装设备、器材的数量、规格、型号等是否与实际相符。

(3) 竣工图纸审核。

① 竣工图可以在施工图上进行修改,并加盖竣工图图衔和签字作为竣工图,但对修改较多、字迹模糊、图面混乱不清的应重新绘制。

② 绘图要求与图形符号应符合《电信工程制图与图形符号(YD/T5015—95)》的规定。

③ 通信线路工程图纸审核要求:配盘表、工程量表、路由长度、工程变更处、接头点及标石、标示、杆路杆号及拉线吊线、路由固定参照物、特殊地段保护(河流、道路、桥梁、涵洞、坡坎等)等,标注清楚,数字准确,无错、漏、碰。

④ 通信设备安装工程图纸审核要求:系统图(通路组织图)、平面布置图、设备连接图、面板布置图等标注清楚,数字准确,无错、漏、碰。

⑤ 通信管道工程图纸审核要求:管道路由及长度、人(手)孔型号及编号。剖面高程、断面管道结构及组群编号,人手孔制作图结构尺寸等标注清楚,数字准确,无错、漏、碰。

⑥ 通信工程图纸的审核要点是对设计施工图纸的变更图纸进行详细审核。

(4) 测试记录的审核要点如下。

① 设计中各项技术指标测试记录齐全且达到设计要求的标准。

② 测试仪表的计量检测证书及测试人员的岗位证。

(5) 报送监理签认的文件审核要点如下。

主要检查印章、承包人、监理人、日期是否准确,是否为原件。竣工技术资料审核后,如不符合要求,应送回承包单位修改,符合要求后,由承包单位按承包合同要求分数出版,报送建设单位;同时,监理应写出审核报告,报送建设单位。

附录 A 各种工作控制流程

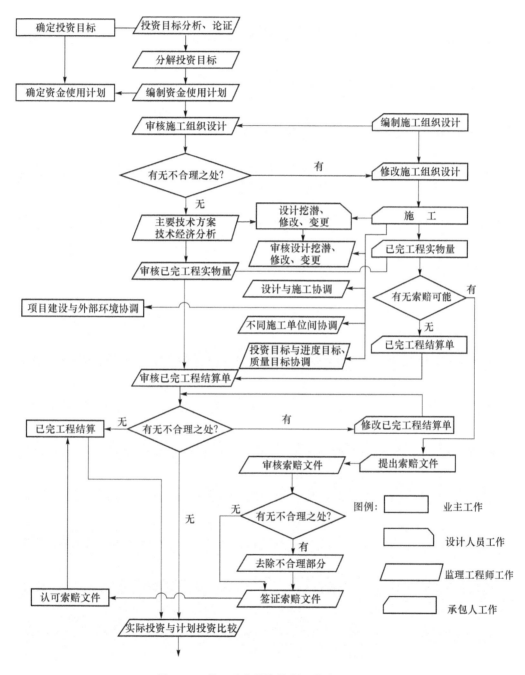

图 A-1 施工阶段投资控制工作流程（一）

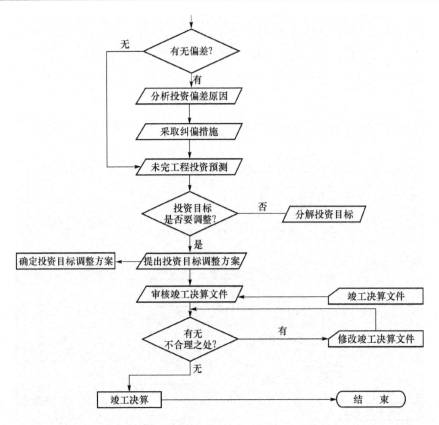

注: 图例同图A-1。

图 A-2　施工阶段投资控制工作流程(二)

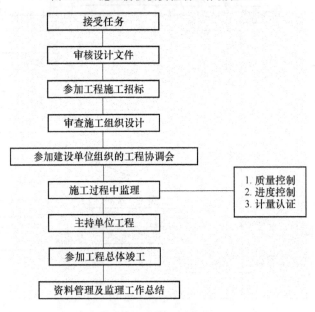

图 A-3　监理任务程序

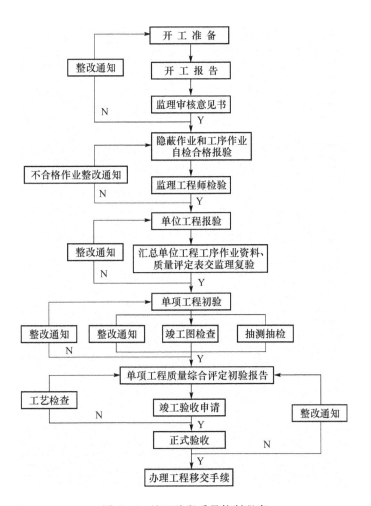

图 A-4　施工阶段质量控制程序

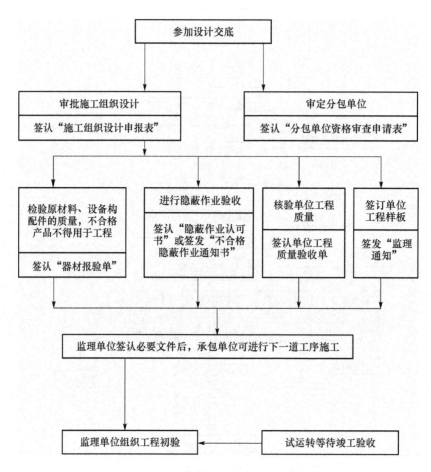

图 A-5 单项工程质量控制程序

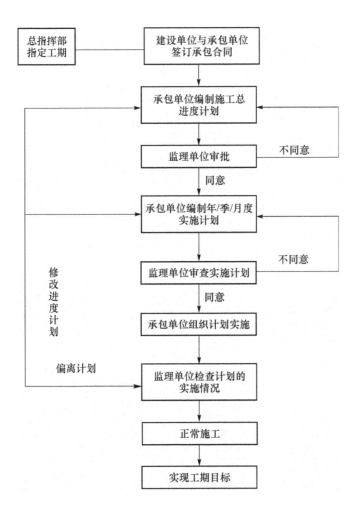

图 A-6 工期进度控制程序

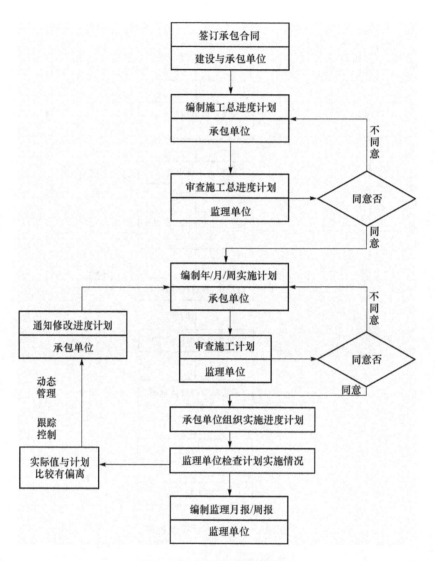

图 A-7 工程进度控制程序

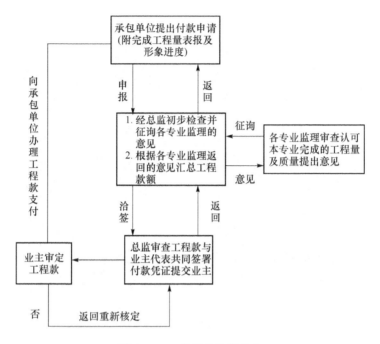

图 A-8　工程付款控制程序

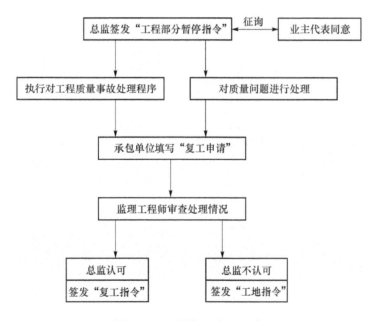

图 A-9　工程停工、复工程序

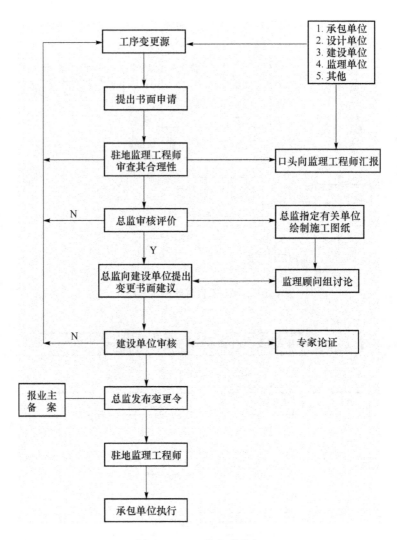

图 A-10 工程变更程序

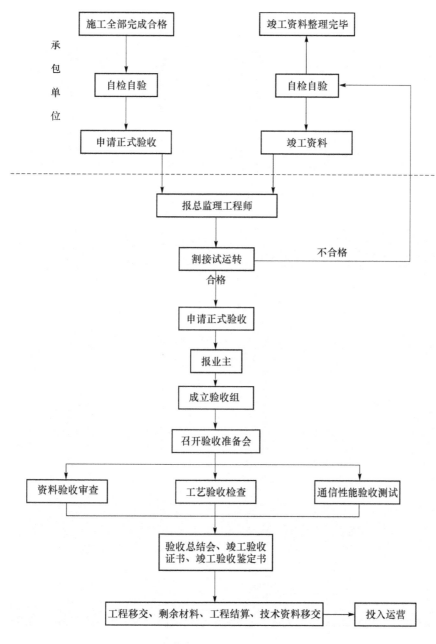

图 A-11 竣工验收程序

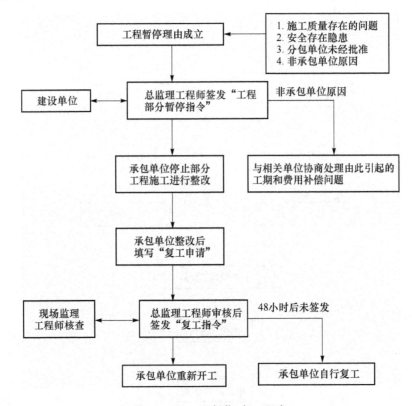

图 A-12　工程暂停、复工程序

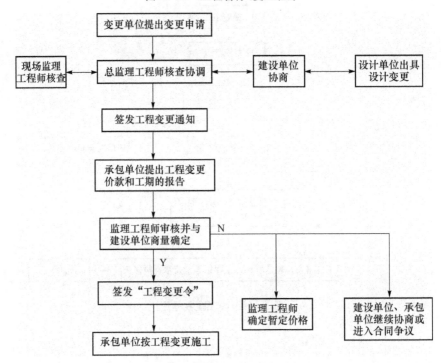

图 A-13　工程暂停、复工指令程序

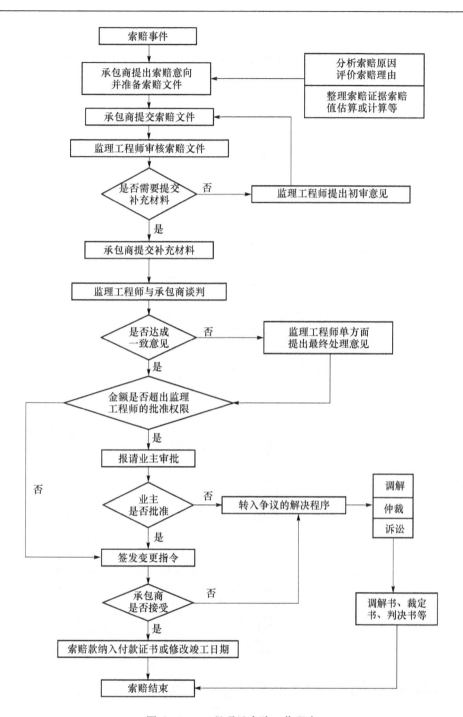

图 A-14 工程项目索赔工作程序

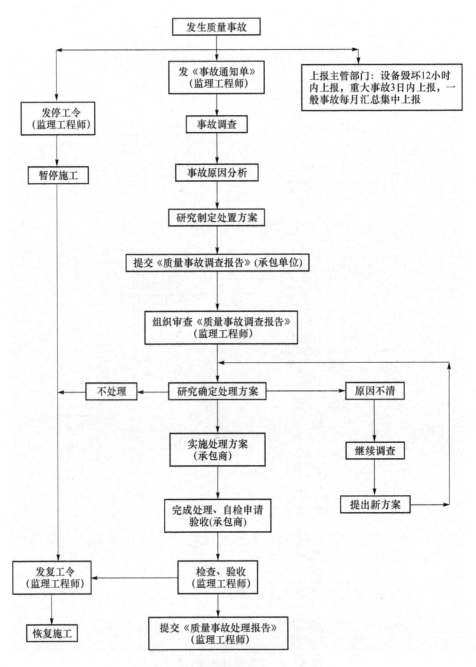

图 A-15　工程质量事故分析与处理程序

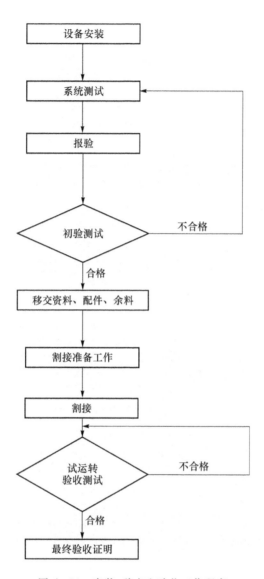

图 A-16 安装、移交和验收工作程序

附录B 各类工程质量控制点

1. 传输设备安装工程质量控制点

阶段	序号	项目名称	控制点	控制方式	技术质量要求	检验方法	记录方式
设备安装阶段	一	机架安装	1. 位置	机架安装完成后为见证点	机架的安装位置应符合施工图	目测、尺量	随工检查记录
			2. 机架垂直度、水平度		安装端正牢固,垂直偏差不大于2 mm,机架间隙不应大于3 mm。列内机面平齐成一直线	目测、吊线	随工检查记录
			3. 防震		机架采用螺栓对地加固、符合抗震加固要求	目测、核对施工图	随工检查记录
			4. 端子板位置布线排列与标志		光纤分配(ODF)、数字配线架(DDF)端子板位置、安装排列及各种标志符合要求,ODF架上法兰盘的安装应正确、牢固、方向一致	目测	随工检查记录
			5. 接地		机架可靠接地	目测	随工检查记录
	二	子架安装	1. 面板布置	设备安装完成后定为见证点	面板布置符合施工图	核对施工图	随工检查记录
			2. 内部固定		子架与机架的架固符合设备装配要求	核对施工图	随工检查记录
			3. 插接件接触要求		子架安装牢固、排列整齐,插接件接触很好	目测	随工检查记录
			4. 网管设备		网管设备安装符合施工图	核对施工图	随工检查记录
	三	电缆布放及成端		布线完成后定为见证点			
		1. 敷设电缆及光纤连接线	(1)缆、纤规格程式与走向		电缆和光纤连接线的规格、程式及布放路由走向应符合施工图设计的规定	核对施工图	随工检查记录
			(2)捆绑要求		走线架上电缆捆绑牢固松紧适度、紧密、平直、端正,电缆不得有中间接头	目测	随工检查记录
			(3)电缆弯曲与光纤连接弯曲要求		电缆下弯应均匀圆滑,曲率半径不小于直径的10倍,光纤连接线拐弯处曲率半径不小于38～40 mm	目测、尺量	随工检查记录
		2. 编扎光纤连接线	(1)光纤连接线的保护		光纤连接线在槽道(或电缆走道)应加线槽或套管保护,无套管或线槽部分宜用活扣扎带绑扎	目测	随工检查记录
			(2)编扎		编扎后的光纤连接应顺直,无扭绞	目测	随工检查记录

阶段	序号	项目名称	控制点	控制方式	技术质量要求	检验方法	记录方式
设备安装阶段	三	3. 布放数字配线架跳线	（1）跳线电缆走向	见证点	跳线电缆的规格程式、路由、走向应符合设计规定	核对施工图	随工检查记录
			（2）布放工艺		跳线的布放顺直、捆扎牢固、松紧适度	目测	随工检查记录
		4. 电缆成端和保护	（1）射频同轴电缆端头处理		射频同轴电缆的端头处理要求：(1)电缆余留长度统一，电缆各层的开剥尺寸与电缆插头相适应；(2)芯线焊接端正、牢固、焊锡适量，焊点光滑不带尖；(3)组装插头时，配件齐全，位置正确，装配牢固	目测	随工检查记录
			（2）屏蔽线端头处理		屏蔽线的端头处理，剥头长度应一致，与同轴接线端子外导体接触良好	目测	随工检查记录
			（3）剥头处理		剥头处需加热缩套时，套管长度应统一适中，热缩均匀	目测	随工检查记录
设备测试阶段	四	设备测试	1. 光端机测试	见证点	(1)电压和功耗	检查测试记录	随工检查记录
					(2)时钟频率		
					(3)偏流		
					(4)发送光功率		
					(5)接收灵敏度		
					(6)公务/告警/倒换功能		
			2. 中继器测试		(1)发送光功率	检查测试记录	随工检查记录
					(2)接收灵敏度		
					(3)偏流		
					(4)公务及远供电源		
			3. 复用设备测试		(1)电压和功耗	检查测试记录	随工检查记录
					(2)时钟频率		
					(3)误码/抖动测试		
					(4)接口输入衰减和输出波形		
					(5)告警功能		
	五	系统测试	系统测试	见证点	(1)系统纤芯调配及系统总衰减	检查测试记录	随工检查记录
					(2)发送光功率		
					(3)系统动态范围		
					(4)误码/抖动性能		
					(5)监测/告警功能		
					(6)保护倒换功能		
					(7)公务		
					(8)网管功能		

2.管道工程质量控制点

阶段	序号	项目名称	控制点	控制方式	技术质量要求	检验方法	记录方式
施工阶段	一	测量	1.管道画线	见证点	按设计文件及城市规划部门批准的位置、坐标和高程进行	丈量钉桩、开线	随工检查记录
			2.人孔定位		人孔一般设在管道的中心线上。人孔间的距离应按地形、地物,按设计确定,一般不超过120 m	丈量钉桩、开线	随工检查记录
	二	管道建筑	1.管道沟开挖(含路面开挖)	见证点	按测量画线开挖,管道中心线左右偏差不得大于200 mm。管道沟开挖应顺直,沟底平整,沟坎、转弯应平缓过渡	目测、尺量	检查记录
			2.管道深度	塑料管敷设完回填土前为停止点	沟深应符合设计或规范要求;困难地段或穿越障碍物,沟深达不到标准,应采取保护措施	目测、尺量	检查记录
			3.塑料管敷设		沟底按设计要求敷垫层,敷管前应清洗管内各种杂物、泥沙。塑料管应有出厂证、合格证。敷设方法、组群方式、接续方式应符合设计要求。采用承杆法接续的承杆部分可涂黏合剂,组群管间缝隙宜为20 mm,接头管头必须错开,每隔2~3 m可设衬垫物的支撑,以保管群形状统一	旁站	检查记录
			4.管道包封		管道包封的规格、段落应符合设计规定	巡视	检查记录
			5.管道沟回填		回填物不应有砾石、碎砖,应按市政或设计要求回填。回填土应分层夯实,并高于地面100 mm	巡视	检查记录

3. 电缆工程质量控制点

阶段	序号	项目名称	控制点	控制方式	技术质量要求	检验方法	记录方式
施工阶段	一	器材检验	1. 电杆	杆路建筑完成并在敷挂电缆之前定为见证点	长度及稍径应符合设计要求,外表光滑、平直,预埋件、预留孔符合有关规定	目测、尺量	随工检查记录
			2. 线材		各种裸线及绞合线的表面应均匀光滑、无毛刺、无裂纹、无伤痕、无锈蚀。各种线材的材质、线径应符合设计规定	目测	随工检查记录
			3. 电缆		电缆的类别及长度应符合设计要求,芯线间的绝缘及芯线对地的绝缘应符合要求,无断线、混线等情况	用仪表测试	随工检查记录
			4. 分线设备		分线设备的型号、规格应符合设计要求,外观应整洁、防腐完整、无损伤、零配件齐全	目测	随工检查记录
	二	电缆路由复测	1. 核定管道电缆的走向及长度		对照设计,核定管道电缆的具体走向,电缆接头位置及其长度	丈量	随工检查记录
			2. 核定管道孔位		对照设计核定管道孔位占用位置	目测	随工检查记录
			3. 核定杆路走向及长度		对照设计,核定架空电缆的杆路走向及长度	丈量	随工检查记录
			4. 核定电杆强度		核定所使用电杆的强度及高度	目测	随工检查记录
	三	立电杆	杆位杆身		杆位应符合设计要求,杆身应上下垂直,埋深符合规定	目测	随工检查记录
	四	分线设备安装	1. 分线盒的安装	见证点	分线盒的安装方式、地点与型号应符合设计规定,装设应稳妥、牢固	目测	随工检查记录
			2. 交接箱的安装		交接箱的安装方式、程式、容量等应符合设计规定,架空交接箱及落地交接箱的安装应符合规范要求	目测	随工检查记录

阶段	序号	项目名称	控制点	控制方式	技术质量要求	检验方法	记录方式
施工阶段	五	布线电缆	1. 管道电缆	见证点	穿放管道电缆前,必须先清刷所用管孔。敷设电缆时,牵引的电缆头应用活动法兰头套捆扎牢固,送入管孔的电缆应保持平直。电缆在人孔内应顺序排列,严禁直过或上下交叉	目测	随工检查记录
			2. 墙壁电缆		墙壁电缆的路由,电缆程式、规格及建筑方式,应符合设计规定;墙壁电缆采用吊线式敷设,或采用卡式方式敷设,卡、挂间隔要符合规范要求墙壁电缆跨越街坊,院内通路等,缆线最低点距地面应不小于 4.5 m。墙壁电缆与其他管线的间隔应符合规范要求	目测	随工检查记录
			3. 架空电缆		架空电缆一般采用吊线和挂钩固定,吊线与挂钩的规格应与架空电缆程式相一致。挂钩的卡挂间距应为 50 cm,允许偏差不大于±3 cm。电缆卡挂应均匀整齐,挂钩在吊线上搭扣方向一致,挂钩托板齐全,电缆卡挂后应平直,不得有机械损伤	目测	随工检查记录
	六	电缆接续	1. 芯线接续	见证点	芯线接续应采用接线模块或接线子卡接方式,电缆线序的分配规律应按照标准色谱规定从大线号到小线号	目测	随工检查记录
			2. 接头封焊		接头套管的型号及技术指标应符合信息产业部标准,接头套管的规格应能满足电缆接续形式的要求,封焊套管应严格按照操作步骤掌握火候,保证封焊严密、牢固、不漏气	目测	随工检查记录

阶段	序号	项目名称	控制点	控制方式	技术质量要求	检验方法	记录方式
施工阶段	七	电缆成端	1. 总配线架安装	见证点	总配线架要求安装牢固,直列距墙壁为 1 m。最小不得少于 80 cm。新装配线架电缆号码的顺序安排,应面向直列,从右至左算为第一列。为便于今后线路扩容,第一列可留作音频中继电缆专用,出局用户电缆应从第二列开始安排	目测	随工检查记录
			2. 成端电缆布设		要求成端电缆布设美观合理,电缆芯线编把符合规范规定,成端上架前应采用塑料带将线把包缠并理直固定	目测	随工检查记录
			3. 告警装置		要求告警设备齐全可靠、信号可视可听	目测	随工检查记录
	八	电缆充气	1. 充气设备安装	见证点	安装的设备型号、规格应符合设计规定,安装地点、位置、数量及加固方式,应按施工图设计进行,达到安全可靠、装设牢固、性能稳定、外观整洁	目测	随工检查记录
			2. 充气网各种装置的安装		按设计安装好各个充气段内的气闭头、告警器和气门嘴等	目测	随工检查记录
			3. 电缆充气及检测		充入电缆内的气体必须是干燥、清洁、无腐蚀性的气体,充入气体的速度应保持均匀、气压稳定,充气端的最大气压不大于 1 kg/cm²。电缆充气达气压平稳后可进行检查。经 24 小时再进行第二次检测。检测的气压应符合规范	目测、气压表测试	随工检查记录
	九	电缆测试	1. 芯线间的绝缘电阻	见证点	电缆芯线间的绝缘电阻应不低于每千米 800 MΩ	兆欧表测试	随工检查记录
			2. 电缆芯线环路电阻		实测值和理论值进行验算,原则上每千米的实测值不得高于理论值 3 Ω	电桥测试	随工检查记录

4．光缆工程质量控制点

阶段	序号	项目名称	控制点	控制方式	技术质量要求	检验方法	记录方式
施工阶段	一	塑料管道路由复测	1．核定管道路由走向及长度	见证点	管道路由具体走向,敷设位置,接头、手孔位置等应安全可靠,并便于施工和维护。核对管道长度	绳尺丈量	复测记录(图表)
			2．核定管道穿越障碍物位置及保护措施		塑料管道穿越铁路、公路、河流、沟、渠、地下其他管线等障碍物的具体位置和保护处理措施	目测、尺量	复测记录(图表)
			3．核定管道与建筑的净距		核定塑料管道与电力电缆、其他管线等建筑物间平行、交越的最小净距	目测、尺量	复测记录(图表)
	二	光缆单盘检验及配盘	1．外观检查	见证点	检查光缆外皮无破损,端头包封良好;光缆规格、程式符合要求,端别、盘长标志清晰,光纤几何、光学和机械物理性能,传输特性符合要求	检查、核对	检查记录
			2．光缆单盘测试		光纤衰减常数、长度、护层对地绝缘电阻等符合出厂标准	用OTDR仪表、欧表测量	表格记录
			3．光缆配盘		根据单盘测试结果和复测资料选配单盘光缆,尽量做到整盘敷设,减少中间接头,接头位置应尽量选在手孔内	检查、核对	配盘图
	三	塑料管道敷设	1．管道沟开挖	塑料管道在回填前定为见证点	管道沟开挖应顺直,沟底平整,沟坎、转角应平缓过渡	目测、尺量	随工检查记录
			2．管道沟深		沟深应符合设计或规范的要求,困难地段或穿越障碍物沟深达不到标准应采用防护措施	目测、尺量	随工检查记录、隐蔽工程签证
			3．手孔建筑		手孔尺寸及结构应符合设计要求;预埋铁托件的尺寸规格及固定方式应符合要求	尺量	
			4．塑料管道敷设		(1)PVC管的规格、程式、段长应符合设计要求 (2)PVC管在沟底应平整、顺直、不漂浮,沟坎及转角应平缓过渡。管间连接严密、牢固,遇石质沟底,应在塑料管道上、下方各铺10 cm厚沙土	目测、检查核对	随工检查记录
			5．特殊地段的防护	各种防护在掩埋前为停止点	困难地段埋深达不到标准或穿越障碍物应采用钢管或水泥包封等防护措施	目测	随工检查记录

阶段	序号	项目名称	控制点	控制方式	技术质量要求	检验方法	记录方式
施工阶段	三	塑料管道敷设	6. 管道沟回填	见证点	塑料管在沟内经检查合格后才能回填土,应先回填 100 mm 厚的细土或石屑,回填土应分层夯实或人工踏平并应高于地面100 mm	目测	随工检查记录
前期阶段	四	塑料管道光缆敷设	1. 塑料子管敷设	见证点	(1)塑料子管的规格、程式、盘长、材质均应符合设计要求;子管内径为光缆外径的 1.5 倍,多根子管的等效总外径宜小于塑料管孔内径的 85%	目测	随工检查记录
					(2)敷放子管的穿拉用力要均匀,敷设顺直;多根子管按颜色顺序排队放,全径路统一;备用子管在手孔端口应加帽。塑料子管在手孔内应在 PVC 管外露 10 cm	目测	随工检查记录
			2. 光缆敷设		人员到位、通信工具齐全;穿拉光缆前应用活动法兰头套牢光缆头,牵拉光缆用力适度均匀,光缆敷设过程不产生扭绞;光缆在手孔内预留及弯曲半径应符合规定。每个手(人)孔内光缆均需挂标志牌,标志牌注明起点、终点及光缆芯数	目测	随工检查记录
			3. 光缆接续	第一个光纤接头及其接头套管(盒)封装前定为见证点	(1)接续环境要干净整洁,且有工作棚;接续工具齐全、完好,接续人员持证上岗	目测	随工检查记录
					(2)接头两侧预留符合规定。接头两侧预留光缆应挂标志牌,并注明端别	尺量	随工检查记录、签证
					(3)光纤熔接全部达标;双窗口、双向衰减平均值符合要求	用 OIDR 测量	表格记录、签证
					(4)光纤的收容和盘绕应符合规定	目测	随工检查记录
					(5)接头套管或接头盒宜挂在人(手)孔壁上或置于电缆托架上,安装要牢固,并在密封前要放入防潮剂和接头责任卡;预留光缆应有保护措施	目测	随工检查记录、隐蔽工程签证

阶段	序号	项目名称	控制点	控制方式	技术质量要求	检验方法	记录方式
前期阶段	四	塑料管道光缆敷设	4. 光缆防护及终端	见证点	(1) 光缆在引入室内前应做绝缘节，其外侧金属护层和加强芯应接地保护	目测、尺量	随工检查记录
					(2) 光缆在引入室内外的预留应符合设计要求；光缆引上应采用保护管(距地面大于 2.5 m)保护	目测、尺量	随工检查记录
					(3) 光缆在室内的终端接头及连接器的安装位置应符合要求	目测	随工检查记录
	五	光缆中继测试	1. 中继段光纤线路衰减	第一个中继段测试定为见证点	光纤中继段衰减平均值必须符合设计的规定指标	用光源和光功率计测试	随工检查记录
			2. 中继段放光纤后向散射信号曲线		光纤中继段后向散射信号曲线应符合要求	用 OIDR 仪表打印曲线	表格记录及附图
施工阶段	六	直埋光缆路由复测	1. 核定光缆路由走向及地面距离	见证点	光缆路由具体走向、敷设位置、接头位置应安全可靠，并便于施工和维护，核实路由实际长度	绳尺丈量	复制图表记录
			2. 核定光缆穿越各种障碍物的位置及其防护措施		光缆穿越铁路、公路、河流、沟流、地下其他管线等的具体位置及其保护处理措施	尺量	复制图表记录
			3. 核对光缆与其他建筑物的距离		直埋光缆与其他通信管线、电力电缆、各种管道、树木等建筑物的平行、交越最小净距要符合规定	尺量	复制图表记录
	七	直埋光缆、单盘检验及配盘	1. 光缆单盘检验		(1)检查光缆外皮无破损，端头包封良好，光缆规格、程式符合要求；端别、盘长标志清晰；光纤几何、光学和机械物理性能、传输特性符合要求	目测	表格记录
					(2)光纤衰减常数、长度、光缆护层对地绝缘电阻应符合出厂标准	用 OTDR、兆欧计或高阻计测量	表格记录
			2. 光缆配置		根据单盘测试结果和复制资料选配单盘光缆，尽量做到整盘敷放，减少中间接头，接头位置应选在地势平坦、地质稳定的地点	核对检查	配盘图

阶段	序号	项目名称	控制点	控制方式	技术质量要求	检验方法	记录方式
施工阶段	八	直埋光缆敷设	1. 光缆沟开挖	直埋光缆敷放后，复填土之前定为见证点	光缆沟应顺直；沟深应符合设计或规范要求；沟底应平整无碎石，石质、半石质沟底应铺10 cm厚的细土或沙土	目测、尺量	随工检查记录、隐蔽工程签证
			2. 直埋光缆敷设		用机械牵引时应采用地滑轮，用人工抬放时，用力适宜均匀，光缆不能拖地，弯曲半径应符合规定；光缆必须平放沟底，不得腾空和拱起；坡度大于20°且坡长大于30 m时宜采用S形敷设	目测、尺量	随工检查记录
			3. 直埋光缆防护	特殊地段的各种防护在掩埋前定为停止点	(1) 直埋光缆在特殊地段埋深达不到要求或穿越各类障碍物或与其他建筑物的净距达不到要求时应采用钢管或水泥槽或砂砖防护	目测、尺量	随工检查记录、隐蔽工程签证
					(2) 光缆线路的防雷措施必须符合设计规定	目测、兆欧计高阻计测量	随工检查记录、隐蔽工程签证
			4. 直埋光缆沟回填		光缆沟回填土应先回填15 cm厚细土或碎土，严禁用石块、砖头推入沟内；回填土应分层人工踏平并应高出地面10 cm	目测	随工检查记录
			5. 直埋光缆线路标石埋设		标石的结构、埋设位置、埋设深度编号等应符合设计、规范要求	目测、尺量	随工检查记录
	九	直埋光缆接续与安装	1. 光纤接续	直埋光缆敷设完毕后进行第一个光纤接续机器接头套管（盒）封装前定为见证点	(1)接续人员持证上岗；接续工具齐全、完好，接续环境整洁，有工作棚	检查、核对	随工检查记录

阶段	序号	项目名称	控制点	控制方式	技术质量要求	检验方法	记录方式
施工阶段	九	直埋光缆接续与安装	1. 光纤接续	直埋光缆敷设完毕后进行第一个光纤接续机器接头套管(盒)封装前定为见证点	(2)光纤熔接全部达标,双窗口,双向衰减平均值符合要求;接头衰耗平均值符合要求	用OTDR测量	表格记录
					(3)光纤的收容和盘绕应符合规范要求	目测	随工检查记录
					(4)光缆在接头处的预留应符合设计规定	尺量	随工检查记录
					(5)光缆接头套管(盒)应放在接头坑的坑底应平整无碎石,应铺10 cm厚的细土或沙土并踏实	目测、尺量	随工检查记录、隐蔽工程签证
					(6)接头套管(盒)在封装前要放入防潮剂和接头责任卡	目测	随工检查记录、隐蔽工程签证
					(7)光缆护层对地绝缘电阻应符合规范规定	兆欧计(高阻计)测量	随工检查记录、隐蔽工程签证
			2. 直埋光缆引入及终端	见证点	(1)光缆在引入室内前应做绝缘节,其外侧的金属护套和加强芯应接地保护	目测	随工检查记录、隐蔽工程签证
					(2)光缆在引入室内处的预留应符合要求;光缆沿墙引上时,距地2.5 m应用钢管防护	目测、尺量	随工检查记录、隐蔽工程签证
					(3)光缆的终端接头及连接器的安装位置应符合要求	目测	随工检查记录
	十	中继段光纤线路衰耗测试	中继段光纤线路衰耗	第一个中继段测定为见证点	光纤中继段衰耗平均值必须符合设计规定的指标	用光源和光功率计测试	表格记录
		中继段光纤后向散射信号曲线	中继的光纤后向散射信号曲线		光纤中继段后向散射信号曲线应符合要求	用OTDR打印曲线	表格记录,曲线图
	十一	架空杆路复测	核定杆路走向及长度	见证点	(1)核对杆路具体走向、电杆、拉线、(撑杆)埋设位置、杆高、杆距、拉线程式,光缆接头具体位置及杆路实际长度	目测	复测径路图表记录
			核定杆路与建筑物的净距		(2)核定架空光缆线路与其他设施、建筑物、树木的水平、垂直最小净距及处理措施	尺量	复测径路图表记录

阶段	序号	项目名称	控制点	控制方式	技术质量要求	检验方法	记录方式
施工阶段	十二	光缆单盘检验及配盘	光缆单盘检验	见证点	(1)核对单盘光缆的规格、程式、制作长度	目测	检查记录
					(2)检查外皮、端头包装、端别标志是否完好无损,检查光纤几何、光学和传输特性、机械物理性能是否符合要求	目测	检查记录
					(3)测试光纤衰减常数、长度及光缆护层对地绝缘是否符合要求	用 OTDR、兆欧表或高阻计测量	测试表格记录
			光盘配盘		(1)根据单盘测试结果和路由复测资料选配单盘光缆,应尽量做到整盘敷放,以减少中间接头	审查配盘图	配盘图
					(2)接头点应选在杆上或电杆两侧 0.5～1.5 m 范围内	审查配盘图	配盘图
	十三	架空光缆线路建筑	杆路器材检验	杆路建筑完成并在敷挂光缆之前定为见证点	电杆、拉线、钢绞线、挂钩等线路器材运输到位,检查无损伤	外观检查	随工检查记录
			杆路建筑		(1)电杆、拉线埋设位置、埋设深度、杆高等符合规定	目测、尺量	随工检查记录、隐蔽工程签证
					(2)钢绞线架设位置及其垂度符合要求	目测、尺量	随工检查记录
					(3)光缆挂钩的卡挂距离为(50±3)cm	目测、尺量	随工检查记录
	十四	架空光缆接续	光缆敷挂	架空光缆挂放完毕进行首个接头及其接头套管(盒)封装前定为见证点	光缆布放应用滑轮牵引,光缆垂度及在杆上的预留长度应符合要求	目测	随工检查记录
			光缆接续		(1)光缆接续环境,光缆连续部位、工具、材料应保持清洁	目测	随工检查记录
					(2)光纤的熔接续在有遮盖物的环境中操作,光纤熔接完成并测量合格后应即做增强保护措施	目测	随工检查记录

阶段	序号	项目名称	控制点	控制方式	技术质量要求	检验方法	记录方式
施工阶段	十四	架空光缆接续	光缆接头安装	架空光缆挂放完毕进行首个接头及其接头套管(盒)封装前定为见证点	(1)光缆接头的平均衰耗值应符合规定	用 OTDR 仪表测	表格记录
					(2)光缆接头套管(盒)封装前应放入防潮剂和接头责任卡,光缆接头套管在杆上或吊线上的固定位置,固定方式及光缆预留(或伸缩弯)应符合规范规定	目测、尺量	随工检查记录
	十五	架空光缆的防护及终端	光缆防护	见证点	(1)架空光缆线路的防强电、防雷措施应符合设计规定,与电力线交越处应用胶管或竹片做绝缘处理;与树木接触应用胶带或管保护	目测、检查	随工检查记录
					(2)光缆在引入室内前应做绝缘节,其外侧金属护层和加强芯及钢绞线应接地保护;光缆引上应采用保护管(2.5 m 以上)保护	目测、抽查	随工检查记录
			光缆终端		(1)光缆引入室内外的预留应符合设计或规范的规定	目测、尺量	随工检查记录
					(2)光缆在室内的终端接头及连接器的安装位置应符合要求	目测	随工检查记录
	十六	架空光缆线路中继段测试	光纤线路衰减	第一个中继段测试定为见证点	光纤中继段衰耗平均值必须符合设计规定的指标	用光源和光功率计测试	表格记录
			光纤后向散射信号曲线		光纤中继段后向散射信号曲线应符合要求	用 OTDR 仪表打印曲线	表格记录及附图

附录 C 监理表格

　　　　　　　　　　　　　　　　　　　　　　编号：

工程开工/复工报审表

工程名称：

　　　　　　　　　　　　　　　　　　　　　　合同号：

施工单位：

<table>
<tr><td>

致×××监理有限公司：

　　我方承担的＿＿＿＿＿＿＿＿＿＿工程,已完成了以下各项施工准备工作,具备了开工/复工条件,特此申请施工,请核查并签发开工/复工指令。

附:1. 开工报告

　　2.(证明文件)

　　　　　　　　　　　　　　　　承包单位(章)＿＿＿＿＿＿

　　　　　　　　　　　　　　　　项目经理＿＿＿＿＿＿＿＿

　　　　　　　　　　　　　　　　　　年　　月　　日

</td></tr>
<tr><td>

审查意见：

　　　　　　　　　　　　　　　　项目监理机构＿＿＿＿＿＿

　　　　　　　　　　　　　　　　总监理工程师＿＿＿＿＿＿

　　　　　　　　　　　　　　　　　　年　　月　　日

</td></tr>
</table>

本表一式二份,监理单位、施工单位各一份。

监理 A-02

编号：

施工组织设计(方案)报审表

工程名称：

合同号：

施工单位：

致×××监理有限公司： 　　现报上_____工程的施工组织设计方案,详细说明和图表见附件,请予审查和批准。 　　附:施工组织设计方案 　　　　　　　　　　　　　　　　施工单位_____ 　　　　　　　　　　　　　　　　项目经理_____ 　　　　　　　　　　　　　　　　日　期_____
监理工程师审查意见： 　　审查意见　　　　　同意 　　　　　　　　　　修改后再报 　　　　　　　　　　不同意   　　　　　　_____　　　　　_____ 　　　　　　　监理工程师　　　　　　　　　日 期
总监理工程师审查意见： 　　审查结论　　　　　同意 　　　　　　　　　　修改后再报 　　　　　　　　　　不同意   　　总监理工程师_____　　　日 期：_____

本表一式三份,建设单位、监理单位、施工单位各一份。

监理 A-03   编号：

分包单位资格报审表

工程名称：

施工单位：   合同号：

致×××监理有限公司：

　　经考察,我方认为拟选择的＿＿＿＿＿＿＿＿＿＿(分包单位)具有承担下列工程的施工资格和能力,可以保证本工程项目按合同的规定进行施工。分包后,我方仍承担总包单位的全部责任。请予审查和批准。

附件:1. 分包单位资质材料

　　　2. 分包单位业绩材料

施工单位＿＿＿＿＿＿＿＿＿

项目经理＿＿＿＿＿＿＿＿＿

日　　期＿＿＿＿＿＿＿＿＿

分包单位名称：　　　　　　　　　　　　　分包单位法人代表：

工程号	分包工程名称	单位	数量	工程号	分包工程名称	单位	数量

监理工程师建议：

　　建议分包

　　不同意分包

＿＿＿＿＿＿＿＿　　＿＿＿＿＿＿＿＿

监理工程师　　　　　　日　　期

总监理工程师审批意见：

　　批准分包

　　不同意分包

＿＿＿＿＿＿＿＿　　＿＿＿＿＿＿＿＿

总监理工程师　　　　　日　　期

本表一式三份,建设单位、监理单位、施工单位各一份。

监理 A-04   编号：

＿＿＿＿＿＿＿＿＿＿＿＿＿＿报验申请表

工程名称：

施工单位：   合同号：

致×××监理有限公司： 我单位已经完成了＿＿＿＿＿＿＿＿＿＿＿工作,现报上改工程报验申请表,请予以审查和验收。 附件：   施工单位＿＿＿＿＿＿ 项目经理＿＿＿＿＿＿ 日　　期＿＿＿＿＿＿
审查意见：   项目监理机构＿＿＿＿＿＿ 总/专业监理工程师＿＿＿＿＿＿ 日　　期＿＿＿＿＿＿

本表一式三份,建设单位、监理单位、施工单位各一份。

监理 A-05

编号：

工程款支付申请表

工程名称：

合同号：

施工单位：

致×××监理有限公司：

　　我方已经完成了_____工作,按照施工合同的规定,

建设单位应在_____年_____月_____日前支付该项工程款

共（大 写）_____（小 写：_____），现 报 上

_____工程支付申请表,请予以审查并开具工程款支付

证书。

　　附件：

　　　1. 工程量清单

　　　2. 计算方法

施工单位(章)_____

项目经理_____

日　　期_____

监理 A-06 编号：

监理工程师通知回复单

工程名称：

合同号：

施工单位：

致×××监理有限公司：

我方接到编号为 _____ 的监理工程师通知单后，已

按照要求完成了 _____ 工作，现报上，请予以复查。

详细内容：

施工单位(章)_____

项目经理_____

日　　期_____

复查意见：

项目监理机构_____

总/专业监理工程师_____

日　　期_____

监理 A-07

编号：

工程临时延期申请表

工程名称：

合同号：

施工单位：

致×××监理有限公司：

根据合同条款_____条的规定,由于下述原因我要求延长工期_____日历天。使竣工日期(包括已指令延长的工期在内)从原来的_____年_____月_____日,延长到_____年_____月_____日,请予批准。
 	
          施工单位_____
          项目经理_____
          日   期_____

要求延长工期的原因或理由：
延长工期的计算：

本表一式三份,建设单位、监理单位、施工单位各一份。

监理 A-08   编号：

索赔申报表

工程名称：

                                                                合同号：

施工单位：

致×××监理有限公司：

　　根据合同条款 _____ 的规定，由于

_____ _____ 的

原因，我要求索赔金额(人民币) _____ 元，请予批准。

　　　　　　　　　　　　　　　　　　　　施工单位 _____

　　　　　　　　　　　　　　　　　　　　项目经理 _____

　　　　　　　　　　　　　　　　　　　　日　　期 _____

索赔的详细理由及经过：

索赔金额的计算：

本表一式四份，建设单位、监理单位各一份，退施工单位两份。

监理 A-09 编号：

工程材料/构配件/设备报审表

工程名称： 合同号：

施工单位：

致×××监理有限公司：

我方 _____ 年 _____ 月 _____ 日进场的自购/建设单位采购的工程材料/构配件/审数量如下（见附件）。现将质量证明文件及现场检验结果报上，拟用于下述部位：

_____

_____

请予以审核。

    附件：1. 数量清单
         2. 质量证明文件
         3. 检验结果

                        施工单位（章）_____
                            项目经理_____
                            日　　期_____

复查意见：

    经检查上述工程材料/构配件/设备，符合/不符合设计文件和规范的要求，准许/不准许进场，同意/不同意使用于拟订部位。

                        项目监理机构_____
                        总/专业监理工程师_____
                            日　　期_____

本表一式三份，建设单位、监理单位、施工单位各一份。

监理 A-10　　　　　　　　　　　　　　　　　　　　　　　　　编号：

工程竣工报验单

工程名称：
施工单位：　　　　　　　　　　　　　　　　　　　　　　　合同号：

致×××监理有限公司：

　　按合同和规范要求，我单位已完成 _____ 工程，并经自检合格，报请
　　　　　　　　　　　　　　　　　（分项工程、工程或项目名称）
查验。

　　附件：自检资料(隐、预检记录，分部分项工程质量评定表及质量保证资料)

　　　　　　　　　　　　　　　　　　　　　　　施工单位_____
　　　　　　　　　　　　　　　　　　　　　　　项目经理_____
　　　　　　　　　　　　　　　　　　　　　　　日　　期_____

复查意见：

　　经初步验收和试运转，该工程

　　1. 符合/不符合我国现行法律、法规要求；

　　2. 符合/不符合我国现行通信工程建设标准；

　　3. 符合/不符合设计文件要求；

　　4. 符合/不符合施工合同要求。

　　综上所述，该工程初步验收合格/不合格，可以/不可以组织正式验收。

　　　　　　　　　　　　　　　　　　　　　　　项目监理机构_____
　　　　　　　　　　　　　　　　　　　　　　　总/专业监理工程师_____
　　　　　　　　　　　　　　　　　　　　　　　日　　期_____

本表一式二份，监理单位、施工单位各一份。

监理 B-01

编号：

监理工程师通知单

工程名称：

合同号：

监理单位：

致(施工单位)：

事由：

通知内容：

项目监理机构＿＿＿＿＿＿＿

总/专业监理工程师＿＿＿＿＿＿＿

日　期＿＿＿＿＿＿＿

本表一式二份,施工单位、监理单位各一份。

监理 B-02 编号：

施工进度计划审批表

工程名称：

合同号：

监理单位：

致_____公司：

你_____年_____月_____日报送的

_____工程第_____季_____

月施工进度计划,经我审核,请按我的意见或修正的计划执行。

附件:修改后的生产计划(必要时)

_____ _____ _____ _____

　　监理工程师　　　　　日　　期　　　　总监理工程师　　　　日　　期

监理工程师简要说明：

本表一式三份,建设单位、施工单位、监理单位各一份。

监理 B-03   编号：

工程暂停令

工程名称：

监理单位：   合同号：

致（施工单位）_____ ：

　　由于_____

_____

_____

_____ 的原因，现通知你截止_____年_____

月_____日_____时_____

_____工程暂停施工。

　　（工程项目名称）

　　　　　　　　　　　　　　_____　　_____

　　　　　　　　　　　　　　　　监理工程师　　　　　　　日　　期

总监理工程师的意见：

　　　　　　　　　　　　　　　　同意　　　　　　　　不同意

　　　　　　　　　　　　　　_____　　_____

　　　　　　　　　　　　　　　　总监理工程师　　　　　　　日期

本表一式三份，建设单位、施工单位、监理单位各一份。

监理 B-04   编号：

工程款支付证书

工程名称：

合同号：

监理单位：

致×××监理有限公司：

　　根据施工合同的规定,经审核承包单位的付款申请和报表,并扣除有关款项,同意本期支付工程款共(大写)＿＿＿＿＿＿＿＿＿＿(小写)＿＿＿＿＿＿＿＿＿＿　。请按合同规定及时付款。

　　其中：

1. 承包单位申报款为：

2. 经审核承包单位应得款为：

3. 本期应扣款为：

4. 本期应付款为：

附件：

1. 承包单位得工程付款申请表及附件

2. 项目监理机构审查记录

项目监理机构 ＿＿＿＿＿＿＿＿＿

总监理工程师 ＿＿＿＿＿＿＿＿＿

日　　　期 ＿＿＿＿＿＿＿＿＿

本表一式三份,建设单位、监理单位、施工单位各一份。

监理 B-05/6 编号：

工程临时(最终)延期审批表

工程名称：

合同号：

监理单位：

致(施工单位)＿＿＿＿＿＿＿＿＿＿：

　　根据合同条款 ＿＿＿＿＿＿＿＿＿ 条的规定,我对你提出的 ＿＿＿＿＿＿＿＿ 工程, 由 于 ＿＿＿＿＿＿＿＿＿＿＿＿＿＿＿＿＿＿ 原 因, 要 求 延 长 工 期 ＿＿＿＿＿＿＿＿＿＿＿＿＿＿＿＿日历天的要求,经过我核算,不同意延长工期/同意工期延长 ＿＿＿＿＿＿＿＿＿＿＿＿＿＿＿＿＿日历天。使竣工日期(包括已延长的工期)从原来的 ＿＿＿＿＿＿＿＿＿ 年 ＿＿＿＿＿＿＿＿＿ 月 ＿＿＿＿＿＿＿＿＿日延长到 ＿＿＿＿＿＿＿＿＿ 年 ＿＿＿＿＿＿＿＿＿ 月 ＿＿＿＿＿＿＿＿＿ 日。请你执行。

＿＿＿＿＿＿＿＿　＿＿＿＿＿＿＿＿　＿＿＿＿＿＿＿＿　＿＿＿＿＿＿＿＿

监理工程师　　　　日　　期　　　　总监理工程师　　　　日　　期

附件:延长工期计算书

监理工程师简要说明：

本表一式三份,建设单位、施工单位、监理单位各一份。

监理 B-07 编号:

索赔审批表

工程名称:

合同号:

监理单位:

致(施工单位)_____:

　　根据合同条款 _____ 条的规定,你要

求 _____

工程,由于 _____

_____

原 因 索 赔 _____ 元。经 过 我 核 算 不 同 意 索 赔/同 意 索 赔

_____元。

_____　_____　_____　_____

监理工程师　　　　日　期　　　总监理工程师　　　　日　期

同意/不同意索赔的理由:

索赔金额的计算:

本表一式三份,建设单位、施工单位、监理单位各一份。

监理 C-01

编号：

监理工作联系单

工程名称：

致×××监理有限公司：
事由：
内容：   单　位＿＿＿＿＿＿＿＿ 负责人＿＿＿＿＿＿＿＿ 日　期＿＿＿＿＿＿＿＿

监理 C-02   编号：

工程变更单

工程名称：

合同号：

施工单位：

致×××监理有限公司：

由于＿＿＿＿＿＿＿＿＿＿＿＿＿＿＿＿＿＿＿＿＿＿＿＿＿原因，兹提出工程变更(内容见附件)，请予以审批。

附件：

提出单位＿＿＿＿＿＿＿＿

代 表 人＿＿＿＿＿＿＿＿

日   期＿＿＿＿＿＿＿＿

一致意见：

建设单位代表   设计单位代表   项目监理机构

签字：   签字：   签字：

日期＿＿＿＿＿＿＿＿   日期＿＿＿＿＿＿＿＿   日期＿＿＿＿＿＿＿＿

参考文献

［1］徐帆. 监理工程师手册. 北京:中国建筑工业出版社,2004.

［2］刘力,钱雅丽. 建设工程合同管理与索赔. 北京:机械工业出版社,2004.

［3］董平,胡维建. 工程合同管理. 北京:科学出版社,2004.

［4］全国监理工程师培训教材. 北京:中国建筑工业出版社,2003.

［5］李启明. 工程建设合同与索赔管理. 北京:科学出版社,2001.

［6］广东公诚监理有限公司现场监理资料.